S.F.

V.

Stephen Jay Gould

Illusion Fortschritt

Die vielfältigen Wege der Evolution

Aus dem Amerikanischen von Sebastian Vogel

S. Fischer

Die Originalausgabe erschien 1996 unter dem Titel
Full House. The Spread of Excellence from Plato to Darwin
bei Harmony Books/Crown Publishers, New York.

Satz: Dörlemann Satz, Lemförde
Druck und Einband: F. Spiegel Buch GmbH, Ulm
Printed in Germany 1998
ISBN 3-10-027807-0

Inhalt

Teil 4: Die bakterielle Form: Warum der Fortschritt nicht die Geschichte des Lebens bestimmt

Für Leser in Europa | Einführung in Baseball

In unserer immer stärker zerstückelten, engstirnigen Welt gibt es außer großen Kriegen, Krankheitsepidemien und den Olympischen Spielen kaum etwas, das uns alle in einer gemeinsamen Zielsetzung vereint. Dieses Buch wurde von einem Sohn Amerikas geschrieben, und Baseball – das höchste Wahrzeichen meiner Kultur – dient darin als eines der beiden entscheidenden Beispiele, mit denen ich meine Hauptaussage verdeutliche. Das mag für Yankees eine ausgezeichnete Strategie sein, aber für Europäer ist es entsetzlich. (Umgekehrt wäre ich völlig aufgeschmissen, wenn Stephen Hawking in seinem nächsten Buch voraussetzen würde, daß man die Analogie zwischen der Struktur des Universums und verschossenen Elfmetern begreift.) Deshalb möchte ich schnell einen kurzen Überblick über diese ausgefallene amerikanische Religion geben. (Natürlich ist Baseball so tiefschürfend, so vielseitig und so raffiniert, daß diese magere Darstellung ebenso absurd sein muß wie eine zehnseitige, leicht lesbare Comicversion der *Summa Theologia*. Aber wie man so sagt: noch mal für Doofe ...).

Amerika ist zu jung für Sagengestalten. Wir haben keinen König Artus aus grauer Vorzeit, und deshalb müssen unsere Legenden von wirklichen Menschen handeln, die britische Tyrannen vertrieben haben (George Washington), die Sklaven befreiten (Abraham Lincoln) oder aus dem Waisenhaus stammten und in einer einzigen Saison 60 Home Runs schafften (Babe Ruth). Der Baseball, eine wirkliche Sportart, die (in unserem Zusammenhang) gleichzeitig eine Doppelfunktion als vorwiegend mythische Institution erfüllt, entstand im 19. Jahrhundert in Amerika aus mehreren englischen Spielen mit Ball und Schläger (Jane Austen erwähnt etwas, das sie »base ball« nennt, schon Ende des 18. Jahrhunderts in einem Roman.) Die erste unserer beiden heutigen Profiligen wurde 1876 gegründet, die zweite 1901. Seine mythische und wirtschaftliche Stellung (in der amerikanischen Kultur) bezieht der Baseball aus seinem Alter und aus der Tatsache, daß er von Anfang an ein Zeitvertreib für alle war, ein Mittelpunkt des Lebens auf dem Land wie auch in den Industriestädten. (Der American Football dagegen entstand an den Universitäten zu einer Zeit, als nur wenige Menschen eine akademische Ausbildung erhielten; und der Basketball entwickelte sich wesentlich später und war bis vor kurzem ein wenig verbreiteter Hallensport.)

Noch zwei andere Besonderheiten der Baseballgeschichte begünstigen die Mythologie und machen Texte wie den Teil 3 dieses Buches möglich. Erstens haben sich seine Regeln seit 1893 nicht wesentlich verändert, so daß Ereignisse aus der entfernten Vergangenheit wirklich verständlich und mit heutigen Errungenschaften vergleichbar sind. Und zweitens ist Baseball zwar ein Mannschaftssport, aber jede wichtige Aktion ist ein Wettbewerb zwischen zwei Personen (Pitcher gegen Batter, Runner gegen Feldspieler und so weiter). Deshalb sind Statistiken über persönliche Leistungen eindeutig aussagekräftig und vergleichbar (Pässe im Football oder Punkte im Basketball hängen dagegen so entscheidend von der Gesamtstrategie einer Mannschaft ab, daß man die Einzelleistungen zwischen verschiedenen Mannschaften und Zeitpunkten nicht sinnvoll vergleichen kann). Deshalb strotzt die Baseballgeschichte vor Statistik. Jeder ernsthafte Fan kann genau sagen, wie viele Home Runs der große Babe 1927 schlug, wie viele Spiele Cy Young in seiner Laufbahn gewonnen hat oder wie viele Runs Batted In der kleine Hack Wilson mit seinen 1,62 Metern im Jahr 1930 erreichte. Solche Feinheiten stellen für die Übersetzung sofort ein unüberwindliches Problem dar. Die Grundregeln des Spiels kann ich zwar auf ein paar Seiten erklären, aber ich kann nicht den Mythos vermitteln – um dafür das richtige »Feeling« zu bekommen, muß man sich ein Leben lang damit beschäftigen. Am Ende werden Sie vielleicht die Aussagen im dritten Teil des Buches verstehen, und doch bleibt es Ihnen ein völliges Rätsel, warum jemand auch nur einen Pfifferling darauf gibt. Hier kann ich nur um Nachsicht für nationale Eigenheiten bitten. Genauso stehe ich wie der Ochs vorm Berg, wenn mit wachsender Begeisterung darum gestritten wird, ob Franz Beckenbauer oder Johann Cruyff der größte europäische Fußballspieler war. Aber ich erkenne an, daß es eine wichtige Frage ist – und ich würde diese Personen ebensowenig herabsetzen, wie ich Jesus oder Johannes dem Täufer sagen würde, er solle sich rasieren und etwas anderes anziehen.

Das Baseballspielfeld (siehe Schema) besteht aus einem rautenförmigen Innenfeld (Infield) mit vier Laufmalen (Bases) an den Ecken und einem keilförmigen Außenfeld (Outfield) dahinter. Bälle, die in das Outfield und darüber hinaus gelangen, sind »gut« (fair) und bleiben im Spiel. Fliegen sie dagegen über die seitliche Begrenzung, sind sie »foul« und nicht mehr im Spiel. Die vier Bases, die von den Spielern im Gegenuhrzeigersinn angesteuert werden müssen, heißen Home Plate sowie Erstes, Zweites und Drittes Base. (Diese Terminologie hilft, amerikanischen Slang zu verstehen. Wenn ein junger Mann sagt, er sei mit seiner Angebeteten »nicht bis zum Ersten Base gekommen«, wird man ihre Standhaftigkeit bewundern und seine Enttäuschung verstehen.) Auf dem

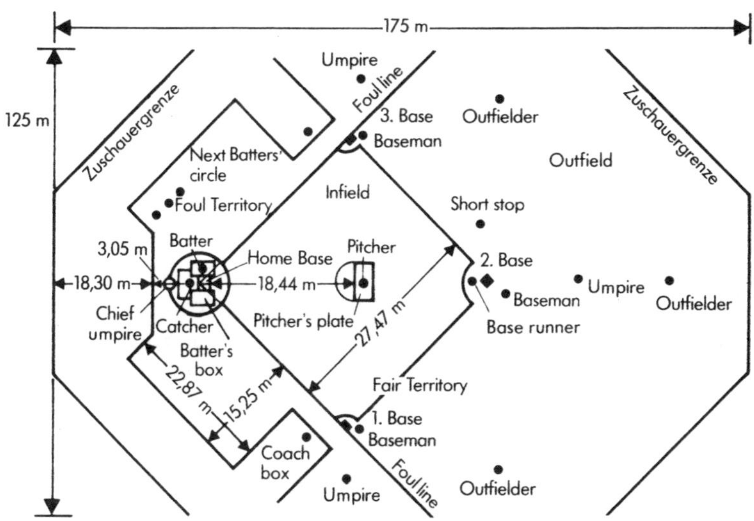

Home Plate steht der Schlagmann (Batter), und der Werfer (Pitcher) wirft den Ball (rollen darf er ihn nicht!) von der Mitte des Innenfeldes am Batter vorbei (das versucht er jedenfalls) zum Fänger (Catcher), der hinter dem Home Plate lauert. Die anderen sieben Feldspieler (eine Baseballmannschaft hat neun Mitglieder) stellen sich folgendermaßen auf: vier Innenverteidiger (Infielder: First, Second und Third Baseman sowie ein Shortstop, der zwischen Zweitem und Drittem Base steht, weil die meisten Batter Rechtshänder sind und in diese Richtung mehr Bälle schlagen als zwischen das Erste und Zweite Base) und drei Außenverteidiger (Outfielder: Leftfielder, Centerfielder und Rightfielder, wobei rechts und links aus der Sicht des Batters auf dem Home Plate definiert sind).

Wie bei den meisten Sportarten, so besteht das Ziel auch beim Baseball darin, während der Spielzeit mehr Punkte (die hier Runs heißen) zu erzielen als die gegnerische Mannschaft. Im Gegensatz zu den meisten anderen Mannschaftssportarten wird die Dauer des Spiels aber nicht von der Uhr bestimmt (allerdings dauert ein Spiel im Durchschnitt etwa drei Stunden). Das Spiel besteht aus neun Durchgängen oder Innings, in denen jede Mannschaft jeweils einmal dran ist. Der Teil eines Innings, der einer Mannschaft zusteht, ist zu Ende, wenn drei ihrer Spieler »aus« sind (was das bedeutet, werde ich gleich erläutern). Haben beide Mannschaften ihre neun Innings hinter sich, ist das Spiel zu Ende (bei drei »Aus« je Inning sind das insgesamt 27 »Aus«). Gewonnen hat die Mannschaft mit den meisten Runs.

Der Ablauf als solcher ist recht urtümlich. Der Batter versucht, einen guten Schlag zu landen und dann die Bases zu durchlaufen. Der Pitcher und seine Feldspieler versuchen, den Batter »Aus« zu machen. Die beiden wichtigsten Möglichkeiten, dies zu erreichen, sind der Fly Out, bei dem der geschlagene Ball gefangen wird, bevor er den Boden berührt, und der Strike Out, bei dem es dem Pitcher gelingt, drei gültige Würfe (Strikes) am Batter vorbei zu plazieren. Deshalb ist »Three strikes you're out« ein Heiligtum der amerikanischen Kultur – das sollte man als Europäer wissen, wenn man Amerikanisches verstehen will, beispielsweise eine Zeile in einem Film mit Gary Cooper, in dem er den berühmten Baseballspieler Lou Gehrig verkörpert; als er erfährt, daß er bald an amyotropher Lateralsklerose sterben wird, einer Krankheit, die heute auch Lou-Gehrig-Krankheit heißt, fragt er: »Ist das der dritte Strike, Doc?« In unserem derzeitigen Klima der konservativen Gegenströmungen haben mehrere US-Bundesstaaten sogenannte »Strike-three-Gesetze« verabschiedet, die für dreimal rückfällige Straftäter lebenslange Freiheitsstrafen ohne die Möglichkeit einer vorzeitigen Haftentlassung vorsehen. Wie müssen diese Verdammten den historischen Zufall verfluchen, der vor so langer Zeit und aus ganz anderen Gründen die Zahl von drei Strikes statt fünf oder sechs für ein Aus festlegte!

Landet der Batter einen guten Schlag (meist einen Ball, der auf dem Boden abprallt, an den Infieldern vorbeifliegt und im Outfield landet, oder einen Fly Ball, der erst zwischen den Outfieldern zu Boden fällt), läuft er, so weit er kann – er erreicht entweder das Erste, Zweite oder Dritte Base (Single, Double oder Triple). (Der Batter hält an, sobald ein Fielder den Ball ergreift und einem anderen Fielder zuwirft, der das vom Batter zuletzt angelaufene Base bewacht – denn wenn der Ball vor dem Batter am Base ist, so daß der Fielder den Batter mit dem Ball treffen kann, ist der Batter »aus«. Wenn der Batter also beispielsweise das Zweite Base erreicht hat und dann erkennt, daß er nicht mehr vor dem vom Fielder geworfenen Ball zum Dritten Base gelangen kann, bleibt er stehen.) Der Run zählt erst dann, wenn der Batter alle Bases angelaufen hat und zum Home Plate zurückgekehrt ist. Entschließt er sich also, am Zweiten Base zu bleiben, kann er erst weiterlaufen, wenn ein anderer Batter den Ball getroffen hat. (Die weiteren Aktionen eines solchen Baserunners, wenn ein anderer Batter getroffen hat, werden von allen möglichen Regeln und Gewohnheiten bestimmt – aber dieses Thema müssen wir gelehrteren Abhandlungen überlassen.)

Die ehrenvollste Schlagleistung – sie ist ein weiteres ehrfurchtheischendes Sinnbild des Amerikanischen – und das bestmögliche Ergebnis erreicht ein Batter, der einen Flugball bis ins Outfield oder in die dahinterliegenden Tribünen schlägt (wo ein glücklicher Zuschauer, auch Fan genannt, nach einem anderen altehrwürdigen Ritual den Ball behalten darf). Einen solchen Schlag nennt man »Home Run«, »Homer« oder »Digger« – es gibt dafür noch hundert andere Namen, manche davon nicht druckfähig und nur gemurmelte Äußerungen des Pitchers, der den

Ball vorgelegt hat. Gewertet wird ein solcher Home Run mit einem Run für den Batter selbst und weiteren Runs für alle seine Mannschaftskameraden, die sich nach vorherigen Treffern an den Bases aufhalten; maximal zählt er also vier Runs, wenn alle Bases besetzt sind – in diesem Fall spricht man von einem »Grand Slam«. Ein Batter, der einen Home Run schlägt, trottet dann in einem großartigen Ritual (und möglichst langsam, um den Effekt zu verstärken) nacheinander um alle Bases (wobei er sich manchmal über den Pitcher lustig macht und als Antwort den Stinkefinger bekommt); schließlich überquert er dann das Home Plate, wo sich seine ganze Mannschaft zum Händeschütteln und Umarmen versammelt.

Ich möchte mich nicht in Einzelheiten verlieren, aber der Vollständigkeit halber muß ich ein paar weitere Arten nennen, wie ein Spieler zum Baserunner werden kann, ohne den Ball zu schlagen. Nach drei Strikes ist man aus, aber nach vieren ist man an der Reihe. Wirft der Pitcher viermal fehlerhaft (nämlich außerhalb der Strike Zone, eines kleinen Bereiches um das Home Plate zwischen Gürtel- und Kniehöhe des Batters), begibt sich der Batter mit einem »Walk« oder »Base On Balls« zum Ersten Base. (Ja, ich weiß, das runde Ding, das der Pitcher wirft, ist ein Ball. Aber als »Ball« bezeichnet man nur fehlerhafte Würfe. Entsprechen sie den Regeln, heißen sie »Strikes«. Wer das verwirrend findet, muß sich höheren Orts beschweren, aber nicht bei diesem armen kleinen Autor.) Ein anderes amerikanisches Sprichwort besagt (mit rein praktischer und keineswegs moralischer Bedeutung): »Ein Walk ist so gut wie ein Treffer« – denn der Baserunner auf dem Ersten Base ist ein Baserunner auf dem Ersten Base, ganz gleich, wie er dorthin gekommen ist; das heißt, sein Run zählt genauso (wenn die nachfolgenden Batter ihm das Vorwärtskommen ermöglichen), ob er nun durch einen Walk oder einen Treffer zum Ersten Base gelangt ist. Ebenso kommt der Batter zum Ersten Base, wenn er von einem fehlerhaft geworfenen Ball getroffen wird – im Baseball der einzige echte Schutz vor schwerer Körperverletzung.

So, Leute, das ist schon fast alles. In meiner Bibliothek stehen allerdings elf lange Regalbretter voller Baseballbücher, also habe ich eine Menge Geschichtliches und viele Einzelheiten weggelassen. Aber jetzt sind Sie auf dem richtigen Weg und können das wichtigste grundlegende Merkmal des Baseball verstehen: Wenn man den Ball in das richtige Gebiet geschlagen hat, muß man jedesmal laufen (und sich auf einem Base in Sicherheit bringen, sonst ist man »aus«). Wegen dieser Regel ist Baseball ein viel schnelleres Spiel als das britische Cricket. Im Zeitalter der Videoclips erscheint Baseball vielen überdrehten Amerikanern als langsam und langweilig. Aber im Vergleich zu Cricket ist das Spiel in Null Komma nichts zu Ende. Verstehen Sie mich bitte nicht falsch. Ich mag Cricket. Ich mag auch den *Parsifal.*

Nach allen diesen Ausführungen bin ich nun endlich am entscheidenden Punkt angelangt: bei der Erklärung dreier entscheidender statistischer Größen (für die Treffer, für das Feldspiel und für das Werfen), mit denen die Leistung in den drei wichtigsten Aktionen des Baseball gemessen wird und auf die sich meine Argumentation im Teil 3 gründet:

Trefferdurchschnitt (Batting Average): Der Trefferdurchschnitt eines Spielers ist einfach das Verhältnis zwischen der Zahl seiner At-Bats (das sind die Male, die er am Schlag ist; Walks zählen nicht als At-Bat, denn der Fehler des Pitchers ist nicht das Verdienst des Batters, aber versagt hat er auch nicht) und der Zahl seiner Treffer. Ein Trefferdurchschnitt von 0,300 (der übrigens schon als hervorragend gilt und in jedem Jahr von noch nicht einmal zehn Prozent der Spieler erreicht wird) bedeutet also, daß der Spieler in zehn At-Bats durchschnittlich dreimal getroffen und siebenmal nicht getroffen hat. (Eine weitere stehende Redewendung lautet: Baseball ist die einzige Sportart, in der die besten Spieler bei weniger als einem Drittel der Versuche Erfolg haben.) Der Trefferdurchschnitt 0,400 entspricht vier regelgerechten Schlägen je zehn Versuche. Über 0,400 ist seit 1941 niemand mehr hinausgekommen – zwischen 1900 und 1930 erreichten dagegen sieben Spieler diesen Wert. Im Teil 3 dieses Buches beweise ich mit meiner zentralen Argumentation, daß das Verschwinden des Trefferdurchschnitts 0,400 im Gegensatz zu den ausgiebigen früheren Diskussionen über die historische Entwicklung in Wirklichkeit (und vielleicht paradoxerweise) ein Maß für die Verbesserung der Spielqualität im Baseball darstellt. Lesen Sie weiter.

Fielding Average: Erreicht der Batter ein Base, weil ein Fielder den Flugball, den er hätte fangen sollen, verfehlt oder weil er einen flachen Ball nicht erreicht oder weil er den Ball falsch zu einem anderen Fielder wirft, hat er einen »Error« begangen. Der Fielding Average ist einfach der Prozentsatz der von einem Feldspieler richtig gespielten Bälle. Heutzutage sind die Fielder verdammt gut, und deshalb nähert der Fielding Average sich dem theoretischen Maximalwert von 1,000, bei dem alle Bälle richtig behandelt werden. Ein Fielding Average von 0,990 – der übrigens oft erreicht wird – bedeutet in Wirklichkeit, daß der Fielder bei 99 von 100 Bällen richtig spielt.

Earned Run Average (ERA): Dieses grundlegende Maß für die Fähigkeiten des Pitchers ist die durchschnittliche Zahl der Runs, die gegen einen Pitcher in den ganzen neun Innings erreicht werden. (Ein ERA von 2,0 – der sehr gut ist und nur selten erreicht wird – bedeutet demnach, daß der Pitcher der Gegenseite in jedem vollständigen Spiel nur durchschnittlich zwei Runs ermöglicht hat.) Zugelassene (»earned«) Runs sind solche, die dem Fehlverhalten des Pitchers zuzuschreiben sind. Es wäre aber natürlich nicht fair, den Pitcher verantwortlich zu machen, wenn ein Fielder den Ball, der zum dritten »Aus« geführt hätte, fallen läßt, und wenn der gegnerischen Mannschaft dann ein Run gutgeschrieben wird – denn eigentlich hätte der Pitcher in einem solchen Fall mit seiner guten Leistung den Inning ohne weitere Runs zum Abschluß gebracht. (Als allgemeines Maß für die Wurfleistung ziehen wir den ERA gegenüber der einfachen Zahl gewonnener Spiele oder dem Verhältnis gewonnener und verlorener Begegnungen vor, denn bei gleicher Pitcherleistung gewinnt eine mickrige Mannschaft weniger Spiele als eine gute, die dem Pitcher mit vielen Treffern hilft, Runs anzusammeln.)

Im amerikanischen Profibaseball gibt es heute zwei Ligen mit jeweils drei Gruppen (Divisions). In einer Saison, die von Mai bis Oktober dauert, absolviert jede Mannschaft 162 Spiele. Anschließend wird der Meister in jeder Liga durch zwei Playoff-Runden ermittelt, und die beiden Spitzenreiter treffen dann in maximal sieben Spielen aufeinander. Dieses Turnier, das wir – Gipfel der nationalen Engstirnigkeit – als World Series bezeichnen, endet mit dem vierten Sieg einer Mannschaft. Ja, es ist nicht *eine* World Series, sondern *die* World Series. Und noch einmal ja, erwachsene (und einigermaßen intelligente) Menschen nehmen den ganzen Kram ernst. Jetzt habe ich gerade einen lieben langen Nachmittag an der Schreibmaschine gesessen, um Ihnen zu erklären, warum – und ich habe dabei nur an der Oberfläche gekratzt. Auf Außenstehende wirkt jede Religion verrückt, aber irgend etwas muß ja dran sein.

Ein bescheidener Vorschlag

Es ist ein altes Thema der Literatur, von Jesu Gleichnis vom verlorenen Sohn bis zur *Katze auf dem heißen Blechdach* von Tennessee Williams: Unser liebstes Kind hat oft auch die meisten Probleme und wird am wenigsten verstanden. Ich mache mir Sorgen um *Illusion Fortschritt*, meinen bewunderten, launischen Zögling. Seit 15 Jahren habe ich dieses kurze Buch aus drei verschiedenen Wurzeln (und auf drei Wegen) heranwachsen lassen: Erstens kam mir eines Tages über das Wesen von Evolutionstrends eine Erkenntnis, die meine persönlichen Gedanken über die Geschichte des Lebens völlig umkrempelte; 1988 machte ich sie zum Thema meiner Antrittsrede als Präsident der Gesellschaft für Paläontologie und gab ihr damit eine fachlich korrekte Form. Zweitens hatte ich während einer lebensgefährlichen Krankheit ein Heureka-Erlebnis mit der Statistik, das mir viel Hoffnung und Trost verschaffte (siehe Kapitel 4). Und drittens fand ich für ein großes Rätsel der amerikanischen Volkskultur – das Verschwinden des Trefferdurchschnitts 0,400 im Baseball – eine Erklärung, die mir, nachdem ich sie in Begriffe gefaßt hatte, völlig einleuchtend und zwangsläufig richtig erschien, obwohl sie allen herkömmlichen Begründungen diametral zuwiderlief.

Die Erkenntnis, aus der alle drei Wurzeln entspringen, hat eine Form, die für Intellektuelle besonders befriedigend ist: Sie ist ein Aha-Erlebnis, das eine alte Sichtweise ins Gegenteil verkehrt und etwas, das zuvor undurchsichtig, unvollständig und schlecht formuliert war, plötzlich klar und geordnet erscheinen läßt. (Ich spreche hier von einer zutiefst persönlichen Erfahrung und stelle keine anmaßenden Behauptungen über Absolutheiten auf. Solche Heureka-Momente lassen es nur einem selbst wie Schuppen von den Augen fallen und durchbrechen die eigenen Scheuklappen. Der Rest der Welt weiß vielleicht schon, was man selbst gerade erst entdeckt hat. Manche Aha-Erlebnisse sind allerdings auch für die Allgemeinheit neu.) Meine Erkenntnis ließ mich Trends auf ganz neue Art sehen: nicht als »etwas, das sich nach oben oder unten bewegt«, sondern als Änderungen der Variationsbreite ganzer Systeme.

Mit der Erkenntnis kam die Angst, und zwar aus zwei Gründen. Erstens erscheint das Thema zunächst vielleicht unwichtig und weit hergeholt. Warum sollte eine andere Erklärung für Trends allgemeines Interesse wecken? Außerdem – und das war der zweite Grund – ist die entscheidende neue Formulierung (die Vorstellung von ganzen Systemen, die sich erweitern oder verengen, anstelle einzelner beweglicher Gebilde) grundsätzlich statistischer Natur, das heißt, man muß sie graphisch darstellen. Daß sie unverständlich sein würde, fürchtete ich nicht. Die Grundidee könnte einfacher nicht sein (sie ist eine Umkehrung der Begriffe und kein verwickelter mathematischer Ausdruck), und ich wußte, daß ich meine gesamte Argumentation in anschaulichen Begriffen und ohne Zahlenspiele darlegen konnte. Aber ich wußte auch, daß ich sie vorsichtig entwickeln mußte: Zuerst war die allgemeine Aussage zu treffen, und dann mußte ich einige einfache, vorläufige Beispiele nennen; erst danach konnte ich mich mit den beiden Hauptthemen befassen: dem Trefferdurchschnitt 0,400 und dem Problem des Fortschritts in der Geschichte des Lebens.

Aber würden die Leute das Buch lesen? Würden die Leser über die notwendigen Vorbemerkungen hinweg bis zu den entscheidenden neuen Aussagen durchhalten? Würde ihr Interesse während der ganzen anschaulichen Gedankengänge erhalten bleiben, wo wir doch in unserer Kultur meist allem abgeneigt sind, was nach mathematischem Stil riecht? Ja, ich bin nach wie vor überzeugt, daß dieses Buch eine neue, vielfach anwendbare Argumentation enthält – und daß der ausdauernde Leser am Ende zufrieden sein wird; wie der Vater, der dem verlorenen Sohn verzieh (und diese Gnade gegenüber dem stets gehorsamen Kind rechtfertigte), sage ich: »Du solltest aber fröhlich und guten Mutes sein.«

Ich möchte mit Ihnen ins Geschäft kommen. Da ich viele erleuchtende – wenn auch nicht bereichernde – Stunden mit Pokerspielen zugebracht habe, schlage ich eine Wette vor. Halten Sie bis zum Ende durch, und ich wette, Sie werden es lohnend finden. Im Gegenzug habe ich das Buch kurz gehalten (was im Vergleich zu meinen anderen Ergüssen durchaus bemerkenswert ist), es ist hoffentlich verständlich und unterhaltsam (wenn auch mit didaktischem Aufbau in Richtung der beiden entscheidenden Beispiele), und es ist von dem Versprechen durchtränkt, daß sich mit den hier entwickelten begrifflichen Voraussetzungen zwei verwirrende, wichtige Phänomene aufklären lassen.

Die Hartnäckigkeit sollte zweifach belohnt werden. Erstens, davon bin ich überzeugt, wird meine Methode zur Untersuchung der Variation in vollständigen Systemen echte Antworten auf zwei immer wieder gestellte Fragen liefern, die in der herkömmlichen, platonischen Darstellung ganzer Systeme durch Wesensformen oder Einzelfälle – deren zeitliche Veränderung man dann verfolgt – verwirrend und unzusammenhängend bleiben. Ich finde beide Lösungen besonders befriedigend, weil sie nicht so radikal sind, daß sie außerhalb des normalen Verstehens liegen. Wenn man die veränderte, auf Variation gegründete Sichtweise verinnerlicht hat, erscheinen beide ausgesprochen sinnvoll, und sie lösen echte Widersprüche der herkömmlichen Sichtweise. Wie kann man in Übereinstimmung mit der hergebrachten Ansicht annehmen, der Trefferdurchschnitt 0,400 sei ausgestorben, weil die Batter schlechter geworden seien, wo sich doch die Rekorde in fast allen anderen Sportarten ständig verbessert haben? Mit meiner Methode kann ich nachweisen, daß das Verschwinden des Trefferdurchschnitts 0,400 in Wirklichkeit die verbesserten Leistungen im Baseball widerspiegelt – und das ergibt einen zufriedenstellenden Sinn (aber mit der herkömmlichen Betrachtungsweise für das Problem ist es nicht zu begreifen).

Mit einer ähnlich eindrucksvollen Argumentation kann ich auch belegen, daß die Geschichte des Lebens insgesamt nicht von Fortschritt gekennzeichnet ist, ja daß sie noch nicht einmal auf eine gerichtete Evolutionskraft hinweist. Dafür kann ich sowohl theoretische Argumente (die Natur der Darwinschen Mechanismen) als auch Tatsachen (die überwältigende Vorherrschaft der Bakterien bei den Lebewesen) anführen. Dennoch – und sei es auch nur aus legitimen Gründen der Selbstbezogenheit – sind wir zu Recht überzeugt, daß die Menschen etwas einzigartig Komplexes sind, und zu Recht beharren wir darauf, diese Tatsache zwinge zur Anerkennung eines Trends. Aber der Erklärungsmechanismus des »vollen Hauses«* schafft die Möglichkeit, diese vom gesunden Menschenverstand bestimmte Ansicht über die Stellung der Menschen beizubehalten und gleichzeitig zu verstehen, daß Fortschritt sich nicht durch die gesamte Geschichte des Lebens zieht und sie noch nicht einmal sinnvoll kennzeichnet.

Zweitens – und ich weiß nicht, wie ich es sagen soll, ohne daß es unbescheidener klingt, als ich es meine – verfolgt dieses Buch ein weiter gefaßtes Ziel, denn das zentrale Argument des »vollen Hauses« ist tatsächlich eine Aussage über das Wesen der Realität. Ich sage nichts, was andere nicht zuvor auf andere Weise auch schon gesagt hätten (deshalb verbleibt in meinem Innersten eine gewisse Demut), aber ich versuche eine Reihe von Gedanken zusammenzutragen, die man meist nicht in eine solche Verbindung bringt, und ich vertrete meine Ansicht mit freundlichen Beispielen statt durch einen tendenziösen Frontalangriff in den höheren Sphären der philosophischen Abstraktion (die der übliche Weg ist, um *das* Wesen der Realität zu behandeln, und die mangels praktischer Bezüge unter Garantie nur begrenztes Interesse weckt). Ich bitte meine Leser, sich endlich ehrlich mit der tiefsten Bedeutung der Darwinschen Revolution anzufreunden und in der natürlichen Realität eine Ansammlung von Individuen in Populationen zu sehen – das heißt, man muß einsehen, daß Variation nicht reduzierbar ist, sondern »real« in dem Sinn, daß »daraus die Welt besteht«. Dazu müssen wir Denkgewohnheiten ablegen, die so alt sind wie Platon, und unseren grundlegenden Fehler erkennen: Wir beschreiben Populationen entweder als »Durchschnitt« (der dann als »typisch« gilt und deshalb die abstrakte Wesensform oder den Typus des Systems darstellen soll) oder

* Der Titel der amerikanischen Originalausgabe lautet *Full House*, ein Begriff aus dem Poker. Beim »Full House« geht es um Karten*vielfalt*, nicht um einzelne Farben oder Zahlen (A. d. Ü.).

aber als Extremwerte (die wegen ihres besonderen Wertes herausgestellt werden wie der Trefferdurchschnitt 0,400 oder die Komplexität des Menschen).

Das war mein bescheidener Vorschlag. Bitte lesen Sie das Buch. Anschließend können wir eine Riesendebatte über letzte Dinge führen – und auch über dummes Zeug.

Teil 1 | Wie man Trends erkennt und deutet

1. Kapitel | **Huxleys Schachbrett**

Wir offenbaren uns in den Metaphern, die wir wählen, um den Kosmos im Kleinen abzubilden. Shakespeare sah in der Welt, wie nicht anders zu erwarten, »eine Bühne, und alle Männer und Frauen nur als Schauspieler«. Francis Bacon bezeichnete die äußere Wirklichkeit in der Verbitterung des Alters als Seifenblase. Wir können die Welt wirklich klein machen, und das zu verschiedenen Zwecken – das Spektrum reicht von religiöser Ehrfurcht vor dem noch größeren Bereich Gottes (»nur ein kleiner Abschnitt in der Ewigkeit«, so Sir Thomas Browne Mitte des 17. Jahrhunderts) bis zur einfachen Lust am Leben (wie die Vorreiter dieser Haltung, Pistol und Falstaff, in einer denkwürdigen Unterhaltung feststellen: »Die Welt ist meine Auster, die dem Schwert sich öffnet«).

Es sollte uns deshalb nicht überraschen, daß Thomas Henry Huxley, der erzvernünftige Meister der geistigen Auseinandersetzung, ein Schachbrett als Abbildung der Realität wählte:

> Das Schachbrett ist die Welt, die Figuren sind Phänomene des Universums, und die Spielregeln sind das, was wir als Naturgesetze bezeichnen. Der Spieler auf der anderen Seite ist uns verborgen. Wir wissen, daß sein Spiel immer fair, gerecht und geduldig ist. Zu unserem Leidwesen wissen wir aber auch, daß er niemals einen Fehler macht und nicht die geringste Nachsicht mit Unkenntnis hat. (Aus: *A Liberal Education*, 1868.)

Dieses Bild von der Natur als einem harten, aber fairen Gegner, den man mit den beiden großartigen Waffen der Beobachtung und Logik schlagen kann, ist die Grundlage für Huxleys berühmtesten Ausspruch: »Naturwissenschaft ist einfach gesunder Menschenverstand in seiner besten Form; das heißt, sie ist peinlich genau im Beobachten und unbarmherzig mit logischen Fehlern«. (Aus seinem großartigen populärwissenschaftlichen Werk *The Crayfish*, 1880.)

Huxleys Metapher hinkt – und entsprechend schwieriger wird unsere Aufgabe, die Natur zu erkennen –, weil wir die Wissenschaft nicht als Spiel von »uns« gegen »die« darstellen können. Der Gegner auf der anderen Seite des Schachbretts ist eine komplizierte Mischung aus echter Unbegreiflichkeit der Natur und unseren engstirnigen gesellschaftlichen und geistigen Gewohnheiten. Zu einem großen Teil spielen wir gegen uns selbst. Die Natur ist objektiv, und die Natur ist auch begreiflich, aber wir können sie nur dunkel durch eine Brille betrachten – und die Trübung unseres Blickes ist selbstgemacht: gesellschaftliche und kulturelle Voreingenommenheit, gefühlsmäßige Vorlieben und geistige Beschränkung (in umfassenden Denkweisen, nicht nur durch individuelle Dummheit).

Noch größer wird der Beitrag der Menschen zu dieser Gleichung der Schwierigkeit, wenn der Untersuchungsgegenstand dem Kern unserer praktischen und philosophischen Sorgen nähersteht. Bei taxonomischen Entscheidungen über die Arten der Pogonophoren im Atlantischen Ozean können wir vielleicht die größtmögliche Objektivität walten lassen, aber wenn es um die Taxonomie versteinerter Menschenarten oder – noch schlimmer – um die Rasseneinteilung des *Homo sapiens* geht, geraten wir ins Stolpern.

Wenn wir uns mit der größten Frage im Zusammenhang mit Evolution und menschlicher Existenz befassen – wie, wann und warum tauchten wir im Stammbaum des Lebens auf; sollten wir auftauchen, oder ist es reiner Zufall, daß wir da sind? –, wiegen unsere Vorurteile deshalb oft schwerer als unser begrenztes Wissen. Manche dieser vorurteilsbeladenen Beschreibungen sind so altehrwürdig, so selbstbezogen, so sehr ein Teil unserer zweiten Natur, daß wir niemals innehalten, um ihren Stellenwert zu erkennen: Sie sind gesellschaftliche Entscheidungen, für die es radikale Alternativen gibt, und statt dessen sehen wir darin vorgegebene, offenkundige Wahrheiten.

Mein Lieblingsbeispiel für die unerkannten Vorurteile in der Darstellung der Geschichte des Lebens zeigt sich ganz buchstäblich in den Bildern, die wir malen. Die ersten zutreffenden Rekonstruktionen fossiler Wirbeltiere gehen erst auf die Zeit Cuviers zu Beginn des 19. Jahrhunderts zurück. Die Tradition einer Bilderwelt, in der man die Geschichte des Lebens in aufeinanderfolgenden Szenen darstellt, ist also noch nicht einmal zwei Jahrhunderte alt. Wir alle kennen diese Bilderfolgen – von einer ersten Abbildung der Trilobiten im Meer des Kambriums über eine Menge Dinosaurier in der Mitte bis zu dem letzten Bild mit unseren Cromagnon-Vorfahren, die eifrig damit beschäftigt sind, eine französische Höhle auszuschmücken. Solche Serien haben wir an den Wänden naturhistorischer Museen und in populären Büchern über die Geschichte des Lebens gesehen. Was könnte an ihnen falsch oder von Vorurteilen geprägt sein? Die Trilobiten beherrschten tatsächlich die erste Tierwelt mit vielzelligen Lebewesen; die Menschen sind tatsächlich erst gestern entstanden; und dazwischen gediehen tatsächlich die Dinosaurier.

Betrachten wir einmal drei Bildpaare aus hundert Jahren dieses Genres, die von drei der berühmtesten Vertreter der Gattung stammen. Sie zeigen jeweils eine Meeresszene aus dem Paläozoikum und aus dem Mesozoikum. Das Bild aus dem Paläozoikum enthält jeweils wirbellose Tiere, im Mesozoikum dagegen sind ausschließlich Meeresreptilien dargestellt, die von landlebenden Formen abstammen. Das erste Bildpaar stammt aus einem Buch, mit dem das Genre um 1860 begründet wurde: *La terre avant le déluge* (*Die Erde vor der Sintflut*) von Louis Figuier (eine fesselnde Übersicht über die Anfänge dieser Kunstgattung im 19. Jahrhundert findet sich in dem faszinierenden Werk *Scenes from Deep Time* von Rudwick). Das zweite ist die hergebrachte amerikanische Form; es wurde von Charles A. Knight, dem größten Maler für prähistorisches Leben, für einen Artikel im *National Geographic Magazine* (Februar 1942) gemalt und trägt den Titel »Parade of Life Through the Ages« (»Der Marsch des Lebens durch die Zeitalter«). Das letzte Paar – es repräsentiert die ebenso allgemein übliche europäische Version – stammt von dem tschechischen Künstler Z. Burian, und zwar aus dem 1956 erschienenen Buch *Prehistoric Animals*, das er zusammen mit dem Paläontologen L. Augusta schrieb.

Warum erhebe ich Einspruch? Im frühen Paläozoikum gab es noch keine Wirbeltiere, und die Meeresreptilien kehrten wirklich im Mesozoikum, zur Zeit der Dinosaurier, ins Wasser zurück. In diesem eng gefaßten Sinn sind die Bilder »richtig«. Aber nichts ist irreführender als formal richtige, eng begrenzte Information, die völlig aus dem Zusammenhang gerissen wird. (Man braucht nur an die alte Geschichte von dem Kapitän zu denken, der seinen Ersten Offizier nicht mochte; er schrieb nach einem einmaligen Vorfall ins Logbuch: »Erster Offizier war heute betrunken.« Der Offizier bettelte den Kapitän an, er möge die Bemerkung streichen, und wies zu Recht darauf hin, so etwas sei noch nie vorgekommen und es werde ihn seine Stellung kosten. Der Kapitän lehnte ab. Am nächsten Tag führte der Erste Offizier das Logbuch, und er trug ein: »Kapitän war heute nüchtern.«)

Wie mit dem Seemannsgarn ist es auch mit der Geschichte des Lebens. Was kann irreführender sein, als wenn man etwas Kleines als allein typisch darstellt? Alle bekannten Bilderserien dieses Kunstgenres – es gibt keine Ausnahmen, deshalb ist das Beispiel so eindringlich – behaupten, sie stellten das Entscheidende oder das Wesen der Geschichte des Lebens dar. Alle beginnen mit einem oder zwei Bildern von wirbellosen Tieren des Paläozoikums. Schon hier bemerkt man das erste Vorurteil, denn die Zeit vor den Wirbeltieren macht fast die Hälfte der Geschichte vielzelliger Lebensformen aus, und doch nimmt sie bei den Bildern nie mehr als zehn Prozent in Anspruch. Sobald im Devon die Blütezeit der Fische beginnt, wechselt die Szene unter Wasser zu diesen Geschöpfen – und in dem ganzen Ablauf begegnet uns von nun an kein einziges wirbelloses Tier mehr (es sei denn, ein Ammonit quetscht sich in einer Nebenrolle an den Rand einer Szene aus dem Mesozoikum). Aber auch mit den Fischen wird kurzer Prozeß gemacht: Kein einziger von ihnen taucht wieder auf (außer als flüchtende Beute eines Ichthyo- oder Mosasauriers), nachdem gegen Ende des Paläozoikums an Land das Leben der Wirbeltiere einsetzt.

Wie viele Menschen haben wohl schon gestutzt und sich Gedanken über diese äußerst seltsame, unrepräsentative Darstellung einer derart eingeschränkten Geschichte gemacht? Die Wirbellosen starben weder aus, nachdem die Fische aufgetaucht waren, noch kam ihre Evolution zum Stillstand; die wichtigsten Phasen ihrer Entwicklungsgeschichte entfalten sich zu einem großen Teil erst im partnerschaftlichen Nebeneinander mit den Wirbeltieren des Meeres. (Beispielsweise spiegeln sich die faszinierendsten und unheilvollsten Episoden in der Geschichte des

Lebens – die fünf großen Ereignisse des Massenaussterbens – am besten in den Veränderungen der wirbellosen Tierwelt wider.) Auch die Fische starben nicht aus und stellten ihre Evolution nicht ein, nur weil eine unbedeutende Linie ihrer Vettern es schaffte, das Land zu besiedeln. Bis heute sind mehr als die Hälfte aller Wirbeltiere Fische (über 20 000 lebende Arten). Ist es nicht absurd, die Mehrheit aller Wirbeltiere aus der weiteren bildlichen Darstellung zu verbannen, nur weil ein kleiner Zweig des Stammbaums seinen Wohnort aufs Trockene verlegte?

Von ebenso krassen Vorurteilen ist die Geschichte der landlebenden Wirbeltiere geprägt. Zunächst einmal verschwinden die Ozeane aus den Darstellungen, nachdem die Wirbeltiere das Land besiedelt haben; es gibt (wie Abbildung 1 belegt) nur eine »Ausnahme«, und sie bestätigt in Wirklichkeit die Regel: Wenn ein »höher entwickelter« Landbewohner ins Meer zurückkehrt, zeigt man ihn als Vertreter der Vielfalt in einem bestimmten Stadium des Fortschritts. Die Meeresreptilien werden also als Zeitgenossen der an Land vorherrschenden Dinosaurier gemalt, aber die Fische, die zur gleichen Zeit lebten, sieht man nicht, denn ihr Stadium hat die Evolution auf ihrem Weg nach oben hinter sich gelassen. Im Tertiär sind die Wale dabei, weil damals die Säugetiere das Land beherrschten, aber die Meeresreptilien und Fische jener Zeit werden als überholte Formen ausgelassen.

Zweitens zeigt die Abfolge der Landtiere nur unsere anthropozentrische Sichtweise für die im Laufe der Zeit wechselnde Vorherrschaft, aber die Wandlungen der biologischen Vielfalt gibt sie nicht angemessen wieder. Die Fische werden verbannt, sobald Amphibien und Reptilien das Land besiedelt haben – aber warum bestrafen wir die Fische für das, was ein paar seltsame Verwandte in einer ganz anderen, unbekannten Umwelt taten, vor allem da die Ozeane, in denen Fische immer die beherrschenden Wirbeltiere waren, doch 70 Prozent der Erdoberfläche bedecken? Die Entstehung der Säugetiere läßt alle Amphibien und Reptilien aus dem Blickfeld verschwinden, obwohl sie weiterhin gediehen und das Leben der Säugetiere auf vielfältige Weise beeinflußten, von den mosaischen Plagen bis zu Evas Versuchung. Die letzten Bilder zeigen immer Menschen, obwohl wir nur eine Spezies sind und zu einer kleinen Gruppe der Säugetiere gehören (nämlich zur Ordnung der Primaten, die etwa 200 der insgesamt rund 4000 Säugetierarten umfaßt); die größten Erfolge der Säuger-Evolution dagegen – Fledermäuse, Ratten und Antilopen – bleiben unsichtbar.

Ich will nicht allzusehr herumnörgeln. Würden diese Darstellungen von sich nur behaupten, sie stellten die Abstammung unseres winzigen menschlichen Zweiges am Lebensbaum dar, würde ich mich gar nicht beschweren, denn mit einer solch engstirnigen Absicht, die geradeheraus vorgebracht wird, kann ich mich nicht ungebührlich herumschlagen. Aber diese Bildfolgen tun immer so, als gäben sie *die* Geschichte des Lebens wieder und nicht die Vergangenheit eines einzigen Zweiges. Man braucht nur die Titel der in Abbildung 1 teilweise gezeigten Serien zu betrachten: »Die Erde vor der Sintflut«, »Der Marsch des Lebens durch die Zeitalter« und »Prähistorische Tiere«. Wie seltsam eine solche historische Darstellung ist, läßt sich vielleicht an einem Vergleich deutlich machen: Angenommen, wir wollten einen Festumzug organisieren, der die Entwicklung der 48 zusammenhängenden US-Bundesstaaten deutlich macht. Würden wir den Wagen für Neuengland nur auf dem ersten Kilometer mitfahren lassen und dann aus dem Blickfeld entfernen? Würden wir dann nacheinander die nordwestlichen Gebiete, den Kauf von Louisiana und den Westen hinzufügen, wobei immer nur ein Wagen zugelassen ist, während der vorhergehende bei jedem Neuzugang herausgenommen wird? Würden wir die Verherrlichung der amerikanischen Ausdehnung richtig zum Ausdruck bringen, wenn der Umzug mit einem kleinen Wagen endet, der das kleine Stück im Südwesten namens Gadsden-Kauf feiert?

Abbildung 1: Drei Bildpaare mit künstlerischen Darstellungen der Geschichte des Lebens. Man erkennt, welche unveränderliche Voreingenommenheit das Genre beherrscht. Die Paare stammen von Figuier (um 1860), Knight (nach 1940) sowie Augusta und Burian aus den sechziger Jahren. Das erste Bild jedes Paares zeigt wirbellose Tiere aus der Frühzeit der Vielzeller, das zweite eine Meeresszene aus dem Mesozoikum (der Zeit, als die Dinosaurier das Land beherrschten). In der Szene aus dem Mesozoikum sind weder Fische noch Wirbellose zu sehen, sondern nur Reptilien, die in den Lebensraum im Meer zurückgekehrt sind.

Genauso ist der *Homo sapiens* nicht repräsentativ und kein Symbol für das Leben als Ganzes, sosehr wir uns selbst auch lieben. Wir sind kein Ersatz für die Gliederfüßer (mehr als 80 Prozent aller Tierarten) und auch kein Musterbeispiel für irgend etwas Besonderes oder Typisches. Wir besitzen eine außergewöhnliche Erfindung der Evolution, die wir Bewußtsein nennen – dieser Faktor erlaubt es uns, im Gegensatz zu allen anderen Arten solche Themen wiederzukäuen (das heißt, eigentlich käuen die Kühe wieder, und wir denken). Aber wie kann man diese Erfindung als Quintessenz und wichtigste Stoßrichtung des Lebens betrachten, wo doch 80 Prozent der Vielzeller (der Stamm der Gliederfüßer) sich eines derartigen Evolutionserfolges erfreuen und im Laufe der Zeitalter keinen Trend zu höherer Nervenkomplexität zeigen – und wo doch unsere eigene raffinierte Nervenausstattung am Ende nicht nur zu einem Zustand führen kann, den wir gern als »höher« bezeichnen, sondern ebensogut auch zu unserer Zerstörung?

Warum zeichnen wir dennoch ständig dieses erbärmlich beschränkte Bild von einem kleinen Rinnsal im Lebensstrom der Wirbeltiere als Modell für die gesamte Geschichte der Vielzeller? Und wie viele von uns haben überhaupt schon einmal eine solche Standard-Bilderserie gesehen und sich dabei Fragen über ihren grundsätzlichen Wahrheitsgehalt gestellt? Die übliche Bilderwelt scheint so richtig, so den Tatsachen entsprechend. Wie ich in diesem Buch darlegen werde, ist das unhinterfragte Hinnehmen eines solchen Schemas in unserer Kultur das auffälligste Beispiel für einen allgemeineren Fehler, den wir beim Nachdenken über Entwicklungen begehen: Wir konzentrieren uns auf Besonderheiten oder Abstraktionen (oft auf vorurteilsbeladene Beispiele wie die Abstammungslinie des *Homo sapiens*), die wir gezielt aus einer Gesamtheit ausgewählt haben, weil wir diese beschränkten, uncharakteristischen Beispiele irgendwie als bewegend empfinden; in Wirklichkeit sollten wir aber *das ganze System* – das »volle Haus« – und seine sich im Laufe der Zeit wandelnden Gesetzmäßigkeiten betrachten. Ich werde eine unkonventionelle Interpretationsweise erläutern, die, einmal ausgesprochen, naheliegend erscheint, jedoch selten in unser geistiges System eindringt; danach sind Trends, richtig betrachtet, keine konkreten Erscheinungen, die in eine bestimmte Richtung gehen, sondern eine

Folge zu- oder abnehmender Variationsbreite. Mit anderen Worten: Dieses Buch behandelt die »Ausbreitung des Ausgezeichneten«, den Trend zur Verbesserung, den man am besten als vermehrte oder verminderte Variation interpretiert.

2. Kapitel Darwin unter den Meinungsmachern

Freuds vierter saurer Apfel

Schon bei vielen Gelegenheiten habe ich Freuds spöttische, ja fast resignierte Beobachtung zitiert, wonach sämtliche großen Revolutionen in der Wissenschaftsgeschichte bei aller sonstigen Verschiedenheit ein gemeinsames Thema haben: Sie stoßen die menschliche Arroganz allmählich von einem Sockel der kosmischen Selbstsicherheit nach dem anderen. Freud nennt drei solche Ereignisse: Wir glaubten, wir lebten auf dem Zentralgestirn eines begrenzten Universums, bis Kopernikus, Galilei und Newton in der Erde den winzigen Begleiter eines unbedeutenden Sterns erkannten. Dann trösteten wir uns mit der Vorstellung, Gott habe diesen untergeordneten Ort dennoch ausgewählt, um ein einzigartiges Lebewesen nach Seinem Bild zu schaffen – aber dann kam Darwin und verwies den Menschen auf die Abstammung aus dem Tierreich. Nun suchten wir Trost in unserem vernunftbegabten Geist, bis die Psychologie, wie Freud in einer der unbescheidensten Behauptungen der Geistesgeschichte feststellte, das Unbewußte entdeckte.

Freuds Feststellung ist scharfsinnig, aber er ließ einige wichtige Revolutionen des vom Sockel stürzenden Typs aus (das soll keine Kritik an seiner Erkenntnis sein, denn er wollte nur das Prinzip deutlich machen, aber keine umfassende Liste aufstellen). Insbesondere überging er den wichtigen Beitrag, den mein spezielles Gebiet, Geologie und Paläontologie, zu diesem Ablauf leistete – das zeitliche Gegenstück zu Kopernikus' Entdeckungen im Raum. Der Bericht der Bibel, wortwörtlich genommen, war so schön tröstlich: die Erde nur ein paar tausend Jahre alt, und immer außer an den ersten fünf Tagen besetzt von Menschen als beherrschenden Lebewesen. Die Vergangenheit der Erde war, was die Ausdehnung betraf, gleichbedeutend mit der Geschichte der Menschheit. Warum sollte man dann im physikalischen Universum nicht etwas sehen, das für uns und unseretwegen existiert?

Aber dann entdeckten die Paläontologen die »Tiefenzeit«, um John McPhees glücklich gewählten Ausdruck zu verwenden. Die Erde ist Milliarden Jahre alt und reicht damit in der Zeit ebensoweit wie das sichtbare Universum im Raum. Die Zeit als solche stellt keine Freudsche Bedrohung dar, denn wenn die Menschheitsgeschichte alle diese Jahrmilliarden umfassen würde, hätten wir unsere Arroganz durch längere Herrschaft über unseren Planeten noch steigern können. Zu dem Freudschen Umsturz kam es, als die Paläontologen feststellten, daß das Leben der Menschen nur den letzten winzigen Moment der planetaren Zeit ausmacht – ein paar Zentimeter in der kosmischen Meile, Minuten im kosmischen Jahr. Diese erstaunliche Beschränkung der menschlichen Zeit war tatsächlich eine Bedrohung, insbesondere in Verbindung mit Freuds zweiter Umwälzung, der Darwinschen Revolution. Eine solche Beschränkung hat nämlich eine »einfache Bedeutung« – und einfache Bedeutungen sind im allgemeinen richtig (auch wenn unsere faszinierendsten geistigen Revolutionen vielfach den Untergang scheinbar naheliegender Interpretationen feierten): Wenn wir nur ein winziger Zweig an dem üppig gedeihenden Busch des Lebens sind und wenn dieser Zweig sich erst vor einem erdgeschichtlichen Augenblick abgespalten hat, sind wir vielleicht nicht das vorhersehbare Ergebnis eines von sich aus auf Fortschritt ausgerichteten Vorganges (des vielgerühmten Trends zum Fortschritt in der Geschichte des Lebens); vielleicht sind wir bei aller Pracht und allen Errungenschaften nur ein kurzer kosmischer Zufall, der sich nie wieder ereignen würde, wenn man den Baum des Lebens neu aussäen und unter ähnlichen Bedingungen heranwachsen lassen könnte.

Ich möchte sogar behaupten, daß alle diese »einfachen Bedeutungen« wahr sind; wir sollten uns über unsere neugefundene Stellung ebenso freuen wie über das damit verbundene Bedürfnis, durch uns und für uns immer wieder einen Sinn zu finden – aber das ist eine andere Geschichte für einen anderen Zeitpunkt. Diese andere Geschichte habe ich *Won-*

derful Life genannt (Gould, 1989). Das Thema des vorliegenden Buches, das gewissermaßen den »philosophischen Begleitband« darstellt, ist das »volle Haus«. Vorerst möchte ich nur darauf hinweisen, daß diese einfache Bedeutung einigen besonders fest verwurzelten gesellschaftlichen Überzeugungen und psychologischen Tröstungen des Abendlandes zutiefst widerspricht – und deshalb war die volkstümliche Kultur nicht gewillt, in diesen vierten sauren Apfel Freuds zu beißen.

Wenn wir weiterhin leugnen wollen, gibt es offenbar nur zwei logische Möglichkeiten. Zunächst einmal könnten wir weiterhin der wörtlichen Bibelauslegung treu bleiben und darauf beharren, die Erde sei nur ein paar tausend Jahre alt, und die Menschen seien ein paar Tage nach dem Beginn der Erdgeschichte von Gott erschaffen worden. Aber derartige Mythologie ist für denkende Menschen kein Weg, denn sie müssen die grundlegenden Tatsachen der riesigen Zeitspanne und der Evolution anerkennen. Deshalb sind wir auf eine zweite Art besonderer Deutungen angewiesen – Darwin unter den Meinungsmachern. Wie können wir die Geschichte der Evolution mit einem Unterton erzählen, der den hergebrachten Hochmut der Menschen rechtfertigt?

Wenn wir einerseits anerkennen, daß die Menschheitsgeschichte sich auf den letzten winzigen Augenblick der Erdgeschichte beschränkt, und andererseits unsere hergebrachte Überzeugung von unserer kosmischen Wichtigkeit beibehalten wollen, müssen wir dem Bericht über die Evolution einen besonderen Dreh geben. Ein solcher Dreh würde nach meiner Überzeugung auf den ersten Blick lächerlich wirken, wenn er von dem metaphorischen Geschöpf betrachtet würde, das in literarischen Werken so oft die reine Objektivität symbolisiert: dem leidenschaftslosen, intelligenten Besucher vom Mars, der zum erstenmal zu uns kommt und unseren Planeten beobachtet, unbelastet durch voreingenommene Erwartungen über das Leben auf der Erde. Aber wir sind in dieser vorgefaßten Meinung schon so lange und tief verstrickt, daß wir die offenkundige Absurdität unserer Argumentation nicht begreifen.

Diese positive Meinungsmache gründet sich auf die falsche Annahme, die Evolution verkörpere einen grundlegenden Trend oder Impuls in Richtung eines vorrangigen, charakteristischen Ergebnisses, einer Eigenschaft, die als Quintessenz der Geschichte des Lebens über allem anderen steht. Diese entscheidende Eigenschaft ist natürlich der Fortschritt – je nach Verwendungszweck unterschiedlich definiert* als Tendenz des Lebendigen zu wachsender anatomischer Komplexität, neurologischer Raffiniertheit oder Größe und Wandelbarkeit des Verhaltensrepertoires oder nach irgendeinem anderen Kriterium, das man sich ausgedacht hat (wenn wir doch nur so ehrlich und einsichtsvoll wären, was unsere Motive angeht), um den *Homo sapiens* auf die Spitze eines angenommenen Hügels zu stellen.

Wir können bei einem ganzen Spektrum von Historikern, Psychologen, Theologen und Soziologen jeweils ihre eigenen Ansichten zu der Frage untersuchen, warum wir ein so starkes Bedürfnis empfinden, unsere Existenz als vorhersagbare kosmische Vorliebe zu rechtfertigen. Ich kann sie nur aus meiner eigenen Sicht als Paläontologe und im Lichte der vierten Freudschen Revolution beantworten: Wir haben den Drang, den Impuls der Evolution als vorhersagbar und fortschrittsorientiert zu betrachten, weil wir damit der beängstigendsten geologischen Erkenntnis – daß nämlich die Existenz des Menschen sich auf das letzte kleine Stückchen der Erdgeschichte beschränkt – etwas Positives abgewinnen können. Mit einem solchen Dreh ist unsere begrenzte Zeit keine Bedrohung mehr für unsere kosmische Bedeutung. Wir besetzen zwar als *Homo sapiens* nur den allerletzten Augenblick, aber wenn mehrere Milliarden Jahre einen übergeordneten Trend zeigen, der in der Evolution unseres Geistes gipfelt, trug schon der Anbeginn der Zeiten letztlich unsere Entstehung in sich. In einem wichtigen Sinn gab es uns also schon von Anfang an. *In principio erat verbum.*

* Ein eigentlich sophistisches Argument besagt, das Wort selbst sei zu ungenau oder subjektiv und man solle die Vorstellung mangels einer strengen Beschreibung fallenlassen. Diese Argumentation ist eine Ausrede, und ich werde mich in dem vorliegenden Buch sicher nicht auf eine derart schwache Verteidigung stützen. Der Begriff »Fortschritt« allein ist zu vage, aber man hat verschiedene zweckdienliche Ersatzlösungen vorgeschlagen, von etwas so Genauem und Meßbarem wie der Gehirngröße bis zu allgemeineren, aber ebenfalls definierbaren Größen wie der anatomischen Komplexität (unter der man in der Regel die Zahl der Teile und ihren Differenzierungsgrad versteht, beides auf verschiedene Arten beurteilt). Ich werde darlegen, daß man den Fortschritt selbst für diese zweckgebundenen Ersatzbegriffe nicht als Hauptimpuls des Lebens definieren kann.

Nun können wir den Glauben an den Fortschritt leicht als potentielles Vorurteil brandmarken, aber manche Vorurteile stimmen: Meine völlig subjektiven Vorlieben beim Anfeuern führten dazu, daß ich in den fünfziger Jahren zum Anhänger der Yankees wurde, aber sie waren auch objektiv die beste Baseballmannschaft. Warum sollten wir annehmen, daß es den Fortschritt als kennzeichnendes Merkmal für die Geschichte des Lebens nicht gibt? Wird das Leben nicht immerhin ganz unabhängig von unseren Wünschen immer komplexer? Wie kann man diese Tatsache leugnen angesichts der auffälligsten Erkenntnis der Paläontologie: Am Anfang, vor 3,5 Milliarden Jahren, waren alle Lebewesen höchst einfach gebaute Einzeller, Bakterien und ihre Vettern; und heute haben wir Mistkäfer, Seepferdchen, Petunien und Menschen. Man muß schon ein besonders hartnäckiger Griesgram sein, einer jener unangenehmen Charaktere, die Wortklaubereien und leere Argumente um ihrer selbst willen lieben, um die offenkundige Erkenntnis zu leugnen, daß der Fortschritt in der Geschichte des Lebens als wichtigste Gesetzmäßigkeit herausragt.

In diesem Buch möchte ich zeigen, daß Fortschritt trotz allem eine Illusion ist, die aus gesellschaftlichen Vorurteilen und gefühlsmäßigen Hoffnungen erwächst; ihre Ursache ist unser Unwille, die einfache (und wahre) Bedeutung der vierten Freudschen Revolution zu akzeptieren. Ich werde meine Meinung begründen, ohne die gerade genannte Grundtatsache zu leugnen: Vor langer Zeit war die Erde ausschließlich von Bakterien bevölkert, und heute schließt eine viel größere Vielfalt auch den *Homo sapiens* mit ein. Wie ich aber darlegen werde, haben wir voller Vorurteile und auf unfruchtbare Weise über diese Tatsache nachgedacht – und eine ganz andere Betrachtungsweise für Trends, die auch eine Korrektur grundlegender, spätestens seit Platon gängiger Denkgewohnheiten erfordert, bietet einen viel gewinnbringenderen Rahmen. Dieser neue Standpunkt wird auch dazu beitragen, daß wir eine Fülle rätselhafter Fragen besser verstehen, vom Verschwinden des Trefferdurchschnitts 0,400 beim Baseball bis zu der Tatsache, daß es heute keinen Mozart und Beethoven mehr gibt.

Können wir Darwins Revolution endlich vollenden?

Das Vorurteil vom Fortschritt drückt sich auf vielfältige Weise aus, von naiven Formen in der Volkskultur bis zu verwickelten Berichten in höchst fachkundigen Veröffentlichungen. Natürlich behaupte ich nicht, daß alle Menschen die am stärksten vereinfachte Vorstellung von einer einzigen Leiter akzeptieren, an deren oberem Ende die Menschen stehen – wenngleich dieses Bild selbst in Fachzeitschriften immer noch weit verbreitet ist. Den meisten Autoren, die sich eingehender mit Evolutionsbiologie befaßt haben, ist klar, daß die Evolution keine Einbahnstraße, keine Leiter mit einem höchsten Punkt ist, sondern ein üppig wuchernder Busch, der heute unzählige Äste und Zweige hat. Deshalb erkennen sie an, daß man den Fortschritt als umfassende, allgemeine Durchschnittstendenz deuten muß (wobei viele stabile Abstammungslinien »die Botschaft nicht mitbekommen« und über alle Zeitalter hinweg eine relativ einfache Form beibehalten).

Aber wie sie auch dargestellt werden und wie sehr man die einfältigeren Versionen auch parodieren und lächerlich machen kann: Die Behauptungen und Vergleiche, die in der Evolution einen Fortschritt sehen, beherrschen nach wie vor die Literatur – ein Beleg für die Stärke dieses elementaren Vorurteils. Ich nenne nur ein paar Beispiele, die ich fast zufällig aus meinen prall gefüllten Ordnern ausgewählt habe:

- Aus *Sports Illustrated*, 6. August 1990: Karl Mecklenburg, ein Veteran der Denver Broncos, nachdem man ihn von der Verteidigungsposition als Inside Linebacker an eine neue Position als Outside Linebakker versetzt hatte: »Ich steige auf der Evolutionsleiter nach oben.«
- Ein Leserbriefschreiber aus Maine am 18. Januar 1987; er ist verwirrt, weil er den logischen Bruch in einem kreationistischen Traktat nicht ausmachen kann: Das Pamphlet »weist nach, daß gut datierte Funde vieler Menschenarten über die Jahrtausende hinweg, in denen es die Spezies gab, keinen Fortschritt zeigen. Außerdem haben offenbar viele Arten gleichzeitig gelebt. Beide Befunde widersprechen den Prinzipien der Evolution, nach denen jede Art sich zur nächsthöheren weiterentwickelt.«
- Ein anderer Leserbriefschreiber (22. Dezember 1992), diesmal ein Naturwissenschaftler, formuliert seinen Kenntnisstand, wonach die Le-

bewesen *in ihrer Gesamtheit* und nicht nur einzelne Abstammungslinien am oberen Ende ihrer jeweiligen Gruppen im Laufe der Zeit einen Fortschritt durchmachen sollten: »Ich nehme an, während die Evolution fortschreitet, kommt es zu immer stärkerer Spezialisierung in Struktur und physiologischer Tätigkeit. Nach einer biologischen Evolution von einer Milliarde Jahren oder mehr würde ich erwarten, daß die heute lebenden Arten relativ stark spezialisiert sind.«

- Ein Leserbrief aus England vom 16. Juni 1992, der es wirklich auf den Punkt bringt: »Das Leben hat eine Art ›eingebauten‹ Hang zur Komplexität, dem kein Drang zu weniger Komplexität gegenübersteht ... Nachdem der Weg zur Komplexität einmal eingeschlagen war, wurde das menschliche Bewußtsein unvermeidlich.«
- Aus einem 1966 erschienenen führenden High-School-Lehrbuch; es bietet ein klassisches Beispiel, wie aus einer wahren Tatsache (im zweiten Satz) eine falsche Folgerung (im ersten) abgeleitet wird: »Die meisten Beschreibungen der Evolutionsprinzipien gehen von der Annahme aus, daß die Lebewesen im Laufe der Entwicklung immer komplizierter werden. Wenn diese Annahme stimmt, muß es früher eine Zeit gegeben haben, in der die Erde nur von sehr einfachen Lebewesen besiedelt war.«
- Aus *Science*, der führenden amerikanischen Wissenschaftszeitschrift, im Juli 1993: Ein Artikel mit dem Titel »Tracing the Immune System's Evolutionary History« (»Der Entwicklungsgeschichte des Immunsystems auf der Spur«) gründet sich auf eine seltsame Voraussetzung, die man nur versteht, wenn »jeder weiß«, daß das Leben im Laufe der Zeit einen Fortschritt erfährt. Demnach sollte uns die Entdeckung überraschen, daß es bei den »niederen Lebewesen« (ihre Formulierung, nicht meine) raffinierte Immunmechanismen gibt. Der Artikel behauptet, er berichte über eine bemerkenswerte Erkenntnis: »Das Immunsystem der einfacheren Lebewesen ist nicht einfach nur eine weniger komplizierte Version unseres eigenen.« (Warum soll man überhaupt der Ansicht sein, »andere« stünden grundsätzlich »niedriger als wir«, insbesondere wo die Autoren mit »einfachen Lebewesen« die Gliederfüßer meinen, die durch 500 Millionen Jahre der Evolutionsgeschichte von den Wirbeltieren getrennt sind, und wo doch

alle Wissenschaftler die bemerkenswert vielfältigen und komplizierten chemischen Abwehrmechanismen vieler Insekten kennen?) Außerdem zeigen sich die Autoren des Artikels überrascht, daß »Lebewesen, die auf der Evolutionsleiter so weit unten stehen wie die Schwämme, das Gewebe anderer Arten erkennen können«. Wenn selbst unser führendes Fachjournal sich solcher Bilder von Evolutionsleitern bedient, warum sollen wir dann Mr. Mecklenburg auslachen, der genau die gleiche Metapher benutzt?

Diese überkommene Bilderwelt hat eine so große Anziehungskraft, daß auch ich selbst in die Falle gestolpert bin – ich habe meine Beispiele in einer aufsteigenden Reihe angeordnet, von dem populären Vergleich eines Sportidols über zunehmend kompliziertere Leserbriefe und ein Schulbuch bis hin zu unserer führenden Fachzeitschrift. Aber die Letzten werden die Ersten sein, und meine gerade Linie biegt sich zu einem Kreis des Irrtums, denn sowohl im ersten als auch im letzten Beispiel wird der gleiche Ausdruck der »Evolutionsleiter« mißbraucht. Aber der Linebacker versuchte wenigstens noch, einen Witz zu machen!

Die Liste solcher Irrtümer ließe sich beliebig verlängern, aber ich möchte diesen Abschnitt mit zwei verblüffenden Beispielen beschließen, die den Gipfel (nur weiter mit den Fortschrittsmetaphern!) von Ruhm und Leistung im Bereich des volkstümlichen und beruflichen Lebens darstellen.

- Die führende Version der volkstümlichen Kultur: Das Buch *The Road Less Traveled* (dt. *Der wunderbare Weg*) des Psychologen M. Scott Peck, das 1978 erstmals erschien, ist sicher der größte Erfolg aller Zeiten in dem charakteristischen, unglaublich populären Genre der Ratgeber zur Persönlichkeitsentwicklung. Es stand über 600 Wochen lang auf der Bestsellerliste der *New York Times* und steht in seiner Gesamtauflage mit so großem Abstand an erster Stelle, daß wir zu unseren Lebzeiten nicht mehr mit einem neuen Rekord zu rechnen brauchen. Pecks Buch enthält einen Abschnitt mit dem Titel »Das Wunder der Evolution« (Seite 262–267).

  Peck beginnt seine Beschreibung mit einem klassischen Mißverständnis im Zusammenhang mit dem zweiten Hauptsatz der Thermodynamik:

> Das auffallendste Merkmal des physischen Evolutionsprozesses ist, daß er ein Wunder ist. Wenn wir von dem ausgehen, was wir über das Universum wissen, so sollte es eigentlich keine Evolution geben; das Phänomen dürfte überhaupt nicht existieren. Eines der grundlegenden Gesetze ist das zweite Gesetz der Wärmelehre, das besagt, daß Energie von Natur aus von einem Zustand größerer Organisation zu einem Zustand geringerer Organisation fließt … Mit anderen Worten, das Universum befindet sich in einem Prozeß des Abstiegs.

Aber diese Aussage über den zweiten Hauptsatz, gewöhnlich kurz als Zunahme der Entropie (das heißt der Unordnung) im Laufe der Zeit bezeichnet, trifft nur auf geschlossene Systeme zu, denen nicht aus äußeren Quellen neue Energie zugeführt wird. Die Erde ist jedoch kein geschlossenes System; unser Planet wird ständig von einem gewaltigen Strom der Sonnenenergie umspült, und deshalb kann die Ordnung auf der Erde zunehmen, ohne daß irgendein Naturgesetz verletzt wird. (Das Sonnensystem als Ganzes kann man als geschlossenes System ansehen, das deshalb dem zweiten Hauptsatz unterliegt. In dem gesamten System nimmt die Unordnung zu, weil die Sonne ihren Brennstoff verbraucht und letztlich explodieren wird. Aber dieses endgültige Schicksal schließt nicht aus, daß sich in dem kleinen Winkel des Ganzen, den wir Erde nennen, über lange Zeit hinweg und räumlich begrenzt Ordnung aufbaut.)

Peck bezeichnet die Evolution als Wunder, weil sie angeblich den zweiten Hauptsatz verletzt und einen grundlegenden Impuls in Richtung des Fortschritts zeigt:

> Der Prozeß der Evolution war eine Entwicklung von Organismen von niedrigen zu höheren und immer höheren Zuständen der Komplexität, Differenzierung und Organisation … [Nun nennt Peck nacheinander ein Virus, ein Bakterium, ein Pantoffeltierchen, einen Schwamm, ein Insekt und einen Fisch – als ob diese buntscheckige Aufzählung eine Evolutionsreihe darstellte. Dann fährt er fort:] Und so geht es die Leiter der Evolution hinauf, eine Leiter von zunehmender Komplexität, Organisation und Differenzierung; soweit wir wissen, steht der Mensch, der eine riesige Hirnrinde und außerordentlich komplexe Verhaltensmuster besitzt, an der Spitze. Ich sage, daß der Prozeß der Evolution ein Wunder ist, weil er als Prozeß zunehmender Organisation und Differenzierung [er neigt zu Wiederholungen!] dem Naturgesetz zuwiderläuft.

Anschließend faßt Peck seine Ansicht in einem Schema zusammen (hier als Abbildung 2 wiedergegeben). Es ist ein eindringliches Musterbeispiel für den großen Irrtum, den uns das Fortschrittsvorurteil aufzwingt. Er erkennt die grundlegende Tatsache der Natur, die so stark gegen jede übervereinfachte Sichtweise für den Fortschritt spricht (und die, wie ich später in diesem Buch noch zeigen werde, auch die raffinierteren Versionen ausschließt): Einer seltenen höchsten Form (den Menschen) steht eine allgegenwärtige einfachste (die Bakterien) gegenüber. Wenn der Fortschritt so verdammt gut ist, warum sehen wir dann nicht mehr davon?

Peck versucht, angesichts der drohenden Niederlage den Sieg zu erringen, indem er behauptet, das Leben strebe entgegen der abwärts ziehenden Entropie nach oben:

> Der Prozeß der Evolution kann dargestellt werden durch eine Pyramide mit dem Menschen, dem komplexesten, am wenigsten zahlreichen Organismus, an der Spitze und den Viren, den zahlreichsten, aber am wenigsten komplexen Organismen, an der Basis. Die Spitze drängt vorwärts und aufwärts gegen die Kraft der Entropie. Im Inneren der Pyramide habe ich einen Pfeil dargestellt, der diese drängende evolutionäre Kraft symbolisieren soll, dieses »Irgend etwas«, das sich so beständig und erfolgreich dem »Naturgesetz« widersetzt hat, und zwar durch Millionen von Generationen, und das selbst ein noch undefiniertes Naturgesetz repräsentieren muß.

Es ist auffällig, wie dieses einfache Schema alle wichtigen Fehler des Fortschrittsvorurteils einschließt. Zunächst lehnt Peck zwar angeblich die ganz naive Vorstellung von der Leiter des Lebens ab, aber dann siedelt er unter seinem Gipfelpunkt ausdrücklich eine lineare Anordnung als Motor der Aufwärtsbewegung an. Zwei Eigenschaften dieser wieder eingeführten Leiter entlarven Pecks mangelnde Aufmerksamkeit und Sympathie für Naturgeschichte und die Vielfalt des Lebendigen. Zugegeben: Ich bin sauer über die flotte Unachtsamkeit, mit der nur »koloniebildende Organismen« in den riesigen Bereich zwischen Bakterien und Wirbeltiere gestellt werden – dort stehen sie stellvertretend für alle eukaryontischen Einzeller, aber auch für alle vielzelligen Wirbellosen, obwohl zu beiden Kategorien nur wenige koloniebildende Arten gehören! Aber ebenso verärgert bin ich über Pecks Namen für die Abfolge

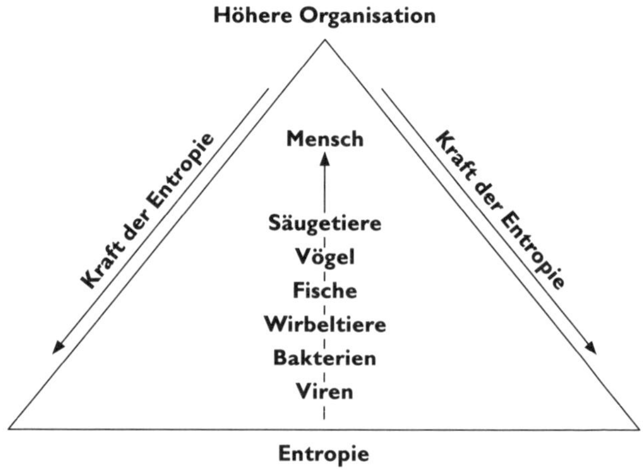

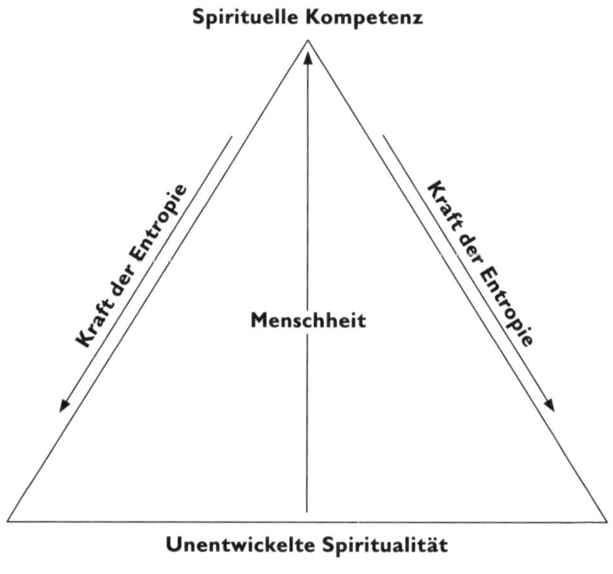

Abbildung 2: Zwei von Voreingenommenheit geprägte Darstellungen der Evolution aus dem Bestseller *Der wunderbare Weg* von M. Scott Peck.

vor den Menschen: Wirbeltiere, Fische, Vögel und Tiere. Ich weiß ja, daß Fische schwimmen und Vögel fliegen, aber ich dachte doch immer, daß sie – und nicht nur die Säuger – zu den Wirbeltieren gehören.

Und zweitens kann Peck mit seinem Modell einer nach oben gerichteten Schubkraft des Lebens, die *gegen* den Abwärtstrend der anorganischen Natur gerichtet ist, den Fortschritt als machtvollsten Evolutionstrend darstellen, und das trotz der Beobachtung, daß die meisten Lebewesen auf ihrem bevorzugten Weg nicht weit kommen: Gegen einen so mächtigen Feind wie die Entropie muß alles Lebendige gemeinsam ganz unten anfangen, damit es ein paar Begünstigte mit vereinten Kräften an die Spitze schieben kann. Drücken wir die Zahnpastatube *von unten her* aus, wie Mama und der Zahnarzt uns immer ermahnt haben (und nur wenige von uns tun es), damit der Druck der ganzen Masse einem kleinen Bruchteil die Möglichkeit verschafft, das höchste Ziel zu erreichen: die Stellung als Mensch.

Peck beschließt den Abschnitt mit einem Crescendo auf der Grundlage eines jener hergeholten, albernen Bilder, die bei mir für eine negative Einstellung gegenüber dem ganzen Buchgenre sorgen. Das Leben und Streben der Menschen wird zu einer verkleinerten Version des allgemeinen Trends zum Fortschritt. Die Kraft der Entropie (die er auch in unserer eigenen Trägheit erkennt) zieht nach wie vor nach unten, aber die Liebe, die stellvertretend für den Antrieb des Fortschritts steht (oder sind sie dasselbe?) erhebt uns von dem niedrigen Zustand der »unentwickelten Spiritualität« zum Höhepunkt, zur Spitze der Pyramide, zur »spirituellen Kompetenz«. Ganz am Ende des Abschnitts schreibt Peck: »Liebe, die Ausdehnung des Selbst, ist der eigentliche Akt der Evolution. Liebe ist fortschreitende Evolution. Die evolutionäre Kraft, in allem Leben gegenwärtig, manifestiert sich in der Menschheit als menschliche Liebe. Inmitten der Menschheit ist die Liebe die wunderbare Kraft, die dem Naturgesetz der Entropie trotzt.« Das klingt wahnsinnig nett und kuschelig, aber ich will verdammt sein, wenn es irgend etwas bedeutet.

Eine ähnliche Vision gibt es auch in den Höhen der Fachkunde. Mein Kollege E. O. Wilson ist einer der weltweit führenden Naturhistoriker. Wenn jemand sich mit der Bedeutung und Stellung der Arten und ihrer Wechselbeziehungen auskennt, dann dieser unerreichte Ameisenfachmann und rastlose Vorkämp-

> fer für die Erhaltung der biologischen Vielfalt. Ich hatte viel Spaß an seinem 1992 erschienenen Buch *The Diversity of Life* und schrieb darüber in der führenden britischen Wissenschaftszeitschrift *Nature* eine lobende Rezension. Ed und ich haben unsere Meinungsverschiedenheiten in verschiedenen Fragen, von der Soziobiologie bis hin zu den Feinheiten der darwinistischen Theorie, aber wenn es um den Mythos vom Fortschritt geht, sollten wir Verbündete sein, und sei es auch nur, damit der Kampf unseres Berufsstandes für die Erhaltung der biologischen Vielfalt Erfolg hat; dazu ist nämlich eine Neuorientierung des Menschen und seiner Einstellung gegenüber anderen Arten notwendig – weg von Achtlosigkeit und maximaler Ausbeutung, hin zu Interesse, Liebe und Respekt. Wie kann diese Wende eintreten, wenn wir uns selbst weiterhin aufgrund einer kosmischen Gestaltung für etwas Besseres halten als alle anderen?

Dennoch bedient sich Wilson der ältesten Bilder aus der Vorstellungswelt der Fortschrittsgläubigen, wenn er die Richtung der Geschichte des Lebens als Abfolge richtiggehender Zeitalter darstellt; dieses System benutzten in meiner Jugend fast alle populärwissenschaftlichen Werke und Lehrbücher, aber heute hat man es weitgehend aufgegeben (so glaubte ich jedenfalls), denn Reformen betreffen oftmals zuerst die Sprache (wie in unseren ewigen Debatten über politische Korrektheit und die richtigen Bezeichnungen für Gruppen und Geschlechter), und erst später sind die Vorstellungen an der Reihe:

> Auf sie [die Gliederfüßer als erste Landtiere] folgten die Amphibien, die sich aus Fischen mit lappenförmigen Flossen entwickelten, und dann ein Schub von Landwirbeltieren, relativ großen Landtieren, die das Zeitalter der Reptilien einläuteten. Danach kam das Zeitalter der Säugetiere und schließlich das Zeitalter des Menschen.

Diese Worte zeigen nicht nur ein rhetorisches Abgleiten in eine veraltete, aber bequeme Ausdrucksweise, denn Wilson liefert auch eine ausdrückliche Begründung für den Fortschritt; sie endet mit einer Passage, die mich fast frösteln läßt:

> Auf dem Weg kam es vielfach zur Umkehr, aber insgesamt hat sich der Durchschnitt in der Geschichte des Lebens vom Einfachen zum Komplexeren, Zahlreicheren verschoben. Während der letzten Milliarde Jahren entwickelten sich die Tiere im ganzen aufwärts – in Körpergröße, Ernährungs- und Verteidigungsmethoden, Komplexität von Gehirn und Verhalten, sozialer Organisation und der Genauigkeit, mit der sie ihre Umwelt kontrollieren ... Fortschritt

> ist also eine Eigenschaft der Evolution des Lebens als Ganzes, und zwar nach fast allen vorstellbaren intuitiven Maßstäben einschließlich der Entstehung von Zielen und Absichten im Verhalten der Tiere. Das als bedeutungslos abzutun, hat wenig Sinn. Wir sollten auf die Mahnung von C. S. Peirce hören und nicht so tun, als leugneten wir in unserer Philosophie etwas, von dem wir in unserem Innersten wissen, daß es stimmt.

Peirce mag unser größter Denker gewesen sein, aber in diesem Zusammenhang wirkt seine Äußerung fast erschreckend. Nichts widerspricht geistigem Neubeginn so stark wie ein Appell *gegen* die nachdenkliche Überprüfung unserer engstirnigsten Denkgewohnheiten – jener Vorstellungen, die so »offensichtlich« wahr sind, daß wir schon seit Generationen nicht mehr darüber nachdenken und sie in unser Innerstes, unser Herz aufgenommen haben. Wir wollen doch bitte nicht vergessen, daß die Sonne wirklich jeden Tag im Osten aufgeht, über den Himmel wandert und im Westen wieder versinkt. Welche Erkenntnis könnte tiefer sitzen als die, daß die Erde unbeweglich in der Mitte steht und die Sonne sich untertänig um sie bewegt?

Darwin wurde am gleichen Tag geboren wie Lincoln, und als 1859 sein Werk *Die Entstehung der Arten* erschien, trat er »offiziell« die Revolution los, die seinen Namen trägt. Bei der Hundertjahrfeier 1959 dämpfte der große amerikanische Genetiker H. J. Muller die festliche Stimmung mit einem Vortrag unter der Überschrift »Hundert Jahre ohne Darwin sind genug«. Darin befaßte er sich mit der Tatsache, daß die Revolution an zwei entgegengesetzte Enden eines Spektrums nicht vorgedrungen war: Die amerikanische Volkskultur wurde immer noch zu großen Teilen vom Kreationismus beherrscht, und die Gebildeten, die sich mit der Tatsache der Evolution abgefunden hatten, verstanden die natürliche Selektion nur unzureichend.

Nach meiner Überzeugung hat sich aber etwas anderes, das in der Mitte des Spektrums steht, als größtes Hindernis für die Vollendung der darwinistischen Revolution erwiesen. Als Freud die Unterdrückung der menschlichen Arroganz als gemeinsame Errungenschaft großer wissenschaftlicher Revolutionen identifizierte, hatte er recht. Darwins Revolution – die Anerkennung der Evolution mit *allen* wichtigen Folgerungen, der zweite Umsturz in Freuds eigener Aufzählung – ist nie vollendet worden. Nach Freuds Maßstäben hat sich die Revolution erst dann erfüllt, wenn Mr. Gallup höchstens noch eine Handvoll ablehnender Meinungen findet oder wenn die meisten Amerikaner ein zutreffendes Beispiel für natürliche Selektion nennen können. Darwins Revolution ist vollendet, wenn wir das Podest der Arroganz zerschmettern und uns die einfachen Implikationen der Evolution für die nicht vorhersagbare Ungerichtetheit des Lebens zu eigen machen – und wenn wir Darwins Topologie ernst nehmen, indem wir erkennen, daß der *Homo sapiens*, um die neue Litanei noch einmal herunterzubeten, ein winziges, erst gestern entstandenes Ästchen an einem riesigen Lebensbaum ist, der nicht noch einmal die gleichen Verzweigungen hervorbringen würde, wenn man ihn ein zweites Mal aus dem Samen heranwachsen ließe. Wir greifen nach dem Strohhalm des Fortschritts (einem ausgetrockneten ideologischen Zweig), weil wir immer noch nicht für die Darwinsche Revolution bereit sind. Wir sehnen uns nach Fortschritt, weil er in einer Welt der Evolution die besten Aussichten bietet, die Arroganz beizubehalten. Nur vor diesem Hintergrund kann ich verstehen, warum eine so schlecht formulierte, unwahrscheinliche Argumentation uns heute noch so machtvoll im Griff hat.

3. Kapitel | Verschiedene Analysen, verschiedene Bilder von Trends

Fallstricke beim Erkennen und Deuten von Trends

Je wichtiger ein Thema ist und je näher es dem Kern unserer Hoffnungen und Bedürfnisse steht, desto leichter machen wir Fehler, wenn wir einen Rahmen für Analysen schaffen wollen. Wir sind selbst Geschichtenerzähler, Produkte der Geschichte. Trends faszinieren uns, unter anderem weil sie uns Geschichten erzählen, indem sie der Zeit eine Richtung beilegen, zum Teil aber auch indem sie einer Abfolge von Ereignissen häufig eine moralische Dimension verleihen: Sie schaffen einen Grund zur Trauer, wenn etwas danebengeht, oder zur Freude bei einem der seltenen Leuchtfeuer der Hoffnung.

Aber mit unserem starken Hang, Trends zu erkennen, entdecken wir oft auch da eine gerichtete Entwicklung, wo sie nicht vorhanden ist, oder wir unterstellen Ursachen, die sich nicht erhärten lassen. Das Thema der Trends war Anlaß und Musterbeispiel für einige klassische Fehler im menschlichen Denken. Am deutlichsten wird das, weil die Menschen offenbar so schlecht über Wahrscheinlichkeiten nachdenken können und in einer Abfolge von Ereignissen so gern eine Gesetzmäßigkeit erkennen: Wir begehen oft den Fehler, einen »eindeutigen« Trend auszumachen und über seine Ursachen zu spekulieren, wo wir in Wirklichkeit nur eine zufällige Kette von Vorkommnissen beobachten.

Nehmen wir einen klassischen Fall: Die meisten Menschen haben wenig Gespür dafür, wie oft in rein zufälligen Daten ein scheinbares Muster auftaucht. Das übliche Beispiel ist der Münzwurf: Die Wahrscheinlichkeit einer Abfolge berechnet man, indem man die Wahrscheinlichkeiten der Einzelereignisse multipliziert. Da der Kopf immer mit einer Wahrscheinlichkeit von 1:2 oben liegt, ist die Wahrscheinlichkeit, daß Kopf fünfmal hintereinander fällt, 1:2 x 1:2 x 1:2 x 1:2 x 1:2 oder 1:32 – das ist sicher wenig, aber es geschieht ab und zu aus keinem anderen Grund als dem reinen Zufall. Aber viele Menschen, insbesondere wenn sie auf Zahl gesetzt haben, sehen in einer Serie von fünfmal Kopf ein erstes Indiz für Betrug. Es wurden schon aus geringerem Anlaß Menschen ermordet – im Leben ebenso wie in Wildwestfilmen.

Mein Lieblingsbeispiel für den gleichen Irrtum ist subtiler: T. Gilovich, R. Vallone und A. Tversky entlarvten ein Phänomen, von dem jeder Basketballfan und erst recht jeder Basketballspieler »weiß«, daß es stimmt: die »heißen Hände«, Trefferserien, magische Minuten, in denen man »eine Strähne hat« oder »den Rhythmus findet«, so daß jeder Wurf trifft. Es erscheint so naheliegend: Wenn man gut drauf ist, ist man gut drauf, und wenn nicht, dann nicht. Aber die »heißen Hände« gibt es nicht. Meine Kollegen untersuchten mehr als eine Saison lang jeden Treffer der Philadelphia 76er. Dabei machten sie zwei aufschlußreiche Entdeckungen: Erstens wächst die Wahrscheinlichkeit für einen zweiten Treffer nach einem ersten erfolgreichen Wurf nicht; und was – zweitens – noch wichtiger ist: Die Zahl der »Strähnen«, in denen mehrere Treffer aufeinanderfolgten, war nicht größer, als man es nach einem Standard-Zufallsmodell nach Art der Münzwürfe erwartet. Wie gesagt: im Durchschnitt wird in einer von 32 Fünfer-Wurfserien fünfmal hintereinander der Kopf oben liegen. Nach dem gleichen Prinzip kann man auch für jeden Basketballspieler die Wahrscheinlichkeit einer Strähne ausrechnen. Angenommen, Johnny Goldhand, ein besonders guter Werfer, hat bei 60 Prozent seiner Korbwürfe Erfolg. Dann wird er ungefähr bei jeder 20. Wurfserie sechsmal hintereinander treffen (0,6 x 0,6 x 0,6 x 0,6 x 0,6 x 0,6, das macht 0,047 oder 4,7 Prozent). Wenn Sechserserien in Goldhands Spielen tatsächlich ungefähr mit dieser Häufigkeit vorkommen, haben wir keinen Anhaltspunkt für heiße Hände, sondern nur dafür, daß Goldhand bei jedem Wurf nach seiner charakteristischen Art spielt. Gilovich, Vallone und Tversky fanden keine Trefferserie, die über das Spektrum des nach dem Zufall Erwarteten hinausging.

Daraufhin legte mein Kollege Ed Purcell, ein Physik-Nobelpreisträger, in diesem Zusammenhang aber einfach ein eifriger Baseballfan, eine ähnliche Untersuchung an Glücks- und Pechsträhnen im Baseball vor; die Ergebnisse veröffentlichten wir gemeinsam (Gould, 1988). Nach Purcells Feststellungen liegt von allen Strähnen, die zum Anlaß für so viele Mythen über Helden (und Versager) wurde, nur eine so weit außerhalb jeder vernünftigen Wahrscheinlichkeit, daß sie sich eigentlich nie hätte ereignen dürfen: Joe DiMaggios Serie von 56 Treffern im Jahr 1941; damit bestätigte sich das Gefühl vieler Fans, daß DiMaggios großartige Serie die größte Leistung im Sport der Neuzeit darstellt (und gleichzeitig sind all die armen Teufel entlastet, deren Pechsträhnen völlig im Erwartungsbereich für ihre jeweilige Wahrscheinlichkeit liegen!).

Ein letztes Beispiel: Vermutlich mehr geistige Energie als in jedes andere Thema hat man in den Versuch investiert, Börsentrends zu entdekken (und auszunutzen) – aus dem naheliegenden Grund, daß es dabei, gemessen in der Währung unserer Kultur, um so hohe Einsätze geht. Die Tatsache, daß noch niemand auch nur entfernt einen zuverlässigen Weg gefunden hat, um das System zu überlisten – und das trotz heftiger Bemühungen einiger Leute, die zu den klügsten der Welt gehören –, ist vermutlich ein Indiz, daß es keine solchen kausalen Trends gibt und daß die Abläufe im wesentlichen vom Zufall bestimmt werden.

Nun zu dem zweitbekanntesten Fehler im Zusammenhang mit Trends: Man bemerkt tatsächlich einen echten gerichteten Ablauf und meint dann fälschlicherweise, etwas anderes, das sich zur gleichen Zeit in die gleiche Richtung bewegt, müsse die Ursache sein. Dieser Fehler, die Vermischung von Zusammenhang und Kausalität, entsteht (wenn man genauer darüber nachdenkt) aus einem einfachen Grund: In jedem Augenblick müssen sich Unmengen von Dingen in die gleiche Richtung bewegen (der Halley-Komet entfernt sich von der Erde, und meine Katze bekommt schlechtere Laune) – und bei der großen Mehrzahl dieser gleichgerichteten Abläufe läßt sich kein Kausalzusammenhang herstellen. Auf klassische Weise verdeutlichte das ein berühmter Statistiker: Er wies nach, daß zwischen den Haftstrafen wegen Trunkenheit in der Öffentlichkeit und der Zahl der amerikanischen Baptistenprediger im 19. Jahrhundert ein genauer Zusammenhang besteht. Der Zusammenhang ist echt und stark, aber wir können annehmen, daß die beiden Zuwächse nicht in einer Kausalbeziehung stehen, sondern sich als Folgen aus einem einzigen, ganz anderen Faktor ergeben: aus dem allgemeinen Wachstum der amerikanischen Bevölkerung.

Der Fehler, über den ich in diesem Buch genauer berichte, wurde noch nicht oft benannt oder nachgewiesen, aber er kann in unserem fehlerhaften Denken über Trends ebenso auffällig sein. Ich möchte mich auf zwei Beispiele aus völlig unterschiedlichen Bereichen der Kultur konzentrieren: »Warum schafft im Baseball niemand mehr die 0,400?« und »Welche Bedeutung hat der Fortschritt für die Geschichte des Lebens?« Beide sind klassische Trends in dem Sinn, daß beide Wesen und Geschichte einer wichtigen Institution einschließen, und beide haben ethische Auswirkungen: Im Fall des Baseball sagt er uns offenbar, daß irgend etwas im modernen Leben zum Verfall hervorragender Leistungen oder altmodischer Tugenden führt; und was das Leben angeht, so liefert er Trost und Ausrede dafür, daß wir uns weiterhin als die Herren aller Dinge betrachten.

Ich möchte die Gegenüberstellung dieser beiden Beispiele nicht dazu verwenden, um irgendwelchen Unsinn darüber zu erzählen, wie Baseball sich als Abbild des Lebens darstellt oder umgekehrt. Aber ich möchte zeigen, daß derselbe Irrtum uns dazu veranlaßt, die beiden Trends verkehrt herum zu betrachten. Korrigiert man den Fehler, so erkennt man, daß das Verschwinden des Trefferdurchschnitts von 0,400 in Wirklichkeit ein Zeichen für immer bessere Leistungen im Baseball ist (so paradox diese Behauptung zunächst auch klingen mag); das Leben dagegen zeigt keinen allgemeinen Impuls in Richtung von Verbesserungen, sondern fügt nur gelegentlich ein Exemplar von etwas Komplexem im einzigen verfügbaren Teil des anatomischen Raumes hinzu, während es die Form der Bakterien seit über drei Milliarden Jahren unverändert beibehält. Der Baseball hat sich verbessert, aber das Leben befindet sich im Zeitalter der Bakterien und wird darin vermutlich auch bleiben, bis die Sonne explodiert.

Der Fehler ist weit verbreitet: Man erkennt nicht, daß scheinbare Trends als Nebenprodukte auftreten können, als nebensächliche Folgen, einfach weil die Variationsbreite in einem System wächst oder schrumpft und nicht weil sich irgendwo irgend etwas unmittelbar bewegt. Unter Umständen bleiben die Durchschnittswerte in einem System sogar gleich (wie die durchschnittliche Trefferquote in der Major League oder die bakterielle Form im Fall des Lebens), und unser (falscher) Eindruck von einem Trend entsteht, weil wir uns kurzsichtig auf seltene, extreme Einzelfälle in der Variationsbreite des Systems konzentrieren (während sich seine Außengrenze erweitert oder verengt). Und die Erweiterung oder Verengung der Außengrenzen eines Systems kann ganz andere Ursachen haben als eine Veränderung der Durchschnittswerte. Wenn wir also Wachstum oder Schrumpfung an den Rändern einer Bewegung fälschlicherweise auf die Gesamtmenge übertragen, können wir eine rückwärts gerichtete Erklärung entwickeln. Wie ich zeigen werde, stellt das Verschwinden der Trefferquote 0,400 die Schrumpfung einer solchen Außengrenze dar, deren Ursache immer bessere sportliche Leistungen sind, und nicht das Aussterben eines liebgewonnenen Etwas (was sicher ein Hinweis auf Degeneration und den *Verlust* hervorragender Leistungen wäre).

Ich möchte diese ungewohnte Vorstellung mit einem einfachen (und närrischen) Beispiel verdeutlichen, das zeigt, wie ein scheinbarer Trend in zwei Fällen aus der Erweiterung oder Schrumpfung einer Variationsbreite erwächst. In beiden Fällen neigen wir dazu, ein Phänomen falsch zu deuten, weil wir eine so starke Vorliebe dafür haben, Trends als Bewegung in eine bestimmte Richtung zu sehen.

Die hundert Einwohner eines Märchenlandes leben alle von der gleichen Ernährung und wiegen alle genau 100 Pfund. In meinem ersten Fall entspinnt sich eine Diskussion über die Ernährung: Einige Leute befürworten eine neue (und besonders kalorienhaltige) Kuchensorte, die anderen vertreten verstärkte Mäßigung beim Essen. Die meisten Angehörigen der Population scheren sich um beides nicht und ernähren sich weiter wie bisher, aber zehn Personen essen nun reichlich Kuchen und wiegen schon bald darauf durchschnittlich 150 Pfund, während zehn andere fasten und nach einiger Zeit im Durchschnitt nur noch 50 Pfund auf die Waage bringen. Der Mittelwert der Gesamtbevölkerung hat sich nicht verändert; er bleibt wie bisher bei 100 Pfund – aber die Variationsbreite hat deutlich (und in beiden Richtungen symmetrisch) zugenommen.

Die Kuchenbäcker, die Reklame für die Schönheit des neuen, rundlichen Aussehens machen, feiern nun vielleicht einen Trend zu höherem Körpergewicht, weil sie sich auf die kleine Untergruppe konzentrieren, die unter ihrem Einfluß steht, während sie die anderen ignorieren – und genauso sind die Ernährungs- und Joggingapostel vielleicht begeistert von der neuen Schlankheit und preisen, ebenfalls nur auf ihre kleine Gruppe konzentriert, einen angeblichen Trend in dieser Richtung an. Einen allgemeinen Trend gibt es jedoch überhaupt nicht, jedenfalls nicht im üblichen Sinn. Das Durchschnittsgewicht der Bevölkerung hat sich nicht um ein einziges Pfund verändert, und die Mehrheit der Menschen (80 Prozent) hat kein Gramm zu- oder abgenommen. Die einzige Veränderung betraf die symmetrische Erweiterung der Schwankungsbreite beiderseits eines konstanten Mittelwertes. (Diese Erweiterung kann man natürlich für bedeutsam halten, aber solche ungerichteten Veränderungen bezeichnen wir in der Regel nicht als »Trends«.)

Nun kann man behaupten, dieses Beispiel sei verrückt und durchsichtig. Fast jeder von uns würde erkennen, was für eine Veränderung tatsächlich stattgefunden hat, und dann würden wir die Bäcker und die Schlankheitsapostel auslachen, weil sie uns die Veränderungen bei ihrer kleinen Klientel als allgemeinen Trend verkaufen wollen. Aber nur Geduld: Ich werde nachweisen, daß auch viele Phänomene, die wir für Trends halten und begeistert mit viel Druckerschwärze feiern oder beklagen – eines davon ist das Verschwinden des Trefferdurchschnitts 0,400 –, in Wirklichkeit ebenfalls symmetrische Veränderungen der Schwankungsbreite um einen konstanten Mittelwert darstellen und uns demnach in die gleiche – wenn auch besser versteckte – Falle locken.

In meinem zweiten Fall geht es um eine totalitäre Gesellschaft, in der die Jogging-Ernährungsapostel herrschen. Sie vertreten ihre Grundsätze schon so lange, daß alle dem sozialen Druck nachgegeben haben und 50 Pfund wiegen. Nun kommt ein liberaleres Regime an die Macht und gestattet offene Diskussionen über das ideale Körpergewicht. Na gut, aber es gibt eine Grenze, die nicht von der Politik, sondern von der Physiologie gezogen wird: 50 Pfund ist die Untergrenze, wenn man am Leben bleiben will; noch dünner kann niemand werden. Deshalb steht es den Bürgern nun zwar frei, ihr Gewicht zu ändern, aber solche Veränderungen sind nur in einer Richtung möglich. Die Bewohner sind in ihrer großen Mehrheit mit dem Bisherigen zufrieden und entschließen sich, bei 50 Pfund zu bleiben. 15 Prozent der Bevölkerung jedoch schwelgen in der neuen Freiheit und nehmen mit Hingabe zu. Diese 15 Personen wiegen nach einem halben Jahr jeweils 75 Pfund, nach einem Jahr 100 Pfund und nach zwei Jahren 150 Pfund.

Jetzt greifen die statistischen Meinungsmacher zugunsten der 15 Dikken ein. Sie argumentieren, die Ansicht ihrer Klienten habe sich in der ganzen Gesellschaft durchgesetzt, was man am stetigen Anstieg des Durchschnittsgewichtes der Gesamtbevölkerung erkennen könne. Wer könnte diesen Beleg leugnen? Sie zeigen sogar ein hübsches Diagramm vor (hier als Abbildung 3 wiedergegeben). Vor der Befreiung lag das Durchschnittsgewicht bei 50 Pfund; nach einem halben Jahr war es auf

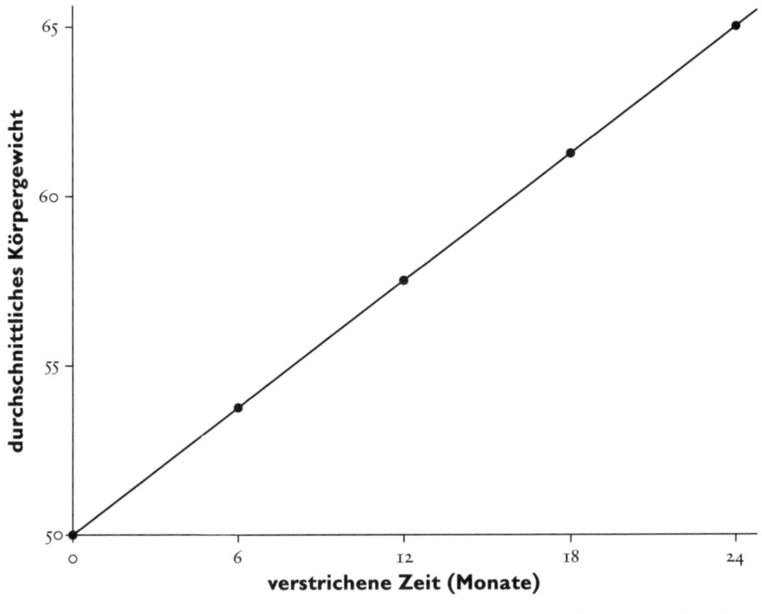

Abbildung 3: Das durchschnittliche Körpergewicht in meiner hypothetischen Population und seine zeitliche Veränderung; man erkennt, wie der falsche Eindruck eines allgemeinen Trends entstehen kann.

53,8 Pfund gestiegen (das ist der Durchschnitt, wenn 85 Personen bei 50 Pfund bleiben und 15 auf 75 Pfund zunehmen), nach einem Jahr auf 57,5 Pfund und nach zwei Jahren auf 65 Pfund (im Vergleich zu den anfänglichen 50 ein Anstieg um 30 Prozent) – eine stetige, unumkehrbare, beträchtliche Zunahme.

Auch dieses Beispiel kann man als verrückt bezeichnen (und ich habe es absichtlich so gewählt, daß der springende Punkt auf der Hand liegt, wenn man das ganze System und seine Variationsmöglichkeiten kennt). Man wird sich kaum hinters Licht führen lassen, solange man die ganze Geschichte begreift und weiß, daß die meisten Angehörigen der Population ihr Gewicht nicht geändert haben – daß also der stetige Anstieg des Mittelwertes ein Artefakt ist, das durch die Vermischung zweier völlig unterschiedlicher Gruppen entsteht: der Mehrheit der Beständigen und der Minderheit der Revolutionäre. Aber angenommen, wir hören nur den Meinungsmachern der Dicken zu und können nicht die ganze Geschichte einschätzen. Und nehmen wir weiterhin an, wir neigten dazu (wie, so fürchte ich, die meisten von uns), Mittelwerte mit einer Realität gleichzusetzen, die über wirkliche Individuen und ihre Unterschiede hinausgeht. Dann könnte einen die Abbildung 3 vielleicht davon überzeugen, daß sich in der Bevölkerung ein allgemeiner Trend durchgesetzt hat, der sie *als Ganzes* in Richtung eines höheren Körpergewichts treibt.

In dem zweiten Fall, in dem eine Begrenzung auf einer Seite des Durchschnittswertes nur Abweichungen in der anderen Richtung erlaubt, lassen wir uns leichter täuschen. Der Anstieg des Mittelwertes ist hier nicht »falsch«, aber der angebliche Trend ist sicher eine Irreführung im Sinne von Mark Twains oder Disraelis berühmtem Ausspruch (das Zitat wird beiden zugeschrieben) über drei Arten von Unwahrheiten: »Lügen, verdammte Lügen und Statistiken.« Die Einzelheiten werde ich später darlegen, aber zunächst möchte ich festhalten, warum in diesem Fall trotz richtiger Daten ein so falscher Eindruck entstehen kann – was von Wirtschaftsweisen und politischen Meinungsmachern nur allzuoft ausgenutzt wird. Wie in dem Sprichwort vom Häuten der Katze kann man einen »Durchschnitt« auf mehrere Arten darstellen. Bei der bekanntesten Methode, in der Fachsprache »Mittelwertbildung« genannt, addiert man alle einzelnen Werte und dividiert die Summe durch die Anzahl der Werte. Wenn zehn Kinder insgesamt zehn Dollar haben, beträgt der Mittelwert je Kind einen Dollar. Aber Mittelwege können völlig in die Irre führen – insbesondere in Fällen wie dem, den ich zuvor absichtlich als Beispiel gewählt habe: wenn die Schwankungsbreite sich in der einen Richtung stark, in der anderen dagegen nur wenig oder gar nicht erweitern kann. Der Mittelwert verschiebt sich in Richtung des offenen Endes und vermittelt den (oftmals völlig falschen) Eindruck, die ganze Population habe sich in diese Richtung bewegt.

Immerhin könnte auch ein Kind eine Zehndollarnote besitzen, und die anderen neun haben gar nichts. Der Mittelwert betrüge dann immer noch ein Dollar je Kind, aber würde man die Gruppe mit einer solchen Zahl zutreffend beschreiben? Im Ernst und in wirklichen Fällen ist es ganz ähnlich: Die Meinungsmacher der regierenden Politiker zeichnen mit Hilfe des Durchschnittseinkommens häufig ein unehrlich rosiges Bild. Stellen wir uns beispielsweise ein Super-Reagan-Wirtschaftssystem vor, in dem es Steuervorteile nur für die Reichen gibt und in dem einige Millionäre einen gewaltigen Reichtum anhäufen, während die große Mehrheit der Bevölkerung, die an der Armutsgrenze lebt, nichts hinzugewinnt oder sogar noch ärmer wird. Das mittlere Einkommen steigt vielleicht, denn wenn es bei einem Wirtschaftsboß beispielsweise von sechs Millionen auf 600 Millionen Dollar wächst, gleicht das den Verlust bei mehreren Millionen Armen aus. Wenn ein Mensch 594 Millionen Dollar hinzugewinnt und 100 Millionen andere jeweils fünf Dollar verlieren (was insgesamt 500 Millionen ergibt), steigt das Durchschnittseinkommen der Gesamtbevölkerung immer noch – aber niemand könnte guten Gewissens behaupten, der Durchschnittsbürger erhielte jetzt mehr.

Für solche Fälle haben die Statistiker ein anderes Maß für den Durchschnitt oder die »zentrale Tendenz« entwickelt. Eine Alternative, *Modus* genannt, ist definiert als der häufigste Wert in einer Verteilung. Welches Maß sich für die zentrale Tendenz in dem jeweiligen Fall am besten eignet, sagt uns keine mathematische Regel. Die richtige Entscheidung kann man nur treffen, wenn man alle beteiligten Faktoren kennt und grundsätzlich ehrlich ist.

Würde jemand bestreiten, daß der Modus in allen genannten Beispielen ein besseres Verständnis ermöglicht als der Mittelwert? Die modale Geldmenge der zehn Kinder ist Null. Das modale Einkommen der Bevölkerung bleibt gleich (oder geht geringfügig zurück), während der Mittelwert steigt, weil ein Superreicher enorme Gewinne einstreicht. Das modale Körpergewicht der Bevölkerung in meinem verrückten Beispiel bleibt bei 50 Pfund. Die 15 Dicken nehmen zwar ständig zu (und deshalb steigt der Mittelwert für die Gesamtpopulation), aber wer wollte leugnen, daß die Bevölkerung insgesamt vor allem durch Stabilität gekennzeichnet ist? (Zumindest sollte man mir zugestehen, daß man die Bevölkerung nicht mit dem steigenden Mittelwert in Abbildung 3 charakterisieren kann, auch wenn man sich aus irgendwelchen persönlichen Gründen auf die Zunehmenden konzentriert – und daß man demnach die Stabilität bei der Mehrheit als wichtigstes Phänomen ansehen muß.) Ich versteife mich so auf diesen Punkt, weil mein zweites zentrales Beispiel, der Fortschritt in der Geschichte des Lebens, sich aus genau den gleichen Gründen als Täuschung erweist. Einige wenige Geschöpfe haben größere Komplexität entwickelt, und zwar in der einzigen Richtung, die für Variationen offenstand. Der Modus ist während der ganzen Geschichte des Lebens felsenfest bei den Bakterien geblieben – und Bakterien waren nach allen vernünftigen Kriterien nicht nur am Anfang die erfolgreichsten Lebewesen, sondern sie sind es auch heute und werden es immer sein.

Variation als allgemeine Realität

Ich habe zu zeigen versucht, wie ein scheinbarer Trend in einem ganzen System – nach der herkömmlichen Lesart die Bewegung eines »Etwas« (zum Beispiel des Bevölkerungsdurchschnitts) in eine Richtung – sich als falsche Interpretation erweisen kann, die durch die Ausweitung oder Einengung der Variationsbreite in dem System entsteht. Solche Fehler begehen wir, weil wir uns entweder kurzsichtig auf die Wandlungen in der kleinen Gruppe der Extremwerte konzentrieren und aus ihnen fälschlicherweise eine Veränderung des ganzen Systems herauslesen (mein erster Fall, der durch den Trefferdurchschnitt 0,400 im Baseball verdeutlicht wird) oder weil die Variationsbreite sich nur in einer Richtung ausweiten oder einengen kann, so daß wir das System wegen des veränderten Mittelwertes falsch charakterisieren, während ein gleichbleibender Modus eine ganz andere Interpretation nahelegt (mein zweiter Fall, verdeutlicht durch die Chimäre des Fortschritts als wichtigste Triebkraft in der Geschichte des Lebens).

Damit will ich nicht behaupten, daß alle Trends diesem Fehler zum Opfer fallen (manchmal bewegt sich tatsächlich »etwas« irgendwohin) oder daß dieser »Fehler der vergegenständlichten Variation«* wichtiger ist als die beiden häufiger erkannten Fehler, Trends mit Zufallsfolgen oder Zusammenhang mit Kausalität zu verwechseln. Aber die falsche Interpretation der Variationsbreite hat dazu geführt, daß wir einige der wichtigsten und am hitzigsten diskutierten kulturellen Trends genau verkehrt herum deuten. Mich fasziniert dieser Irrtum auch deshalb, weil unser allgemein falsches Verständnis für Variationen oder ihre Unterschätzung eine viel tiefer gehende Frage über die grundlegende Wahrnehmung der physischen Realität aufwirft.

Die Taxonomie gilt oft als das stumpfsinnigste aller Wissenschaftsgebiete, und das zeigt sich auch in verschiedenen abschätzigen Metaphern: Kleider auf den Kleiderständer der Natur hängen; Dinge in Schubladen stopfen; oder (ein Bild, das Philatelisten zu Recht ablehnen) Briefmarken in das Album der Realität stecken. Alle diese Bilder stutzen der Taxonomie die Flügel und reduzieren die Wissenschaft der Klassifi-

* *Vergegenständlichung* ist ein ungewohntes Wort, aber es beschreibt diesen Fehler so gut, daß ich es gern verwenden (und sofort erklären) möchte. Der Begriff (englisch *reification*) wurde Mitte des 19. Jahrhunderts von Philosophen und Sozialwissenschaftlern geprägt; er bezeichnet »die geistige Umwandlung einer Person oder eines abstrakten Begriffes in etwas Konkretes« (*Oxford English Dictionary*). Das Wort kommt von dem lateinischen *res* (»Sache«; eine Republik oder *res publica* ist eine öffentliche Sache). Wenn wir den in diesem Buch beschriebenen Fehler begehen, abstrahieren wir die Variation in einem System zu einem Maß für eine zentrale Tendenz wie den Mittelwert – und dann vergegenständlichen wir fälschlicherweise diese Abstraktion und interpretieren den Mittelwert als konkretes »Etwas«; anschließend verschlimmern wir den Fehler noch, indem wir unterstellen, die Veränderung des Mittelwertes besage automatisch, daß etwas sich irgendwohin bewegt. Oder – eine andere Form des gleichen Fehlers – wir konzentrieren uns auf Extreme in der Variationsbreite und vergegenständlichen diese als eigenständige Gebilde, statt sie als untrennbaren Teil in der gesamten Variationsbreite des Systems zu betrachten.

kation auf die stumpfsinnige Aufgabe, alles sauber und ordentlich zu halten. Aber diese Darstellungen spiegeln auch einen Kardinalfehler wider: die Annahme, es gebe »da draußen« eine völlig objektive Natur, die in dieser Form für einen unvoreingenommenen Beobachter sichtbar ist (das gleiche Bild habe ich im ersten Abschnitt dieses Kapitels als »Huxleys Schachbrett« kritisiert). Könnte man eine solche Vision aufrechterhalten, würde die Taxonomie nach meiner Vermutung wirklich zur langweiligsten aller Wissenschaften, denn dann würde uns die Natur eine Reihe offensichtlicher Schubladen anbieten, und die Taxonomen würden nach ihren Bewohnern suchen und sie hineinstopfen – eine Tätigkeit, die Sorgfalt erfordert, mag sein, aber kaum Kreativität oder Phantasie.

Aber Klassifikation besteht nicht darin, daß man in einer Welt, die objektiv in leicht erkennbare Kategorien eingeteilt ist, Dinge passiv ordnet. Taxonomie umfaßt vielmehr menschliche Entscheidungen, die wir der Natur aufzwingen – Theorien über die Ursachen für die Ordnung in der Natur. Die Chronik der historischen Veränderungen in der Klassifikation bietet den besten Einblick in die begrifflichen Umwälzungen des menschlichen Denkens. Die objektive Natur gibt es tatsächlich, aber wir können uns mit ihr nur durch die Struktur unserer taxonomischen Systeme verständigen.

Nun können wir dieser allgemeinen Aussage zustimmen und dennoch behaupten, es gebe in bestimmten grundlegenden Kategorien kaum Zweideutigkeiten, so daß die Grobeinteilung über Zeiten und kulturelle Grenzen hinweg gleichbleiben müsse. Das stimmt nicht – weder für dieses noch für irgendein anderes Thema. Kategorien sind Zwänge, die Menschen der Natur auferlegen (auch wenn die Tatsachen der Natur umgekehrt Hinweise und Vorschläge liefern). Betrachten wir einmal als Beispiel die »offenkundige« Einteilung der Menschen in zwei Geschlechter.

Wir können das Männliche und das Weibliche als fortbestehenden Gegensatz deuten, als Ausprägung zweier unterschiedlicher Wege in der Embryonalentwicklung und dem späteren Wachstum. Wie könnte man denn Menschen sonst noch einteilen? Aber dieses »Zwei-Geschlechter-Modell« herrscht erst seit kurzer Zeit in der abendländischen

Geschichte (siehe Laqueur, 1990; Gould, 1991), und es hätte nicht Fuß fassen können, wenn die mechanistische Philosophie von Newton und Descartes nicht die neoplatonistische Weltanschauung früherer Zeiten verdrängt hätte. Von der Antike bis zur Renaissance bevorzugte man ein »Ein-Geschlecht-Modell«, wonach die Körper der Menschen sich in einem kontinuierlichen Spektrum der Vollkommenheit befanden, vom Niedrig-Irdischen bis zur höchsten Idealisierung. Sicher, auch in dieser Denkrichtung bildeten die Menschen zwei Gruppen, die man als männlich und weiblich bezeichnete, aber es gab nur einen archetypischen oder idealen Körper, und alle tatsächlichen Ausprägungen (das heißt die wirklichen Menschen) mußten eine Position in einem Kontinuum des metaphysischen Fortschritts einnehmen. Dieses ältere System ist sicher ebenso sexistisch wie das spätere »Zwei-Geschlechter-Modell« (das angeborene, vorbestimmte Unterschiede postuliert, die von Anfang an von Bedeutung sind), aber aus anderen Gründen – und diese Geschichte einer grundlegend veränderten Taxonomie müssen wir verstehen, wenn wir das Ausmaß der Unterdrückung in verschiedenen Zeitaltern begreifen wollen. (Im »Ein-Geschlecht-Modell« stand das Herkömmlich-Männliche wegen seiner größeren Wärme fast am oberen Ende einer einzigen Skala, während die charakteristisch weibliche Form wegen der relativen Schwäche der gleichen Entstehungskräfte auf der Leiter sehr viel niedriger angesiedelt war.)

Dieses Buch befaßt sich mit der noch grundsätzlicheren taxonomischen Frage, was wir überhaupt als Ding oder Objekt bezeichnen. Wie ich darlegen werde, leiden wir immer noch unter einem Vermächtnis, das so alt ist wie Platon: an der Neigung, ein einziges Ideal oder einen Durchschnitt als »Wesensform« oder »Essenz« eines Systems zu betrachten und die Variationen zwischen den Individuen, die die gesamte Population ausmachen, abzuwerten oder zu ignorieren. (Man braucht nur einmal daran zu denken, wie versessen wir immer noch auf »Normalität« sind. Als ich gerade Vater geworden war, kauften meine Frau und ich ein hervorragendes Buch des berühmten Kinderarztes T. Berry Brazelton. Darin kämpfte er gegen jede übermäßige Furcht der Eltern, es müsse für das Wachstum eines Kindes einen Standard der Normalität geben und man müsse alles, was das eigene Baby tut, an diesem unbarmherzigen Maßstab messen. Brazelton bediente sich eines einfachen Hilfsmittels: Er beschrieb drei ausgezeichnete Entwicklungswege, die er jeweils an einem bestimmten Kind verdeutlichte; das erste war sehr lebhaft, das zweite stand in der Mitte, und das dritte war ein schüchternes Baby, das vornehm ausgedrückt »nur langsam mit anderen warm wurde«. Den Reichtum der natürlichen Variation fängt man zwar auch mit dreien anstelle von einem nicht ein, aber es war ein Schritt in die richtige Richtung.)

In seinem berühmten Höhlengleichnis behauptete Platon (in seinem Werk *Der Staat*), die wirklichen Lebewesen seien nur Schatten auf der Höhlenwand (der empirischen Natur), und es gebe außerdem einen idealen Bereich der Wesensformen, welche die Schatten werfen. Diesem unverblümten Platonismus würden heute sicher die wenigsten beipflichten, aber wir haben nie die Ansicht aufgegeben, daß Populationen wirklicher Individuen eine Menge von Zufällen sind, eine Sammlung fehlerhafter Beispiele, von denen jedes einzelne notwendigerweise unvollkommen ist und dem Ideal nur bis zu einem gewissen Grade nahekommt. Nun kann man diese Ansammlung von Zufällen überblicken und sich eine Vorstellung von der Wesensform verschaffen, indem man die besten Teile zusammenstoppelt – die symmetrischste Nase von einem Menschen, die ovalsten Augen von einem anderen, den rundesten Nabel von einem dritten und den am besten proportionierten Zeh von einem vierten – aber kein wirkliches Individuum kann stellvertretend für die tiefere Realität der Kategorie stehen.

Nur wenn ich diesen immer noch nachklingenden Platonismus in Rechnung stelle, verstehe ich die verhängnisvolle Verdrehung, die wir bei berechneten Durchschnittswerten so oft vornehmen. In Darwins postplatonischer Welt ist Variation die grundlegende Realität, und berechnete Mittelwerte werden zu Abstraktionen. Aber wir bevorzugen weiterhin die ältere, entgegengesetzte Anschauung, wonach Variationen eine Sammlung belangloser Zufälligkeiten sind; nützlich sind sie demnach vor allem deshalb, weil wir aus ihrer Bandbreite einen Durchschnitt errechnen können, den wir dann als beste Annäherung an eine Wesensform betrachten. Nur als Platons Vermächtnis kann ich den verbreiteten Fehler begreifen, der dieses Buch notwendig macht: unsere falsche Lesart der Ausweitung oder Einengung der Variationsbreite in einem System als Durchschnitt (oder Extremwert), der sich irgendwohin bewegt.

In Kapitel 2 habe ich die Vollendung von Darwins Revolution angesprochen. Diese geistige Umwälzung umfaßte viele Bestandteile – unter anderem (und das schafften gebildete Menschen schon zu Darwins Lebzeiten) mußte man die Evolution ganz einfach als Alternative zur göttlichen Schöpfung anerkennen. Unter anderem gehörte dazu aber auch Freuds (bis heute unvollendete) den menschlichen Hochmut zerschmetternde Erkenntnis, daß der *Homo sapiens* nur ein winziger Zweig an einem alten, riesengroßen stammesgeschichtlichen Busch ist. Aber in einem noch grundsätzlicheren Sinn sollte man den Kernpunkt von Darwins Theorie darin sehen, daß die Variation als zentrale Kategorie der natürlichen Realität an die Stelle der Wesensform trat (siehe Mayr 1963; dort verteidigt der größte lebende Evolutionsforscher auf rührige Weise die Vorstellung, daß das »Populationsdenken« als Ersatz für das platonische Denken in Wesensformen das Kernstück von Darwins Revolution darstellt). Was könnte verwirrender sein als eine völlige Umkehr, der »große Umschwung« unseres Realitätsbegriffs: In Platons Welt ist Variation etwas Zufälliges, und die Wesensformen stellen eine höhere Realität dar; in Darwins Umkehrung bewerten wir die Variation als definierende (und konkret-irdische) Realität, während die Mittelwerte (unsere stärkste pragmatische Annäherung an die »Wesensformen«) zu geistigen Abstraktionen werden.

Darwin wußte, daß er grundlegende Vorstellungen aus ehrfurchtgebietender griechischer Abstammung auf den Kopf stellte. Als er noch keine Dreißig war, schrieb er in einem der Notizbücher seiner Jugend eine herrlich sarkastische Bemerkung über Platons Theorie der Wesensformen; darin stellt er lakonisch fest, die Existenz angeborener Ideen erfordere als Voraussetzung keinen ätherischen Bereich unveränderlicher Begriffe, sondern sei vielleicht nur ein Hinweis auf unsere Abstammung von einem handfesten Vorfahren: »Platon sagt im *Phaidon*, unsere ›imaginären Ideen‹ entstünden aus der Präexistenz der Seele und ließen sich nicht aus Erfahrungen ableiten – lies Affen statt Präexistenz.«

In seinem Gedicht *History* nennt Ralph Waldo Emerson das gewaltige Erbe, das diesem größten aller Gegenstände gehört:

Mein ist die Sphäre …
Cäsars Hand und Platons Kopf,
Christi Herz und Shakespeares Klang.

Dieses Vermächtnis ist unsere Freude und Inspiration, aber auch unsere Bürde und Behinderung. Lies Affen statt Präexistenz, und lies Variation als wichtigsten Ausdruck der natürlichen Realität.

Teil 2 Tod und Pferde: Zwei Beispiele für die zentrale Bedeutung der Variation

Bevor ich meine wichtigsten Beispiele – Baseball und das Leben – darlege, möchte ich an zwei anderen Fällen meine Überzeugung deutlich machen, daß unsere Kultur stark dazu neigt, Variation entweder geringzuschätzen oder nicht zur Kenntnis zu nehmen. Oft konzentrieren wir uns statt dessen auf ein Maß für eine zentrale Tendenz, und deshalb machen wir anschließend schreckliche Fehler, oft mit beträchtlichen praktischen Auswirkungen.

4. Kapitel | Fall 1 – eine persönliche Geschichte

Worin jedes Maß für eine zentrale Tendenz als gefährliche Abstraktion wirkt und Variation als einzig bedeutsame Realität erscheint

Im Jahr 1982, als ich 40 war, wurde in meiner Bauchhöhle ein Mesotheliom diagnostiziert, eine seltene und »ausnahmslos tödliche« Form von Krebs (so alle offiziellen Beurteilungen zu jener Zeit). Behandelt und geheilt wurde ich von mutigen Ärzten mit einer experimentellen Methode, mit der man heute manche Patienten retten kann, wenn die Krankheit frühzeitig erkannt wird.

Die Bewegung derer, die Krebs überlebt haben, hat eine umfangreiche Literatur über persönliche Erlebnisse und Selbsthilfe hervorgebracht. Ich schätze diese Bücher und habe während meines eigenen Leidensweges viel daraus gelernt. Aber obwohl ich Schriftsteller von Beruf bin und obwohl wahrscheinlich kein Erlebnis einschneidender sein kann als ein langer Kampf gegen eine schmerzhafte und angeblich unheilbare Krankheit, hatte ich nie den Drang oder das Bedürfnis, meine persönlichen Erfahrungen in gedruckter Form zu beschreiben. Im Gegenteil: Da ich großen Wert auf die Privatsphäre lege, erfüllt mich ein solcher Gedanke mit Grausen. In all den Jahren seit jener Zeit habe ich nur einen einzigen kurzen Artikel über diesen entscheidenden Teil meines Lebens verfaßt.

Ich befürworte aber einen wichtigen moralischen Grundsatz und versuche auch, ihn zu befolgen: Auf Segnungen müssen Bemühungen folgen, die anderen nützlich sein können. Deshalb bin ich sehr dankbar, daß der genannte Artikel für andere Menschen hilfreich war und daß so viele Leser mich um Kopien gebeten haben – entweder für sich selbst oder für krebskranke Bekannte. Aber ich habe meinen Aufsatz weder aus einem inneren Drang heraus (als persönliches Bekenntnis) noch aus Pflichtgefühl geschrieben (also aufgrund der erwähnten moralischen Notwendigkeit). Mein Artikel *Der Median ist nicht die Botschaft* verdankt seine Entstehung einem anderen geistigen Bedürfnis. Nach meiner Überzeugung verfallen wir durch den Fehler der vergegenständlichten Variation – oder die Nichtbeachtung des »vollen Hauses« aller Fälle – immer wieder in den gleichen Irrtum. Und da ein schönes Beispiel für den praktischen Nutzen, den die Vermeidung dieses Fehlers bringen kann, am Anfang meines Kampfes gegen den Krebs stand, konnte ich dem Drang nicht widerstehen, diese Geschichte weiterzuerzählen.

Wir sind weit gekommen seit der schlechten alten Zeit, als man den meisten Patienten die Diagnose »Krebs« sorgfältig verheimlichte – sowohl aus dem beklagenswerten Grund, daß viele Ärzte die Täuschung als bevorzugten Weg zur Aufrechterhaltung ihrer Macht ansahen, als auch aufgrund der mitfühlenden (allerdings irreführenden) Annahme, die meisten Menschen könnten ein Wort, das größten Schrecken und einen Vorgeschmack auf den Tod beinhaltet, nicht ertragen. Man braucht sich nur vorzustellen, was Franklin Roosevelt zu unserem Verständnis für Behinderungen hätte beitragen können, hätte er seine Lähmung nicht mit so hervorragender Sorgfalt versteckt, sondern statt dessen bekanntgegeben, er regiere schließlich nicht mit den Beinen.

Heute verfolgen die Ärzte in Amerika und insbesondere in geistigen Zentren wie Boston eine Strategie, die ich für die beste halte: Auf Nachfragen geben sie jede Information, und sei sie auch noch so brutal (und das natürlich so einfühlsam und diplomatisch wie möglich); wenn man es nicht wissen will, fragt man nicht. Meine eigene Ärztin wich nur einmal von diesem sehr sinnvollen Grundsatz ab – und als ich den Zusammenhang kannte, verzieh ich ihr sofort. In unserem ersten Gespräch nach der anfänglichen Operation fragte ich sie, was ich lesen könne, um mehr über das Mesotheliom zu erfahren (denn ich hatte von der Krankheit noch nie zuvor gehört). Sie erwiderte, in der Literatur gebe es nichts, was sich zu wissen lohne. Aber der Versuch, einen Intellektuellen von den Büchern fernzuhalten, ist natürlich ebenso wirksam wie der Befehl in dem alten Sprichwort, man solle nicht an ein Nashorn denken. Sobald ich aufstehen konnte, wankte ich schnurstracks in die medizinische Bibliothek, und dort tippte ich das Wort »Mesotheliom« in das Suchprogramm des Katalogcomputers. Eine halbe Stunde später saß ich inmitten der neuesten Fachartikel, und jetzt verstand ich, warum meine Ärztin mit ihren Informationen so übervorsichtig gewesen war.

Die Literatur war von brutaler Direktheit: Das Mesotheliom ist unheilbar, mit einer mittleren Überlebenszeit von nur acht Monaten nach der Diagnose. Ein beliebtes Thema der jüngsten Zeit, das am bemerkenswertesten in den Bestsellern von Bernie Siegel zum Ausdruck kommt, ist die Bedeutung positiver Einstellungen bei der Bekämpfung schwerer Krankheiten wie Krebs. Aus den Tiefen meiner skeptischen, rationalistischen Seele bitte ich den Herrgott, mich vor der kalifornischen Betroffenheitsgefühligkeit zu bewahren. Dennoch muß ich zum Ausdruck bringen, daß ich mit Siegels Hauptaussage übereinstimme, allerdings, so füge ich sofort hinzu, mit zwei wichtigen Vorbehalten. Erstens habe ich keine mystischen Vorstellungen vom potentiellen Wert seelischer Ruhe und Zielstrebigkeit. Wir kennen die Gründe nicht, aber ich bin zuversichtlich, daß die Erklärungen im Bereich des wissenschaftlich Zugänglichen liegen (und vermutlich wird es darum gehen, wie die Chemie der Gedanken und Gefühle auf das Immunsystem zurückwirkt). Und zweitens müssen wir uns nachdrücklich einer unbeabsichtigten Grausamkeit der Bewegung der »positiven Einstellung« widersetzen, nämlich dem hinterhältigen Abgleiten in Vorwürfe für diejenigen, die ihre persönliche Verzweiflung nicht überwinden und aus ihrem tiefsten Inneren das Positive nicht heraufbeschwören können. Wir bauen unsere Persönlichkeit mühsam und in vielen Jahren auf, und grundlegende Veränderungen lassen sich nicht befehlen, bloß weil wir ihre Nützlichkeit schätzen: Aus unserem Herzen ragt kein Knopf mit der Aufschrift »positive Einstellung«, und kein Finger kann die Wirkung des positiven Denkens herbeizwingen, indem er einmal schmerzlos daraufdrückt. Wie können wir es wagen, jemandem einen seit langem vorhandenen Zustand von Neigungen und Temperament vorzuwerfen, nur weil ein anderer mit einer ungebetenen, unwillkommenen Lebensepisode besser fertig geworden wäre? Wenn ein Mensch in Angst und Verzweiflung an Krebs stirbt, müssen wir um seine Schmerzen weinen und sein Leben feiern. Der andere, der wie ein Löwe gekämpft und bis zuletzt gelacht hat, nur um dann ebenfalls zu sterben, hatte es in den letzten Monaten vielleicht leichter, aber sein Abschied war deshalb nicht menschlicher.

Aus meiner eigenen Reaktion auf die entmutigend pessimistische Literatur lernte ich etwas, das ich zwar schon vermutet, bei mir selbst aber bis dahin nicht sicher gewußt hatte (denn wir können es nicht wissen, bevor die Umstände uns zur Überprüfung zwingen): Ich habe ein lebhaftes Temperament und eine positive Einstellung. Ich gebe zu, daß ich ein paar Minuten wie vor den Kopf gestoßen dasaß, aber die nächste Reaktion war ein breites Grinsen, denn nun dämmerte mir die Erkenntnis: »Ach deshalb hat sie mir gesagt, ich solle die Literatur nicht lesen!« (Später entschuldigte sich die Ärztin und erklärte, sie habe falsche Vorsicht walten lassen, weil sie mich noch nicht kannte. Hätte sie meine Reaktion besser einschätzen können, so sagte sie, dann hätte sie alle Aufsätze fotokopiert und mir am nächsten Tag ans Bett gebracht.)

Die erste Welle des positiven Denkens war kaum mehr als eine emotionale Reaktion aus dem Bauch heraus – und sie hätte nur kurze Zeit angehalten, hätte ich das Gefühl nicht auf einen echten Grund zum Optimismus stützen können, der sich aus einer genaueren Analyse der scheinbar so brutal pessimistischen Artikel ergab. (Hätte ich sie nur bruchstückhaft gelesen und deshalb geschlossen, ich müsse unausweichlich in acht Monaten sterben, hätte ich wahrscheinlich mit keinem inneren Zustand die Trauer überwinden können.) Zu dieser Analyse war ich in der Lage, weil meine Ausbildung in Statistik und mein naturkundliches Wissen mich gelehrt hatten, die Variation als grundlegende Realität zu betrachten und Durchschnittswerte mit Mißtrauen zu betrachten – sie sind schließlich nur ein abstraktes Maß, das sich auf keinen einzelnen Menschen anwenden läßt, und oft sind sie für den Einzelfall weitgehend ohne Bedeutung. Mit anderen Worten: das Thema dieses Buches – das »volle Haus« oder die Notwendigkeit, sich nicht immer nur auf ein abstraktes Maß eines Durchschnitts oder einer zentralen Tendenz zu konzentrieren, sondern auf die *Variation innerhalb ganzer Systeme* – verschaffte mir beträchtlichen Trost, als ich ihn am dringendsten brauchte. Nie mehr soll mir einer sagen, Wissen und Lernen seien nur eitle Spielereien der akademischen Sterilität, und nur Gefühle könnten uns in Zeiten persönlicher Belastungen helfen.

Sobald mein Gehirn nach dem anfänglichen Schrecken wieder funktionierte, dachte ich über die Befunde und das entscheidende Urteil »acht Monate Medianwert für die Sterblichkeit« nach. Und ich bediente mich meiner Ausbildung als Evolutionsbiologe. Was bedeutete »acht Monate Medianwert für die Sterblichkeit«? Damit sind wir bei dem philosophischen Irrtum und dem Dilemma, die den Anlaß zu diesem Buch gaben. Die meisten Menschen halten Durchschnittswerte für die grundlegende Realität und Variationen für ein Hilfsmittel, um ein sinnvolles Maß für eine zentrale Tendenz zu berechnen. In dieser platonischen Welt kann »acht Monate Medianwert für die Sterblichkeit« nur bedeuten: »Ich werde höchstwahrscheinlich in acht Monaten tot sein« – ungefähr die schrecklichste Diagnose, die man lesen kann.

Aber wenn wir ein Maß für eine zentrale Tendenz als das wahrscheinlichste Ergebnis für ein einzelnes Individuum betrachten, begehen wir einen schweren Fehler – und die meisten von uns erliegen ständig diesem Irrtum. Zentrale Tendenz ist eine Abstraktion, und Variation ist die Realität. Zuerst müssen wir fragen, was ein »Medianwert« für die Sterblichkeit eigentlich besagt. Der Median ist das dritte wichtige Maß der zentralen Tendenz. (Die beiden anderen habe ich im vorangegangenen Kapitel erläutert: den Mittelwert oder Durchschnitt, der sich aus der Addition aller Werte und der Division durch die Zahl der Einzelfälle ergibt, und den Modus oder häufigsten Wert.) Der Median liegt, wie die Etymologie schon besagt, in der Mitte eines Spektrums abgestufter Werte. In jeder Population liegt die Hälfte der Individuen unter dem Medianwert und die andere Hälfte darüber. Wenn beispielsweise in einer Gruppe von fünf Kindern eines einen Cent, eines zehn Cents, eines einen Vierteldollar, eines einen Dollar und eines zehn Dollar besitzt, ist das Kind mit dem Vierteldollar der Medianwert, denn zwei andere haben mehr Geld und zwei andere weniger. (Man beachte, daß Mittelwert und Median in diesem Fall nicht übereinstimmen. Der mittlere Geldbetrag von 2 Dollar 27 – die Gesamtsumme von 11 Dollar 36, dividiert durch 5 – liegt zwischen dem vierten und fünften Kind, denn der Reiche mit den zehn Mäusen gleicht alle Armen mehr als aus.) Den Median bevorzugen wir, wenn die Variationsbreite sich auf einer Seite so weit erstreckt, daß sich der Mittelwert stark in diese Richtung verschiebt. Für die Sterblichkeit beim Mesotheliom und bei anderen Krankheiten geben wir allgemein den Median als Maß für die zentrale Tendenz an, weil wir die Mitte in einer Reihe ähnlicher, zeitlich abgestufter Ergebnisse erfahren wollen. Ein höherer Mittelwert wäre im Falle des Mesothelioms irreführend, denn eine oder zwei Personen, die sehr lange überleben, würden ihn (wie das Kind mit den zehn Dollar) nach rechts verschieben, und das würde den falschen Eindruck erwecken, die meisten Menschen mit der Krankheit lebten länger als acht Monate; der Median dagegen teilt uns die richtige Tatsache mit: Die Hälfte der Betroffenen stirbt innerhalb von acht Monaten nach der Diagnose.

Damit sind wir bei dem nächsten praktischen Dilemma: Ich bin kein Maß für eine zentrale Tendenz, ob Mittelwert oder Median. Ich bin ein einzelner Mensch mit einem Mesotheliom, und ich möchte *meine eigenen* Aussichten so genau wie möglich beurteilen – denn ich muß persönliche Entscheidungen treffen und kann mir meine Tätigkeiten nicht von abstrakten Durchschnittswerten diktieren lassen. Ich muß mich mit den Besonderheiten meines Falles in den wahrscheinlichsten Bereich des Variationsspektrums einordnen und darf nicht einfach annehmen, daß mein persönliches Schicksal mit irgendeinem Maß einer zentralen Tendenz übereinstimmt.

Dann kam mir die entscheidende Erkenntnis, die sich in diesem entscheidenden Augenblick als lebensbejahend erweisen sollte. Ich dachte über die Variation nach und überlegte, daß die Verteilung der Todesfälle in dem statistischen Gleichgewicht stark »rechtslastig« sein mußte, das heißt, sie verteilte sich asymmetrisch um das gewählte Maß der zentralen Tendenz und erstreckte sich nach rechts viel weiter als nach links. Immerhin ist zwischen dem Mindestwert von null (wenn man im Augenblick der Diagnose tot umfällt) und dem Medianwert von acht Monaten nicht sehr viel Platz. In dieser linken Hälfte der Kurve zwischen Mindest- und Medianwert (siehe Abbildung 4) drängt sich die Hälfte aller Fälle zusammen. Die rechte Hälfte dagegen kann sich im Prinzip ewig hinziehen oder zumindest bis zu einem sehr hohen Alter. (Die Statistiker bezeichnen das Ende einer solchen Verteilung als »Schwanz« – ich sage also: Der linke Schwanz stößt bei der Überlebenszeit null an eine Wand, für den rechten dagegen gibt es keine zwangsläufige Begrenzung außer der maximalen Lebensdauer eines Menschen.)

Ich mußte also vor allem die Form und Ausdehnung der Verteilung kennen und dann meine wahrscheinlichste Stellung innerhalb dieses Spektrums ermitteln. Ich erkannte, daß alle Faktoren für eine Stellung im rechten Schwanz sprachen – ich war jung, brannte darauf, das Übel zu bekämpfen, wohnte in einer Stadt mit der bestmöglichen medizinischen Versorgung, war mit einer hilfsbereiten Familie gesegnet und hatte das Glück gehabt, daß die Krankheit relativ früh erkannt worden war. Deshalb interessierte ich mich für den rechten Schwanz (in den ich vermutlich gehörte) weit mehr als für jedes Maß einer zentralen Tendenz (eine Abstraktion, die für meinen speziellen Fall keine sonderlich große Bedeutung hatte). Was konnte also ermutigender sein als die Schlußfolgerung, daß die Verteilung der Variation stark rechtslastig sein mußte? Dann überprüfte ich die Daten und fand meine Vermutung be-

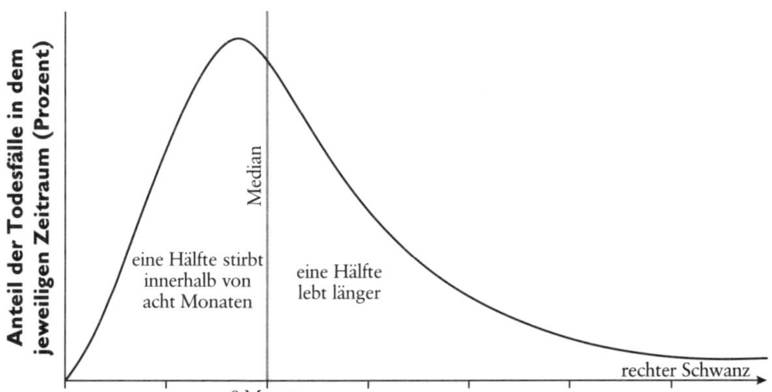

Abbildung 4: Eine rechtsschiefe Verteilung für den Todeszeitpunkt bei einer Krankheit mit einer mittleren Überlebenszeit von acht Monaten. Man muß jeden Menschen als Einzelfall betrachten und kann die gesamte Verteilung nicht mit ihrem Medianwert charakterisieren.

stätigt: Die Variationsverteilung war stark nach rechts verschoben, und ein paar Betroffene lebten noch sehr lange. Ich sah keinen Grund, warum ich nicht zu diesen Bewohnern des rechten Schwanzes gehören sollte.

Diese neue Erkenntnis bot keine Gewähr für eine normale Lebensdauer, aber zumindest hatte sie mir in einem entscheidenden Augenblick das wertvollste aller Geschenke verschafft: die Aussicht auf eine beträchtliche Zeitspanne – zum Nachdenken, zum Planen und zum Kämpfen. Ich brauchte nicht sofort Jesajas Anweisung an den König Hiskia zu befolgen: »Bestelle dein Haus, denn du wirst sterben und nicht am Leben bleiben.« Ich hatte eine gute statistische Erkenntnis über die Bedeutung der Variation und den beschränkten Nutzen von Durchschnittswerten gewonnen, und es war mir gelungen, meine Vermutung mit tatsächlichen Daten zu bestätigen. Ich hatte Wissen eingesetzt und mir Hilfe verschafft. (Die Geschichte hat sogar ein noch vorteilhafteres Ende. Ich gehörte ohnehin in den rechten Schwanz, aber eine experimentelle Behandlungsmethode hatte Erfolg, und die Krankheit wurde völlig ausgemerzt. Alte Wahrscheinlichkeitsverteilungen erlauben in einer neuen Situation keine Voraussagen. Ich bin überzeugt, daß ich jetzt in den rechten Schwanz einer neuen Verteilung gehöre, die durch diese erfolgreiche Behandlungsmethode entstanden ist: Tod in hohem zweistelligem Alter – oder sogar in niedrig-dreistelligem.)

Ich erzähle diese Geschichte nicht nur, weil es mir Spaß macht, eine entscheidende Episode aus meinem Leben zu schildern, sondern auch weil sie alle Prinzipien in sich vereint, die den Kernpunkt dieses Buches bilden. Zunächst einmal macht sie deutlich, wie wichtig die *Variation innerhalb ganzer Systeme* als eigentliche Realität ist – und welch begrenzten Nutzen Durchschnittswerte bieten (und wie abstrakt sie sind). Außerdem verkörpert meine Geschichte unter dem didaktischen Aspekt dieses Buches die drei Begriffe und Vorstellungen, die den begrifflichen Apparat für alle weiteren Beispiele bilden. Ich möchte deshalb versuchen, diese drei Prinzipien formal darzustellen, und zwar in einem Zusammenhang, der nicht allzu trocken oder abstoßend erscheint.

Schiefe einer Verteilung. Wenn wir die Variation als grundlegende Realität betrachten wollen, müssen wir die Begriffe und Bilder betrachten, mit denen Populationen und ihre Verteilung im allgemeinen dargestellt werden. Wir alle kennen die herkömmliche Graphik der Häufigkeitsverteilung: Die horizontale Achse ist die Skala für die betrachtete Größe (Körpergröße, Gewicht, Alter, Überleben einer Krankheit, Trefferdurchschnitt, anatomische Komplexität usw.), und die senkrechte Achse zeigt die Zahl der Individuen in jedem Intervall der waagerechten Achse an (Körpergewicht zwischen zehn und 20 Kilo, dann zwischen 20 und 30 usw.; Personen zwischen zehn und 15 Jahren, dann zwischen 15 und 20 usw.). Häufigkeitsverteilungen können symmetrisch sein, das heißt, Form und Größe sind auf beiden Seiten der zentralen Tendenz gleich. Die übliche, idealisierte und allgemein bekannte »Normalverteilung« oder »Glockenkurve« (Abbildung 5) ist in diesem Sinne symmetrisch. Wir alle haben so oft Normalverteilungen gesehen, daß wir unterschwellig zu der Ansicht verleitet werden, natürliche Systeme strebten diese Form an. In Wirklichkeit sind die meisten Populationen nicht so einfach und ordentlich. (Systeme mit rein zufälli-

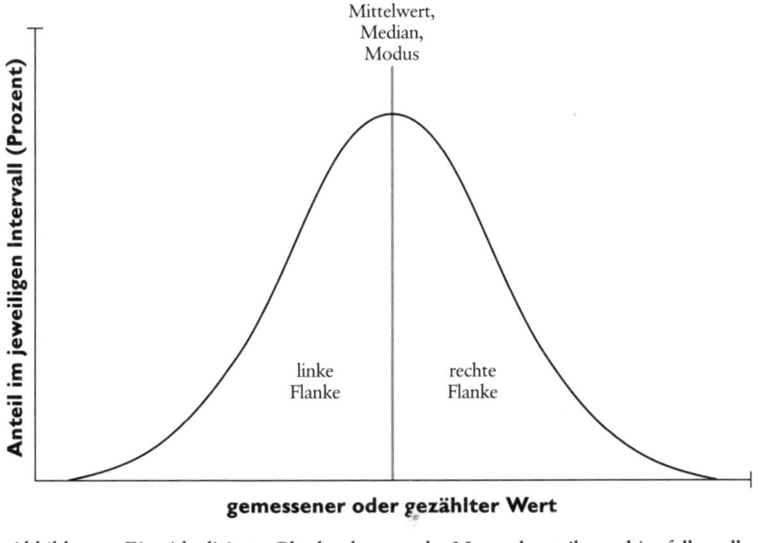

Abbildung 5: Eine idealisierte Glockenkurve oder Normalverteilung; hier fallen alle drei Maße für die zentrale Tendenz (Mittelwert, Median und Modus) zusammen.

ger Verteilung um einen Mittelwert sind tatsächlich symmetrisch, denn dann liegen die Abweichungen mit gleicher Wahrscheinlichkeit beiderseits des Mittelwertes, und jeder einzelne Fall liegt eher nah beim Mittelwert als weit davon entfernt. Bei einer Reihe von Münzwürfen zum Beispiel ergeben Serien mit mehrfach Kopf oder Zahl eine Normalverteilung. Für allgemein üblich halten wir die Normalverteilung, weil wir den Systemen gern idealisierte »richtige« Werte zuordnen, die nach beiden Seiten zufällig variieren – eine weitere Folge des fortlebenden Platonismus. Aber die Natur entspricht unseren Erwartungen nicht sehr oft.)

Wirkliche Verteilungen sind häufig asymmetrisch oder schief. In einer schiefen Verteilung, wie sie in meiner persönlichen Geschichte vorkommt, erstreckt sich die Variation auf einer Seite viel weiter als auf der anderen – und je nach dieser Richtung spricht man dann von Rechts- oder Linksschiefe (Abbildung 6). Die Gründe für die asymmetrische Verteilung sind oftmals faszinierend und bieten Einblicke in das Wesen der Systeme – denn ungleichmäßig verteilte Werte sind nichts Zufälliges. Da dieses Buch sich mit der Variation und den Gründen für ihre zeitlich wechselnde Breite beschäftigt, wird die Schiefe in allen meinen Beispielen zu einem wichtigen Prinzip.

Masse für die zentrale Tendenz und ihre Bedeutung. Die drei üblichen Maße für die zentrale Tendenz oder den »Durchschnitt« habe ich bereits erörtert: den Mittelwert (den herkömmlichen Durchschnitt, berechnet durch Addition aller Werte und Division der Summe durch die Anzahl der Einzelwerte), den Median (der in der Mitte der Verteilung liegt) und den Modus (den häufigsten Wert). In einer symmetrischen Verteilung fallen alle drei Maße zusammen – die Mitte ist gleichzeitig der häufigste Wert, der Punkt in der Mitte (mit der gleichen Zahl von Einzelwerten auf beiden Seiten) und der Mittelwert. Nach meiner Vermutung hat diese Übereinstimmung die meisten von uns dazu verleitet, den Unterschieden zwischen den drei Maßen keine Beachtung zu schenken, denn wir betrachten »Normalverteilungen« – nun ja – als normal, und verschobene Verteilungen halten wir (wenn wir das Prinzip überhaupt begreifen) für etwas Seltsames und vermutlich Seltenes. Aber in einer schiefen Verteilung unterscheiden sich die Maße für die zentrale Tendenz – und die Frage, welches davon man am besten auswählt, um Propaganda für den Herrn zu machen, dessen Lied man singt, ist ein wichtiges Betätigungsfeld für wirtschaftliche und politische Meinungsmacher.

Wie man den höheren Mittelwert und den niedrigeren Modus einer rechtsschiefen Verteilung der Einkommen zu solchen Zwecken ausnutzen kann, habe ich bereits deutlich gemacht (siehe Seite 57). Wenn eine Verteilung stark nach einer Seite neigt, verschiebt sich in der Regel auch der Mittelwert in dieser Richtung, der Median dagegen weniger und der Modus überhaupt nicht. In einer rechtsschiefen Verteilung liegt der Mittelwert also meist höher als der Median, und dieser ist seinerseits höher als der Modus. Dieser Zusammenhang wird in Abbildung 7 deutlich.

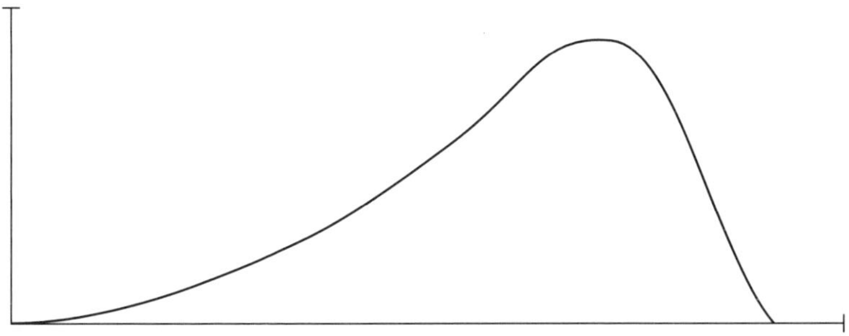

linksschiefe Verteilung

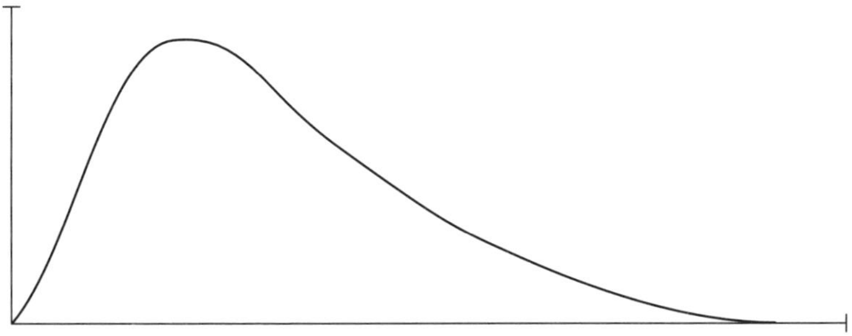

rechtsschiefe Verteilung

Abbbildung 6: Rechts- und linksschiefe Verteilungen.

Wenn wir von einer symmetrischen Verteilung ausgehen (in der Mittelwert, Median und Modus übereinstimmen) und dann die Variation in Richtung einer rechtsschiefen Verteilung verschieben, folgt der Mittelwert dieser Verschiebung am stärksten – denn ein neuer Millionär im rechten Schwanz kann hundert Arme im linken aufwiegen. Der Median verschiebt sich weniger stark, denn wenn wir auf beiden Seiten der zentralen Tendenz nur die Köpfe zählen, macht jetzt ein Habenichts den Millionär wett. (Wenn nicht die Zahl, sondern der Reichtum der Personen auf der rechten Seite wächst, ändert sich der Median sogar überhaupt nicht. Steigt dagegen auch die Anzahl der Reichen im rechten Schwanz, verschiebt sich der Median ebenfalls nach rechts – allerdings nicht so weit wie der Mittelwert.) Der Modus kann derweil durchaus gleichbleiben und schwankt überhaupt nicht, während Mittelwert und Median in der rechtsschiefen Verteilung größer werden. Das häufigste Einkommen liegt vielleicht weiterhin bei 20 000 im Jahr, auch wenn die Zahl der Wohlhabenden ständig steigt.

»Wände« oder Grenzen der Variationsbreite. Ein Hauptgrund für eine asymmetrische Verteilung ist häufig eine Grenze, welche

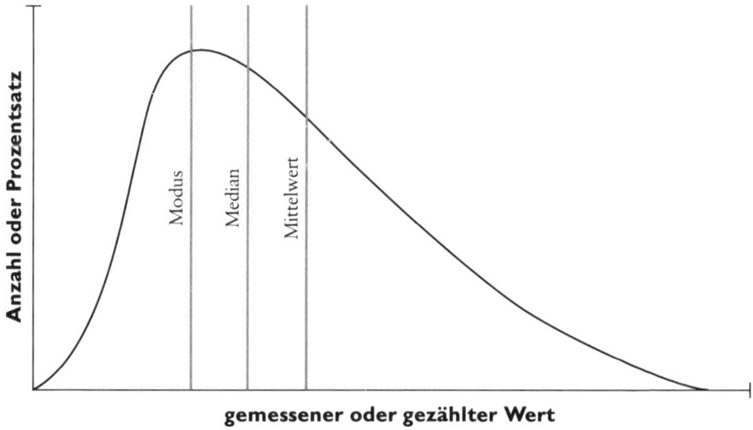

Abbildung 7: In einer rechtsschiefen Verteilung stimmen die Maße für die zentrale Tendenz nicht überein. Der Median liegt rechts vom Modus, und der Mittelwert ist noch weiter nach rechts verschoben.

die Ausweitung in einer Richtung einschränkt, während in der anderen viel mehr Spielraum vorhanden ist. Eine solche Beschränkung kann triviale oder logische Gründe haben – in meiner Geschichte über den Krebs kann man nicht am Mesotheliom sterben, bevor man die Krankheit bekommen hat, so daß der Zeitraum Null zwischen Ausbruch und Tod ein nicht mehr zu unterschreitendes Minimum darstellt. Die Gründe können aber auch verwickelter und interessanter sein – wie in den Beispielen vom Trefferdurchschnitt und von der Geschichte des Lebens, die im dritten und vierten Teil dieses Buches dargestellt werden. In beiden Fällen lassen solche Begrenzungen eine schiefe Verteilung entstehen, in der die Variationsbreite sich nur in einer Richtung ausweiten kann – man kann nicht am Mesotheliom sterben, bevor man es hat, aber man kann nach der Diagnose noch viele Jahre leben. Wie könnte die Verteilung der Todesfälle bei einem Medianwert von acht Monaten für die Sterblichkeit und einer festen Untergrenze bei Null anders als stark rechtsschief aussehen?

Solche Begrenzungen für die Ausweitung der Variationsbreite werde ich in diesem Buch als »Wände« bezeichnen, und zwar je nach ihrer Lage als »rechte Wand« oder als »linke Wand«. Die linke Wand führt zu einer rechtsschiefen Verteilung (denn die Variation kann sich nur von der Wand weg ausweiten), und entsprechend läßt eine rechte Wand eine linksschiefe Verteilung entstehen. In meiner Krebsgeschichte erzeugt die linke Wand eine rechtslastige Verteilung der Todesfälle.

(Ich habe das kulturelle Vorurteil übernommen, das mit der im wesentlichen willkürlichen Zuordnung von rechts zu höheren und links zu niedrigeren Werten verbunden ist – aber je nach dem Einzelfall gilt niedriger manchmal auch als besser, so bei der Verteilung des Körpergewichts in unserer diätbewußten Gesellschaft. Nach meiner Vermutung erliegen wir diesem Vorurteil aus zwei Gründen, einem heimtückischen und einem harmlosen. Der Hauptgrund muß das Vorurteil gegen unsere linkshändige Minderheit sein – ein altes und, so fürchte ich, allgemein verbreitetes Merkmal menschlicher Kulturen. Jesus sitzt *ad dexteram patris*, zur Rechten des Vaters. Im Französischen ist das Gesetz rechts *[droit]*, und im Deutschen ist es das Recht. Wer links ist, ist link oder läßt sich linken. Der harmlose Grund ist die Tatsache, daß wir von links nach rechts lesen und deshalb auch Wachstum und Zunahme in dieser Richtung begreifen. Würde ich auf japanisch schreiben, müßte ich vielleicht von einer oberen und unteren Wand sprechen. Sei's drum.)

Nur diese drei nicht besonders anspruchsvollen Vorstellungen über das Wesen der Variation muß der Leser begreifen, um alle Beispiele in diesem Buch voll und ganz verstehen zu können: die rechte und die linke Wand als Einschränkung für die Ausweitung der Variationsbreite; rechts- und linksschiefe Verteilungen als Folge dieser Beschränkungen; und die Unterschiede zwischen Mittelwert, Median und Modus als Maß für die zentrale Tendenz.

5. Kapitel | Fall 2 – ein kleiner Scherz des Lebens

Echte Veränderungen der zentralen Tendenz haben etwas zu bedeuten, aber da wir die Variation nicht in Rechnung gestellt haben, kam es zu einer Umkehrung der Interpretation: die Evolution der Pferde

Die falschesten Geschichten sind diejenigen, die wir am besten zu kennen glauben und deshalb nie genau überprüfen oder in Frage stellen. Man braucht nur jemanden nach der bekanntesten Evolutionsreihe zu fragen, und man wird mit ziemlicher Sicherheit die Antwort bekommen: die Pferde natürlich. Die stammesgeschichtliche Rennstrecke von kleinen Protopferden mit vielen Zehen und dem liebenswürdigen Namen Eohippus bis zum großen, einzehigen Clydesdale, das die Bierkutsche zieht, oder zum Schlachtroß, das über die Ebene donnert, muß das eindringlichste aller Evolutionssymbole sein. Gibt es irgendwo ein größeres Museum, in dem nicht eine Reihe von Einzelexemplaren an einer Wand oder in der Mitte des größten Saales steht, jeweils ein Skelett, und alle zur Verdeutlichung dieses glanzvollen Trends?

Diese Geschichte über die Pferde handelt von der ältesten nachgewiesenen Evolutionsreihe – ein Hauptgrund für ihre Berühmtheit. Thomas Henry Huxley selbst, Darwins meistgefeierter Fürsprecher, schlug die Serie aufgrund europäischer Skelette 1870 vor. Diese ursprüngliche Reihe überlebte nicht lange, denn die drei Fossilien aus Europa, die Huxley zu einer Abfolge verknüpft hatte, stellen in Wirklichkeit drei getrennte Auswanderungswellen der amerikanischen Bestände dar, die in

Europa jedesmal wieder ausstarben. Die vollständige Geschichte kristallisierte sich zur gleichen Zeit in Amerika heraus.

Im Jahr 1876 unternahm Huxley seine einzige Reise in die Vereinigten Staaten; er wollte dort vor allem an der Hundertjahrfeier teilnehmen und insbesondere die wichtigste Ansprache zur Gründung der Johns Hopkins University halten. Er besuchte Othniel C. Marsh, den führenden amerikanischen Wirbeltierpaläontologen, weil er die hervorragende Reihe fossiler Pferde sehen wollte, die Marsh im Westen der USA zusammengetragen hatte. Marsh überzeugte ihn, daß diese Reihe den wirklichen Hauptstrom der Evolution widerspiegelte, während die europäischen Linien isolierte Seitenäste darstellten. Das machte Huxley erheblich zu schaffen, denn er hatte zugesagt, in New York wenige Wochen später einen Vortrag über Pferdefossilien zu halten – und jetzt mußte er die Geschichte völlig neu schreiben.

Marsh erklärte sich bereit, ihm bei der Neufassung zu helfen, und erstellte ein berühmtes Diagramm, das Huxley in New York benutzen sollte (hier als Abbildung 8 wiedergegeben). Die Zeichnung, eine der berühmtesten in der Wissenschaftsgeschichte, zeigt zwei der drei Haupttrends aus unserer klassischen Geschichte: 1. den Rückgang der Zehenzahl von vier an den Vorder- und drei an den Hinterbeinen bei den ältesten Pferden (in der Abbildung unten) über drei funktionsfähige Zehen und einen mittleren Zeh mit zwei verkürzten Seitenzehen bis hin zu einem einzigen Zeh mit zwei seitlichen Auswüchsen als Überreste der früheren Zehen (heutige Pferde, in der Abbildung oben); 2. die stetige Zunahme in der Höhe der Backenzähne (fünfte Spalte) mit einem immer raffinierteren Muster der Verdickungen auf der Oberseite (Spalten 6 und 7). Marsh zeichnete alle Stücke in der gleichen Größe und zeigte deshalb nicht den dritten, nächstliegenden Trend: die deutliche Zunahme der Körpergröße vom Anfangszustand (er beschrieb ihn als katzengroß, aber später feierte der Foxterrier Triumphe als Standardvergleich – siehe Gould, 1994, Kapitel 10) bis zum riesigen Clydesdale unserer Zeit. Spätere Versionen zeigen alle drei Trends nebeneinander, so die am besten bekannte Abbildung des führenden Paläontologen der nächsten Generation, William D. Matthew; sie erschien erstmals Anfang unseres Jahrhunderts in einer Broschüre des American Museum of

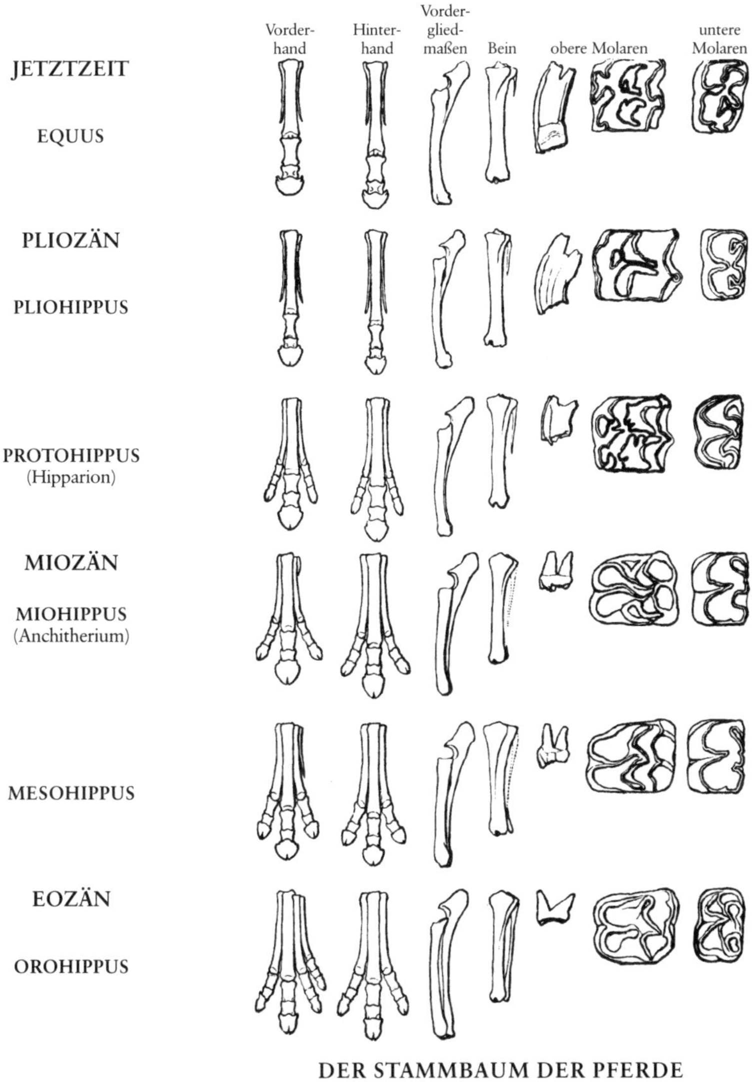

Abbildung 8: Ein berühmtes Diagramm zur Evolution der Pferde; die Zeichnung fertigte O. C. Marsh für T. H. Huxleys Vortrag in New York an. Man beachte, wie alle Eigenschaften sich entlang gerader Linien entwickeln.

Natural History, war in meiner Jugend in den fünfziger Jahren noch im Laden des Museums zu haben und wurde unzählige Male nachgedruckt. (Sie tauchte zum Beispiel in dem Lehrbuch auf, mit dem John Scopes den Schulkindern in Dayton, Tennessee, die Evolution beibrachte, und damit wurde sie zu einem Anlaß für W. J. Brians Ausfälle in Scopes' berühmtem »Affenprozeß« – »niemals haben Menschen eine abstoßendere Lehre vertreten«.) In dieser Version sind die Fossilien in stratigraphischer Reihenfolge neben einem geologischen Aufriß angeordnet und zeigen alle Trends von Größe, Zehen und Zähnen (Abbildung 9).

In einem berechtigten, aber eingeschränkten Sinn sind diese Trends echt. Die ersten Pferde, in der Fachsprache *Hyracotherium* genannt (obgleich ich den informellen, wenn auch taxonomisch unrichtigen Namen *Eohippus* oder »Morgenrötepferd« lieber mag), waren klein und hatten vorn drei, hinten aber vier Zehen sowie Zähne mit niedriger Krone. Die übliche Geschichte über die Vorteile dieser Trends – auch sie vermutlich richtig – weist auf den Wechsel der Lebensräume hin: zuerst Wälder, in denen viele Zehen besser auf dem weichen Boden stehen und flache Zähne die Blätter abfressen können, später dagegen grasbewachsene Ebenen, wo Hufe auf dem harten Boden überlegen sind und hohe Zähne die harten Halme mit ihrem beträchtlichen Siliciumgehalt besser abgrasen können. Die Gräser entwickelten sich erst, als die Evolution der Pferde bereits im Gang war, und förderten so den Trend, weil sie einen völlig neuen Lebensraum eröffneten. Im streng schematischen Sinn treffen wir also eine richtige Feststellung über die Stammesgeschichte, wenn wir den Punkt für *Hyracotherium* mit dem für das heutige *Equus* verbinden (die einzige lebende Pferdegattung mit acht Arten: drei Zebras, vier Esel und der alte Klepper *Equus caballus*, der heute als einziger die eigentlichen Pferde repräsentiert).

So weit, so gut – aber (wie ich zeigen werde) auch so beschränkt und so irreführend. Die Abstammungslinie von *Hyracotherium* zu *Equus* stellt nur einen Weg durch einen komplizierten Evolutionsbusch dar, der während der letzten 55 Millionen Jahre auf bemerkenswert komplizierte Weise wuchs und schrumpfte. Man kann diesen speziellen Weg nicht als Abstraktion des Busches deuten; und auch nicht als Zusam-

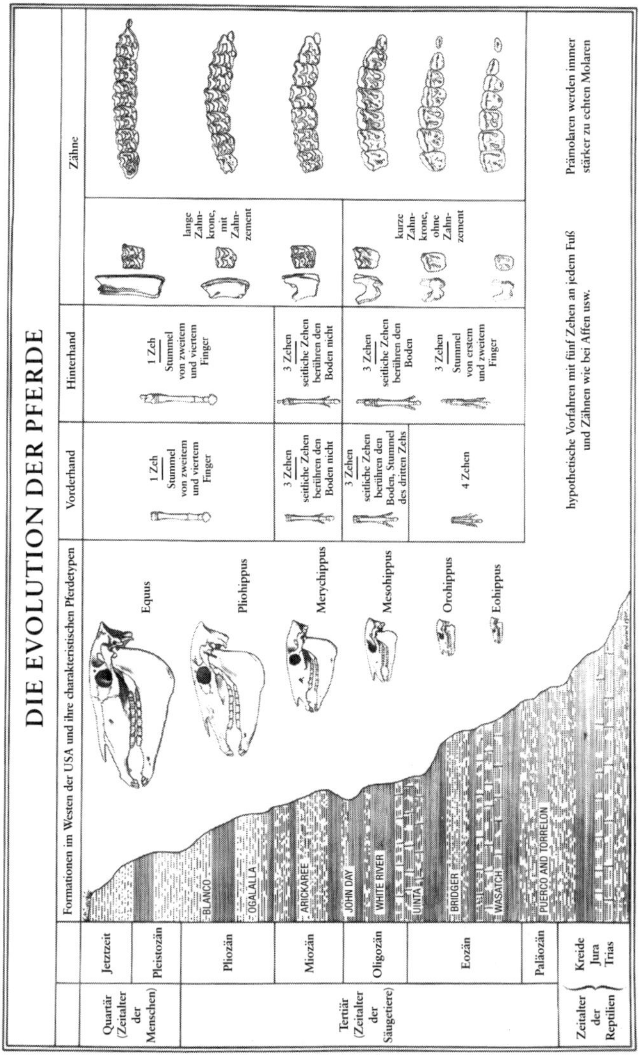

Abbildung 9: W. D. Matthews Darstellung der geradlinigen, fortschreitenden Evolution der Pferde; die Stadien sind in der Reihenfolge der Gesteinsschichten eingezeichnet und zeigen zunehmende Körpergröße, abnehmende Zehenzahl und die wachsende Höhe der Zähne.

menfassung einer längeren Geschichte; und auch in keinem legitimen Sinn als zentrale Tendenz in der Evolution der Pferde. Wir haben diesen kleinen Ausschnitt des Ganzen nur aus einem einzigen Grund gewählt: *Equus* ist die einzige lebende Pferdegattung und damit das einzige *heutige* Tier, das als Endpunkt einer Entwicklungsreihe herhalten kann. Wenn man entschlossen ist, die Evolution jeder lebenden systematischen Gruppe als einen einzigen Weg von einem Ausgangspunkt zu einem Höhepunkt heutigen Glanzes darzustellen, muß man die Geschichte wahrscheinlich auf diese herkömmliche Weise erzählen. Aber wenn wir umfassendere Evolutionsmodelle betrachten wollen, müssen wir solche Bilder in Frage stellen.

Damit sind wir bei meinem Lieblingsthema: Leitern kontra Büsche oder – im Kontext dieses Buches – einzelne, aufgrund eines Vorurteils ausgewählte Wege kontra ganze Systeme (volle Häuser) und ihre gesamte Variationsbreite. Was die Bibel über die Weisheit sagt, können wir auch über die richtige bildliche Darstellung der Evolution feststellen: »Sie ist ein Lebensbaum für diejenigen, die ihrer teilhaftig werden.« In der Evolution geht kaum einmal eine Population einfach von einem Stadium in das nächste über. Ein solcher Entwicklungsverlauf, mit dem Fachausdruck *Anagenese* genannt, würde eine Leiter, eine Kette oder ein ähnliches Bild der linearen Abfolge als Symbol der Veränderung zulassen. In Wirklichkeit ist die Evolution aber eine verwickelte, komplizierte Folge von Aufspaltungsvorgängen (die in der Fachsprache *Kladogenese* oder Verzweigung heißen). Ein Trend ist nicht das Beschreiten eines Weges, sondern eine komplexe Reihe von Übergängen oder seitlichen Schritten, die von einem Artbildungsereignis zum nächsten führen. Zu dem Evolutionsbusch der Pferde gehören viele Astenden, und alle führen über ein Labyrinth von Verzweigungen zurück zu *Hyracotherium*. Kein Weg zu *Hyracotherium* ist gerade, und keinen der zahlreichen gewundenen Pfade kann man als besonders zentral bezeichnen (siehe Abbildung 10). Wenn wir der üblichen bildlichen Darstellung folgen und den Weg von *Hyracotherium* zu *Equus* als gerade Linie darstellen, fahren wir mit der Dampfwalze über ein Gelände von faszinierender Komplexität.

Warum also nehmen wir eine solche Verzerrung vor, und warum sind die Pferde zum Standardbeispiel für einen Evolutions»trend« geworden? An diesem Punkt der Diskussion treffen wir auf die Ironie, die ich »kleinen Scherz des Lebens« genannt habe (siehe Gould, 1987). Wir wählen die Pferde, weil ihre heute lebenden Arten der Endpunkt einer so *erfolglosen* Abstammungslinie sind. Die Lage ist sogar noch »schlimmer« und läßt sich völlig verallgemeinern: Unser Vorurteil gegen die Betrachtung der Variationsbreite ganzer Systeme und der Versuch, Trends statt des-

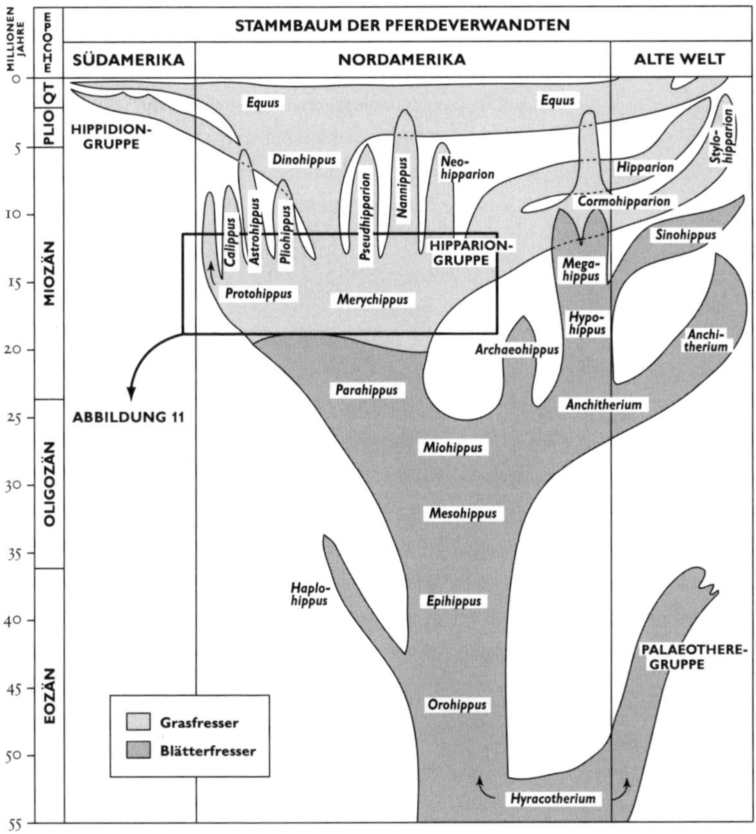

Abbildung 10: Ein komplizierterer, verzweigter Evolutionsstammbaum der Pferde, gezeichnet 1988 von Bruce MacFadden.

sen als »etwas, das sich irgendwohin bewegt«, darzustellen, bieten praktisch die Garantie dafür, daß in allen unseren Standardbeispielen für entwicklungsgeschichtlichen Wandel und »Fortschritt« gescheiterte Gruppen vorkommen, bei denen von der früheren Buschform nur noch ein einziger Zweig – der *kleine* Scherz des Lebens – als Überrest früherer Größe verblieben ist.

Welches sind in der Evolution der Säugetiere die wirklichen Erfolgsgeschichten? Diese Frage können wir, zumindest was die Artenzahl und die energische Ausbreitung angeht, eindeutig beantworten: Ratten, Fledermäuse und Antilopen (oder, formaler gesagt, die Ordnungen Rodentia und Chiroptera sowie die Familie Bovidae aus der Ordnung Artiodactyla). Diese drei Gruppen beherrschen die Welt der Säugetiere, sowohl in der Zahl als auch in der ökologischen Verbreitung. Aber hat man jemals eine bildliche Darstellung ihres Erfolges gesehen?

Wir stellen diese Gruppen nicht dar, weil wir nicht wissen, wie wir ihren Siegeszug zeichnen sollen. Evolution ist für uns eine lineare Abfolge von Lebewesen, die immer größer, immer raffinierter oder zumindest immer besser an ihre Umwelt angepaßt sind. Wenn eine Gruppe wirklich erfolgreich ist, so daß ihr Baum viele Äste hat, können wir keinen bevorzugten Weg ausmachen – und deshalb haben wir keine Konvention, wie wir ihre Evolution darstellen oder auch nur (wirklich) begreifen sollen. Wurde ein Evolutionsbusch dagegen durch das Aussterben so zurechtgestutzt, daß nur eine einzige Abstammungslinie überlebt – ein Zweig einer früher üppigen Krone, ein winziger Rest der früheren Fülle –, können wir uns selbst hinters Licht führen und in diesem kleinen Überrest einen einzigartigen Höhepunkt sehen. Entweder vergessen wir, daß es andere Wege zu ausgestorbenen Abstammungslinien gab, oder wir tun sie als »Sackgassen« ab, als unbedeutende Seitenäste eines angeblichen Hauptstammes. Dann kommen wir mit unserer begrifflichen Dampfwalze und planieren den kleinen Pfad vom überlebenden Zweig zum Stamm der Vorfahren – und am Ende rühmen wir mit der positiven Einstellung des perfekten Evolutionstrendsetters den Fortschritt der Pferde.

Viele klassische Evolutions»trends« sind Geschichten über solche erfolglosen Gruppen – Bäume wurden auf einen einzelnen Zweig zurückgestutzt, in dem man dann nicht den letzten Rest früherer Durchsetzungsfähigkeit, sondern einen Höhepunkt sah. Die Ironie in diesem kleinen Scherz des Lebens begreifen wir nicht, solange wir nicht die Vorrangstellung der Variation in vollständigen Systemen erkennen, aus der man Abstraktionen oder Einzelfälle nur ableitet, damit sie die vielfältige Gesamtheit repräsentieren. Der ganze Evolutionsbusch der Pferde ist ein vollständiges System; die mit der Dampfwalze planierte »Linie« von *Hyracotherium* zu *Equus* ist einer von vielen gewundenen Pfaden, der nichts Besonderes für sich beanspruchen kann außer dem Zufall einer gerade eben noch fortdauernden Existenz.

Solche begrifflichen Fehler haben die Interpretation der Pferdeentwicklung und die allgemeinen Erkenntnisse über die Evolution, die sie angeblich vermittelt, von Anfang an belastet. Huxley selbst benutzte in der gedruckten Version seiner Kapitulation vor Marshs amerikanischer Deutung der Pferdegeschichte die angebliche Entwicklungsleiter der Pferde als Modell für alle Wirbeltiere. So verunglimpfte er zum Beispiel die Teleostei (das sind die modernen Knochenfische) als Sackgasse ohne Nachkommen (1880a, Seite 661): »Sie scheinen mir abseits von der Hauptlinie der Evolution zu sein – offenbar stellen sie Seitenäste dar, die von bestimmten Punkten dieser Linie abzweigen.« Dabei sind die Teleostei die erfolgreichste Wirbeltiergruppe überhaupt: Zu ihnen gehören fast 50 Prozent aller Wirbeltierarten. Sie bevölkern die Meere, Seen und Flüsse der Welt und umfassen fast hundertmal so viele Arten wie die Primaten (und etwa fünfmal so viele wie alle Säugetiere zusammen). Wie kann man sagen, sie seien »von der Hauptlinie entfernt«, nur weil wir unseren eigenen Entwicklungsweg etwa 300 Millionen Jahre weit bis zu einem gemeinsamen Vorfahren mit ihnen zurückverfolgen können?

Der gleiche Irrtum unterlief auch W.D. Matthew, dem Urheber des berühmtesten Bildes für die Entwicklungsleiter der Pferde (Abbildung 9): Er bezeichnete einen Weg als Hauptlinie und mußte deshalb notgedrungen alle anderen als Abzweigungen mit geringerem Wert deuten. Matthew (1926, Seite 164) nannte seine Leiter »die unmittelbare Linie der Nachfolge« und fügte hinzu: »Es gibt auch eine Reihe mehr oder weniger eng verwandter Seitenäste.« Aber dann fügte Matthew seinem früheren Vorwurf der schlichten Nebensächlichkeit fast ein Etikett des Unanständigen hinzu: Er beschrieb (1926, Seite 167) »eine Reihe von Seitenästen, die … zu abweichenden und heute ausgestorbenen Sonderformen der Pferde führten«. Aber in welcher Hinsicht sind diese ausgestorbenen Abstammungslinien etwas stärker Abweichendes als die heutigen Pferde oder etwas irgendwie Besonderes? Der einzige Beweggrund, sie als abweichend zu bezeichnen, ist ihr stammesgeschichtlicher Tod, aber von allen Arten, die jemals gelebt haben, sind ohnehin über 99 Prozent ausgestorben – und das Verschwinden ist nicht die biologische Entsprechung zum Pranger.

Bisher habe ich das Beispiel der Pferde nur angeführt, um allgemein den Gegensatz von Buschform und Linie deutlich zu machen. Daß es den üblicherweise dargestellten Weg mit seinem Trend in Größe, Zahnform und Zehenzahl tatsächlich gibt, leugne ich nicht, aber ich möchte zeigen, was für ein verzerrtes – und auch veraltetes – Bild dieser kleine Ausschnitt vermittelt, wenn wir *Hyracotherium* → *Equus* als das Wesentliche an der Geschichte der Pferde betrachten und die Vielfalt ignorieren, die unzählige andere Wege im vollen Haus dieses Evolutionsbusches hervorgebracht haben. Wie wichtig die umgekehrte Sichtweise ist, die sich aus der Betrachtung der wechselnden Variationsbreite ergibt – die Pferde als im Niedergang begriffene Abstammungslinie in einer scheiternden größeren Gruppe –, wird an drei Gruppen von Einzelheiten deutlich:

1. Der Evolutionsbusch der Pferde ist überall üppig verzweigt; in keinem Abschnitt kann man ihre Vergangenheit so deuten, als handele es sich um eine breite Hauptlinie mit mickrigen Seitenästen. Bruce MacFadden vom Florida Museum of Natural History, heute der führende Fachmann für die Stammesgeschichte der Pferde, veröffentlichte kürzlich ein vereinfachtes Bild ihres Evolutionsbusches (hier als Abbildung 10 wiedergegeben). Betrachten wir einmal die letzten 20 Millionen Jahre zwischen dem entscheidenden Übergang vom Blätter- zum Grasfressen und der Gegenwart. Wir bemerken nur eine üppig verzweigte Buschform, und nichts in dieser Vielfalt könnte man als zentralen Impuls interpretieren. MacFadden konnte in diesem Gesamtschema nicht einmal

ansatzweise alle komplizierten Verzweigungen darstellen; deshalb vergrößerte er einen entscheidenden Teil (in Abbildung 10 durch ein Rechteck gekennzeichnet) und stellte diesen Zeitraum von etwa sieben Millionen Jahren nochmals getrennt dar (hier als Abbildung 11). Allein in Nordamerika entstanden in der Zeit vor 15 bis 18 Millionen Jahren durch Verzweigungen mindestens 19 verschiedene Arten. Vor 15 Millionen Jahren lebten in Nordamerika 16 grasfressende Arten nebeneinander (und außerdem gab es in Amerika und der Alten Welt noch mehrere ältere Abstammungslinien blätterfressender Pferde). Diese Vielfalt veränderte sich in den folgenden sieben Millionen Jahren kaum, »denn Aussterben und Artbildung hielten sich die Waage, so daß sich für die Artenzahl ein Fließgleichgewicht einstellte« (MacFadden, 1986, Seite 2).

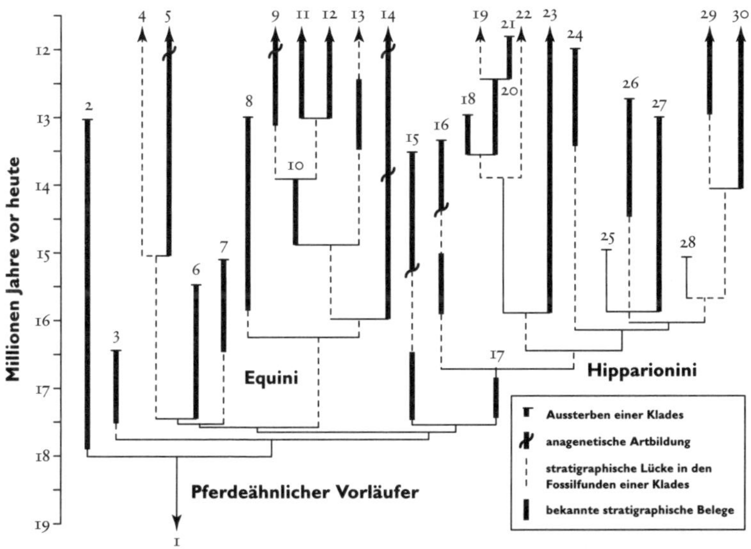

Abbildung 11: In der Evolution der Pferde gab es im mittleren Miozän so viele Verzweigungen, daß MacFadden in Abbildung 10 nicht alle Abstammungslinien einzeln einzeichnen konnte. Diese Abbildung ist eine vergrößerte Darstellung des rechteckigen Ausschnitts in Abbildung 10. In diesem relativ kurzen Zeitabschnitt gab es sehr viele Verzweigungen.

Danach ging die Vielfalt in Nordamerika rapide zurück, und schließlich starb der ganze Busch der Pferde in der Neuen Welt aus. (Man denke nur daran, wie entsetzt die Azteken über Cortez' Pferde waren; sie hatten diese Tiere, die ursprünglich von ihrem Kontinent stammten und dann ausgestorben waren, nie gesehen. Eurasien war für das Überleben der Pferde ein Außenposten und kein Ausgangspunkt eines sich ausweitenden Trends.)

An dieser kurz gefaßten Geschichte über das letzte Drittel der Pferdeentwicklung fällt zweierlei auf. Erstens erkennt man Anzeichen für Verzweigungen, Verzweigungen und nochmals Verzweigungen. Wo will man in diesem Dickicht einen Hauptstamm ausmachen? Der Busch hat viele Zweigspitzen, die aber mit einer Ausnahme, der Gattung *Equus*, alle ausgestorben sind. Jede Spitze kann man über gewundene Wege bis zu einem letzten gemeinsamen Vorfahren zurückverfolgen, aber kein Weg verläuft gerade, und alle führen über seitliche Schritte von einem Artbildungsereignis zum nächsten in die Vergangenheit, nicht über eine Abstammungsleiter der kontinuierlichen Veränderung. Wer nun zu argumentieren wagt, man solle den Weg zum heutigen *Equus* als Hauptlinie ansehen, weil diese Gattung heute noch lebt und sich (nicht über den Transport durch Menschen, sondern aus eigener Kraft) über alle großen Kontinente verbreitete, dem erwidere ich: *Equus* starb in den meisten seiner Verbreitungsgebiete aus, so auch in seiner nordamerikanischen Heimat, und alle heutigen Arten stammen von den Überresten aus der Alten Welt ab. Und zweitens muß nach meiner Überzeugung jeder unvoreingenommene Beobachter den Niedergang als wichtigstes Merkmal der Pferdeevolution in den letzten zehn Millionen Jahren erkennen, also genau in der Periode, in der es nach den Behauptungen des herkömmlichen Leitermodells zur Vervollkommnung und zu einem eindeutigen Trend in Richtung eines Zehs mit einem einzigen Huf und der zu kleinen Fortsätzen reduzierten anderen Zehen kam. Allein in Nordamerika lebten in der Zeit vor 15 bis acht Millionen Jahren durchschnittlich 16 Arten gleichzeitig – bis sie, um Agatha Christies berühmtes Bild zu zitieren, eine nach der anderen starben –, und dann gab es keine einzige mehr.

In einem Nachhutgefecht zur Verteidigung der Leiter könnte man nun erwidern, ich hätte nur das letzte (und zugegebenermaßen buschförmige) Drittel der Pferdeevolution erörtert. Wie aber steht es mit den ersten 40 Millionen Jahren, die sogar in MacFaddens baumförmigem Diagramm (Abbildung 10) einigermaßen linear aussehen? Diese frühere Periode war für die Anhänger der linearen Form der wichtigste Bereich. Sogar G. G. Simpson, der 1951 in seinem hervorragenden Buch *Horses* als erster an etwas Buschförmiges dachte und das erste berühmte Schema für die Stammesgeschichte der Pferde zeichnete (einen weniger buschigen Vorläufer der hier wiedergegebenen Zeichnung von MacFadden), sprach sich im Zusammenhang mit dieser früheren Phase für eine grundsätzlich lineare Abfolge aus. Er schrieb (1951, Seite 215): »Die Linie von *Eohippus* (*Hyracotherium*) zu *Hyohippus* ist ein Beispiel für eine recht kontinuierliche Stammesgeschichte.« Besonderen Wert legte Simpson auf den angeblich allmählichen, bruchlosen Übergang von *Mesohippus* zu *Miohippus* knapp unter dem oberen Ende dieser Abfolge (alle Namen und Zeitpunkte finden sich in Abbildung 10):

> Die fortschrittlicheren Pferde des mittleren Oligozän ... werden herkömmlicherweise in eine eigene Gattung namens *Miohippus* eingeordnet. In Wirklichkeit aber gehen *Mesohippus* und *Miohippus* so allmählich ineinander über und ihre Unterschiede sind so geringfügig und veränderlich, daß es selbst für Fachleute schwierig oder sogar unmöglich ist, sie eindeutig zu unterscheiden.

Mit Hilfe der Fossilfunde, deren Zahl seit Simpsons Zeit gewaltig gewachsen ist, konnten die Paläontologen Don Prothero und Neil Shubin (1989) seine Ansicht widerlegen und eine üppige Buschform auch für diese letzte Bastion der Leitertheorie nachweisen, wie es die Theorie des unterbrochenen Gleichgewichts vorausgesagt hatte (siehe Eldredge und Gould, 1972; Gould und Eldredge, 1993). Prothero und Shubin entdeckten vier wichtige Dinge in diesem frühen Abschnitt der Pferdeentwicklung, den Simpson als stärkstes Argument für eine allmähliche Abfolge – den Übergang von *Mesohippus* zu *Miohippus* – angeführt hatte.

Erstens lassen sich die beiden Gattungen an den Merkmalen der früher noch nicht bekannten Fußknochen eindeutig unterscheiden. *Mesohippus* geht nicht unmerklich in *Miohippus* über. (Die älteren Behauptungen gründeten sich auf die Zähne, den meist am besten erhaltenen Teil des Säugetierskeletts. An diesem Merkmal – dem wichtigsten Kriterium, das Simpson zur Verfügung stand – lassen sich die beiden Gattungen tatsächlich nicht unterscheiden.)

Zweitens entwickelte sich *Mesohippus* nicht durch einen unmerklich fein abgestuften Übergang zu *Miohippus*, sondern *Miohippus* ging durch Verzweigung aus einem Bestand von *Mesohippus* hervor, der auch danach noch lange weiterbestand. Zeitlich überschneiden sich die beiden Gattungen um mindestens vier Millionen Jahre.

Drittens ist jede der beiden Gattungen wiederum keine Leitersprosse, sondern ein Busch mit mehreren verwandten Arten, die oft zur gleichen Zeit in den gleichen Gebieten lebten und untereinander in Wechselbeziehung traten. Eine Reihe geologischer Schichten in Wyoming enthielt beispielsweise drei *Mesohippus*- und zwei *Miohippus*-Arten, die alle zur gleichen Zeit lebten.

Viertens treten die Arten in diesen Büschen nach geologischen Maßstäben in der Regel sehr plötzlich auf, um dann mit geringfügigen Abwandlungen lange Zeit erhalten zu bleiben. Entwicklungsgeschichtliche Veränderungen ereignen sich an den Abzweigungspunkten, und Trends sind kein kontinuierliches Besteigen einer Leiter, sondern eine Verkettung von Verstärkungen, die an den Aufspaltungsknoten der Evolutionsbüsche eintreten. Prothero und Shubin schreiben:

> Das widerspricht dem allgemein verbreiteten Mythos, wonach die Pferdearten allmählich variierende Teile eines Kontinuums sind, ohne daß es zwischen den Arten echte Abgrenzungen gäbe. Die Arten sind jedoch in der gesamten Geschichte der Pferde gut gekennzeichnet und bleiben über Jahrmillionen hinweg unveränderlich. Bei genauem Hinsehen wird aus dem gradualistischen Bild der Pferdeevolution ein komplizierter Busch mit sich überschneidenden, eng verwandten Arten.

Mit anderen Worten: Die Buschform zieht sich jetzt durch die gesamte Stammesgeschichte der Pferde.

2. Plausible Alternativen für die Entwicklungsgeschichte hätten ein ganz anderes, nicht annähernd so reizvolles Bild ergeben. Wenn man Büsche an die Stelle der Leitern setzt, stellt man die herkömmliche Sichtweise, wonach der Übergang zu weniger Zehen, einem größeren Körper und höheren Zahnkronen im Gleichschritt erfolgt, sicherlich in Frage, aber

widerlegt ist sie damit nicht unbedingt. Immerhin blieben ältere Zweige des Busches nicht zwangsläufig lange erhalten, und wenn sie frühzeitig wieder verschwanden, hinterließen sie keine Überreste, die einen Trend durch weitere Variation hätten stören können. Wenn alle frühen Zweige absterben, während die späteren »fortschrittliche« Merkmale tragen, wird der Baum insgesamt »modernisiert« – und dann kann man zu Recht von einem durchgängigen Trend sprechen. Wenn alle kleinen Pferde frühzeitig ausstarben und wenn keine dreizehigen Arten bis zur Vorherrschaft des modernen *Equus* überlebt haben, können wir mit gutem Grund einen allgemeinen Trend zu Größenzunahme und Einzelhufen feststellen – und dann ließe sich die alte, einfache Reihe von *Hyracotherium* zu *Equus* als geeignete Zusammenfasssung einer echten gerichteten Entwicklung verteidigen (die allerdings immer noch angreifbar wäre, weil sie das ebenso wichtige Prinzip der zu- und abnehmenden Artenvielfalt übersieht). In einer solchen Welt würden die von mir erhobenen Einwände haarspalterisch und trivial erscheinen. Wir könnten dann zwar immer noch darauf hinweisen, daß viele Wege durch den Busch verlaufen und daß die Entwicklung von *Hyracotherium* zu *Equus* nur einen davon darstellt, aber wenn alle Entwicklungswege die gleiche Abfolge hin zu mehr Größe und weniger Zehen durchmachen, zeigt jede einen echten Trend, und dann sollte man nicht allzu kritisch sein, wenn man aus Gewohnheit einen Fall gegenüber allen anderen bevorzugt.

Aber auch diese letzte Verteidigungslinie zugunsten des Fortschritts der Pferde läßt sich nicht aufrechterhalten. Die üblicherweise genannten Trends sind durchaus nicht umfassend (auch wenn ihre Häufigkeit – allerdings unregelmäßig – auf dem Weg durch den Busch ansteigt). Mehrere späte Abstammungslinien laufen den wichtigsten Trends zuwider, und ein anderes Endergebnis der Pferdeentwicklung – das in unserer Welt der Zufälligkeiten (siehe Gould, 1989) völlig plausibel wäre – hätte zu einer ganz und gar anderen Geschichte geführt.

Betrachten wir nur eine fesselnde Möglichkeit. Um die allgemeine Ansicht zu überprüfen, wonach die Größe der Pferde unaufhaltsam zunimmt, untersuchte MacFadden (1986) alle Paare von Vorfahren und Nachkommen, die er im Evolutionsbusch der Pferde mit Sicherheit nachweisen konnte. Unter 24 solchen Paaren fand er fünf, also mehr als 20 Prozent, die in Wirklichkeit eine Größen*abnahme* zeigten. Zwergformen sind ein häufiges, immer wieder auftretendes Phänomen, das sich in der gesamten Geschichte der Pferde vielfach wiederholt. Selbst *Hyracotherium*, die erste Gattung, machte in seiner Entwicklungsgeschichte Phasen der Größenabnahme durch (siehe Gingerich 1981).

Der jüngste und stärkste Trend zur Verkleinerung trat bei einer nordamerikanischen Gattung auf, die auf den zutreffenden Namen *Nannihippus* (»Zwergpferd«) getauft wurde. Über diese bemerkenswerte Gattung schreibt Simpson (1951, Seite 140): »Einige späte Fundstücke waren Kleinformen, nicht größer als ein Shetlandpony und erheblich schmächtiger. Diese zierlichen Geschöpfe hatten lange, dünne Beine und Füße, und in ihrer Gesamterscheinung ähnelten sie eher einer Gazelle als einem gewöhnlichen Pferd.«

Nehmen wir nun einmal an, *Nannihippus* hätte als einziger Vertreter der Equidae überlebt, und *Equus* wäre ausgestorben oder nie entstanden. Wie würden wir dann die Geschichte der Pferde erzählen, wenn wir wie üblich mit der Dampfwalze auf einem einzigen Weg durch den Busch fahren und die so entstehende Linie als die wichtigste bezeichnen? Ich höre schon die »Foul!«-Rufe. Man wird einwenden, *Nannihippus* sei ein netter kleiner Nebenast und *Equus* die kraftvolle Hauptlinie, also müsse ich wohl verbal mit einer Geschichte spielen, die sich nie ereignen konnte. Aber so ist es nicht; meine Geschichte ist durchaus plausibel, auch wenn sie sich nicht verwirklicht hat. *Nannihippus* zeigt eine beträchtliche geographische Verbreitung und erdgeschichtliche Dauerhaftigkeit. Die Gattung lebte in den heutigen Vereinigten Staaten und in Mittelamerika, entstand vor über zehn Millionen Jahren und hätte um Haaresbreite überlebt: Sie starb erst vor zwei Millionen Jahren aus (MacFadden und Waldrop, 1980). Es wurden vier Arten beschrieben (MacFadden, 1984), und ihre Lebensdauer von acht Millionen Jahren übertrifft die von *Equus* ganz erheblich (siehe Abbildung 11). Wer nun sagt, *Equus* habe bessere Chancen gehabt, weil diese moderne Gattung sich aus ihrer amerikanischen Heimat nach Eurasien und Afrika ausbreitete, während *Nannihippus* nie die Alte Welt besiedelte, dem erwidere ich: *Equus* starb in seiner Ursprungshemisphäre völlig aus und überlebte demnach ebenfalls nur um Haaresbreite. Angenommen, *Nannihippus* wäre gewandert, und *Equus* wäre zu Hause geblieben?

Was würde von unserer hochtrabenden Pferdegeschichte übrigbleiben, wenn *Nannihippus* überlebt hätte und *Equus* ausgestorben wäre? Dann könnten wir keinen Trend zur Größenzunahme mehr an die große Glocke hängen, denn *Nannihippus*, obwohl ein Nachkomme größerer Vorfahren, ist nicht viel größer als das ursprüngliche *Hyracotherium*. Auch von der Verminderung der Zehenzahl könnten wir kein großes Aufhebens machen, denn *Nannihippus* besaß an jedem Fuß immer noch drei davon (die seitlichen Zehen waren allerdings zurückgebildet), während *Hyracotherium* vier Zehen an den Vorder- und drei an den Hinterbeinen hatte (und nicht fünf an jedem Bein, wie man häufig fälschlicherweise annimmt). Eigentlich bliebe dann nur der Trend zu höheren Zahnkronen übrig – und daran könnten wir uns tatsächlich weiden, denn *Nannihippus* kaute relativ zur Körpergröße mit den höchsten Zähnen aller Pferde einschließlich *Equus*. Aber die Höhe der Zähne gab für Museen und Lehrbuchdiagramme nie besonders viel her, und die übliche Geschichte gründet sich auf die Reduktion der Zehen sowie auf die zunehmende Körpergröße. Kurz: Wenn *Nannihippus* überlebt hätte und *Equus* ausgestorben wäre, könnten wir überhaupt keine großartige Geschichte über Pferde erzählen. Dann wäre der Evolutionsbusch der Pferde nur einer von vielen anonymen Teilen der Säugetierentwicklung, der bei Fachleuten bekannt ist und kein öffentliches Aufsehen erregt. Und doch wäre nichts daran anders, außer daß am Ende einer reichhaltigen Vergangenheit ein kleiner Zweig anstelle eines anderen stünde.

3. Die heutigen Pferde sind im Vergleich zu den Pferden der Vergangenheit nicht nur dezimiert, sondern alle wichtigen Abstammungslinien der Unpaarhufer (das ist die größere Gruppe der Säugetiere, zu der auch die Pferde gehören) sind erbärmliche Überbleibsel früherer, üppigerer Erfolge. Mit anderen Worten: Die heutigen Pferde sind Versager unter Versagern – also so ungefähr das schlechteste Beispiel für den Evolutionsfortschritt, was immer ein solcher Begriff bedeuten mag.

Bei den Säugetieren unterscheidet man etwa 20 große Gruppen, die man Ordnungen nennt. Die Pferde gehören zur Ordnung der Unpaarhufer oder Perissodactyla – das sind große, pflanzenfressende Tiere mit einer ungeraden Zahl von Zehen an jedem Fuß. (Die andere große Ordnung der Huftiere, die Paarhufer oder Artiodactyla, umfaßt Arten mit gerader Zehenzahl. Beide Ordnungen sind echte Evolutionseinheiten, die sich auf einen gemeinsamen Vorfahren zurückführen lassen, und keine künstlichen Konstruktionen, die man nur durch das Abzählen der Zehen geschaffen hätte.) Die Unpaarhufer sind eine kleine, dezimierte Ordnung mit nur drei heute noch lebenden Gruppen und insgesamt 17 Arten: den Pferden (acht Arten), Nashörnern (fünf Arten) und Tapiren (vier Arten).

Wer nun heißblütig darauf beharrt, man solle doch diese Gruppe nicht wegen ihrer geringen heutigen Artenvielfalt verächtlich machen, wo uns die drei noch lebenden Untergruppen doch so sehr faszinieren, dem empfehle ich einen genaueren Blick in die Erdgeschichte und die berühmte Klage Davids über Saul und Jonathan: »Wie sind die Helden gefallen im Streit!« Früher waren die Unpaarhufer die Helden des Säugetierlebens, und heute freuen wir uns über ein paar vereinzelte Nachzügler in unseren Zoos, weil sie uns faszinieren und weil eine Art in der Geschichte der Menschen so große Bedeutung erlangt hat.

Die Nashornartigen waren früher eine der zahlreichsten und vielgestaltigsten Säugetiergruppen. Zu ihrem umfangreichen Formenspektrum gehörten kleine, schlanke Lauftiere, die nicht größer als ein Hund waren (die Hyracodontiden), rundliche Flußbewohner, die wie Nilpferde aussahen (die Teleoceratinen), eine ganze Palette von Zwergformen und die größten Landsäugetiere, die jemals gelebt haben – die riesigen Indricotherien einschließlich des Weltmeisters aller Zeiten, *Paraceratherium* (oft auch *Baluchitherium* genannt), das eine Widerristhöhe von sechs Metern hatte und in den Baumwipfeln graste (siehe Prothero, Manning und Hanson, 1986; Prothero und Schoch, 1989; Prothero, Guerin und Manning, 1989). Die fünf heutigen Arten – alle untereinander sehr ähnlich, alle in der Alten Welt zu Hause und alle vom Aussterben bedroht – sind ein trauriges Überbleibsel früherer Pracht. Das gleiche könnte man auch über die Pferde sagen, deren Artenzahl in der Alten Welt von 16 auf 0 zurückging, und ebenso über die Tapire, deren heutige Heimat in Asien und Südamerika nur ein Rest ihrer früher weltweiten Verbreitungsgebiete ist.

Außerdem umfassen die drei heutigen Abstammungslinien der Unpaarhufer nur einen Bruchteil der früheren Artenvielfalt: Mehrere Gruppen sind völlig verschwunden, darunter als auffälligste die großen, gehörnten Titanotheren des frühen Tertiär, und die Chalicotheren mit ihren kräftigen Grabfüßen.

Dem ständigen Niedergang der Unpaarhufer entspricht auf der anderen Seite ein Aufstieg der Paarhufer zur beherrschenden Gruppe; sie waren früher nur eine kleine Gruppe, die im Schatten der Unpaarhufer stand, aber heute ist sie die bei weitem umfangreichste Kategorie großer Säugetiere. Die Unpaarhufer haben nur in Form dreier winziger Zweige überlebt. Die Paarhufer dagegen sind die Könige der großen Körperformen – Rinder, Schafe und Ziegen, Hirsche, Antilopen, Schweine, Kamele, Giraffen. Muß ich noch mehr sagen? Pferde sind der Überrest eines Überrests, und doch liefert ihre Geschichte uns das falsche Bild des Fortschritts – ein kleiner Scherz des Lebens. Die Antilopen sind die munterste Familie in einer sich erweiternden, beherrschenden Gruppe – aber hat man jemals eine Schemazeichung des erstaunlichen Erfolges dieser Tiere gesehen? Antilopen sind in unseren Museen und Lehrbüchern ein Beispiel für gar nichts.

Ich schlage deshalb vor, die Geschichte jeder Einheit (einer Gruppe, einer Institution, einer entwicklungsgeschichtlichen Abstammungslinie) anhand der Veränderungen in der Variationsbreite aller Bestandteile zurückzuverfolgen – also anhand des vollen Hauses ihrer Gesamtheit – und sie nicht in einer falschen Kurzform als ein einziges Gebilde darzustellen (und auch nicht als Abstraktion wie den Mittelwert oder ein angeblich typisches Beispiel), das sich entlang eines linearen Weges bewegt. Als letzte Anmerkung zu dem kleinen Scherz des Lebens möchte ich den Leser daran erinnern, daß eine andere auffällige (oder zumindest engstirnig bevorzugte) Abstammungslinie auf eine ebenso lange, umfangreiche Geschichte der herkömmlichen Darstellung als Fortschrittsleiter zurückblicken kann – obwohl sie heute ebenfalls nur in Form einer einzigen überlebenden Art aus einem früher üppigen Busch existiert. Sehen Sie in den Spiegel, und erliegen Sie nicht der Versuchung, vorübergehende Vorherrschaft mit innerer Überlegenheit oder der Aussicht auf längerfristiges Überleben gleichzusetzen.

Teil 3 Der vorbildliche Batter: Das Aussterben des Trefferdurchschnitts 0,400 und die Verbesserung im Baseball

6. Kapitel | Das Problem

Zwei Ereignisse ragen zu meinen Lebzeiten unter allen anderen als Meilensteine des Schlagens im Baseball heraus: Joe DiMaggios Strähne von 56 Treffern (siehe Seite 51) und Ted Williams' Saison-Trefferdurchschnitt von 0,406. Leider verpaßte ich sie beide, weil ich 1941, in der Saison, als sie sich beide ereigneten, zu sehr damit beschäftigt war, im Bauch meiner Mutter heranzuwachsen. Joe McCarthy, der Manager der Boston Red Socks, hatte angeboten, Williams am letzten Spieltag der Saison, im bedeutungslosen Double Header, auf der Bank zu lassen (die Yankees hatten sich den Meistertitel schon lange zuvor gesichert). Williams' Durchschnitt stand bei 3,995, und er wollte eine glatte 0,400 daraus machen. Das hatte seit zehn Jahren niemand mehr geschafft, seit 1930, als Bill Terry, der erste Baseman der New York Giants, die 0,401 erreichte. Ted brachte es nicht über sich zu verzichten. Er spielte beide Partien, ging 6 zu 8 und beendete die Saison mit 0,406. Seitdem hat niemand mehr die 0,400 erreicht. (Am nächsten kamen diesem Wert George Brett 1980 mit 0,390, Rod Carew 1977 mit 0,388 und noch einmal Ted Williams mit 0,388; das war 1957, 16 Jahre später, in der Saison, in der er seinen 39. Geburtstag feierte.) Deshalb warte ich immer noch auf das, was das Leben *in utero* meinem bewußten Verstehen verweigerte – und ich werde auch nicht jünger.

Zwischen 1901, als die American League gegründet wurde und Nap Lajioe 0,422 erreichte, und 1930, als Terry auf 0,401 kam, war ein Trefferdurchschnitt von 0,400 zwar immer etwas Besonderes, aber er kann nicht besonders selten gewesen sein. In neun dieser 30 Jahre lag der höchste Durchschnitt in der Liga über 0,400, und sieben Spieler (Nap Lajoie, Ty Cobb, Shoeless Joe Jackson, George Sisler, Rogers Hornsby,

Harry Heilmann und Bill Terry) erreichten diesen Traumwert; Cobb und Hornsby gelang es sogar jeweils dreimal. (Ganz oben auf der Liste steht Hornsby 1924 mit 0,424, und 1922 kamen drei Spieler über 0,400 – Sisler und Hornsby in der National League, Cobb in der American. Ich übergehe dabei übrigens das 19. Jahrhundert, als Trefferdurchschnitte über 0,400 noch häufiger waren, denn die abweichenden Regeln und Gewohnheiten in der Frühzeit des Profibaseball machen Vergleiche schwierig.) Danach wird es dünn: Die dreißiger Jahre waren eine große Wüste (trotz hoher Durchschnittswerte für die ganze Liga, von denen noch die Rede sein wird); 1941 erreichte Williams seinen einsamen Höhepunkt; danach – Fehlanzeige.

Wenn Philatelie die Zähnchenzähler und Sumoringen die Schwergewichtigen anzieht, dann ist Baseball der große Magnet für Statistikfreaks und Liebhaber von Trivialitäten. Sehen wir uns einmal an, was Baseball einem auf Zahlen eingestellten Geist zu bieten hat: Wo findet man sonst noch ein System, das seit einem Jahrhundert mit unveränderten Regeln funktioniert (so daß man überall sinnvolle Vergleiche anstellen kann) und alle Tätigkeiten und Leistungen, die man in Zahlen fassen kann, lückenlos festgehalten hat? Und das ist noch nicht alles: Anders als bei fast allen sonstigen Mannschaftssportarten spiegeln die Zahlen im Baseball einzelne Leistungen wider; es sind keine schwer faßbaren Werte, die man vielleicht einem einzelnen Spieler zuordnen kann, sondern sie halten wirklich einen Aspekt des Mannschaftsspiels fest – denn Baseball ist eine Reihe von Zweikämpfen zwischen einzelnen: Batter gegen Pitcher, Runner gegen Fielder. Die Aufzeichnungen über Spieler früherer Zeiten kann man also als ihre persönliche Leistung lesen und unmittelbar mit den Leistungen der heutigen Aktiven vergleichen. Deshalb ist es kein Wunder, daß die Society for American Baseball Research, die größte Organisation gelehrter Fans, so auf Zahlen fixiert ist und mit ihrer Abkürzung zu einem neuen Wort in unserer Sprache beigetragen hat: Sabermetrik ist die statistische Untersuchung von Sportergebnissen.

Die Menschen sind, wie ich zuvor erläutert habe, immer auf der Suche nach Trends (vielleicht sollte ich sie »geschichtenerzählende Tiere« nennen, denn vor allem schätzen wir eine gute Schilderung – und sowohl aus kulturellen als auch aus inneren Gründen sind Trends für uns die beste Sorte von Geschichten). Deshalb drängt es uns, die Aufzeichnungen des Baseball nach Trends zu durchforsten – und dann Geschichten über ihre Ursache zu erfinden. Denken wir nur daran, daß es in unserer kulturellen Überlieferung zwei Arten von Trends gibt: den Fortschritt in Richtung des Besseren als Grund, etwas zu feiern, und den Niedergang in den Abgrund als Motiv zum Klagen (und für die Sehnsucht nach einem mythischen goldenen Zeitalter oder der »guten alten Zeit«). Da der Durchschnitt von 0,400 so etwas Besonderes ist und zu Recht so gefeiert wird und da sein Niedergang und Verschwinden so eindeutig die zweite unserer üblichen Legenden verkörpert, hat kein anderer Trend in der Geschichte des Baseball so viel Berühmtheit erlangt und so viel Klagen ausgelöst.

In Umrissen betrachtet, scheint das Problem auf der Hand zu liegen: Etwas ganz Tolles, der Gipfel der Schlagleistung, war früher recht häufig und ist heute verschwunden. Demnach muß mit der Treffgenauigkeit im Baseball etwas zutiefst Negatives geschehen sein. Wie sonst sollte man die Indizien deuten? Das Beste ist weg, und demnach ist irgend etwas schlechter geworden. Ich widme diesen Teil des Buches der paradoxen Behauptung, daß das Aussterben des Trefferdurchschnitts 0,400 in Wirklichkeit ein Zeichen für die Verbesserung der Spielqualität im Profibaseball darstellt. Eine solche Vorstellung kann man sich nicht einmal in der Phantasie ausmalen, wenn man bei der üblichen platonischen Sichtweise bleibt und den Durchschnitt 0,400 für sich allein als »Ding« oder »Etwas« betrachtet – denn wenn etwas Gutes ausstirbt, muß das auf eine Verschlechterung hindeuten. Deshalb muß ich den Beweis antreten, daß schon diese grundlegende Begrifflichkeit falsch ist und daß man den Durchschnitt 0,400 überhaupt nicht als Ding ansehen sollte, sondern als rechten Schwanz in einem vollen Haus der Variation.

7. Kapitel **Herkömmliche Erklärungen**

Für das Verschwinden des Trefferdurchschnitts 0,400 wurde mehr Tinte verplempert als für jeden anderen statistischen Trend der Baseballgeschichte. Im einzelnen waren die Erklärungen so vielgestaltig wie ihre Urheber, aber in einer Grundannahme sind sich alle einig: Das Aussterben des Durchschnitts 0,400 zeigt, daß irgend etwas im Baseball schlechter geworden ist, und deshalb wird man das Problem lösen, wenn man feststellt, was schiefgegangen ist.

In diesem Chor der Wehklager kann man zwei Teilchöre unterscheiden. Der erste singt eine törichte Melodie, mit der wir uns nicht lange aufhalten müssen; der zweite dagegen lohnt eine nähere Betrachtung, denn er ist einem interessanten Irrtum erlegen, und in diesem Irrtum spiegelt sich der grundsätzlichere Fehler wider, der das vorliegende Buch notwendig machte. Die erste Erklärung beruft sich auf den üblichen Mythos von der guten alten Zeit im Gegensatz zur verweichlichten Gegenwart mit Nintendo, Hochspannungsleitungen, hohen Steuern, radikalen Vegetariern oder allen sonstigen zeitgenössischen Übeln, die man so gern als Ursache für den moralisch verderbten Zustand unseres heutigen Lebens anführt. In der guten alten Zeit, als Männer noch richtige Kerle waren, die Tabak kauten und Homosexuelle ohne Angst vor Tadel quälen durften, waren die Baseballspieler robust und hochkonzentriert. Sie dachten nur an Baseball, spielten Baseball und lebten für den Baseball. Man braucht nur an Ty Cobb zu denken, der auf das dritte Base rutscht, die Spikes seiner Schuhe nach oben (und auf das Fleisch des Fielders) gerichtet. Wie kann ein heutiger Spieler mit seinem hohen Gehalt und unendlich vielen Ablenkungen die verlorene Hingabe wiedergewinnen? Ich bezeichne diese Version als Genesis-Mythos in Erinnerung an die entsprechende Bibelstelle über die Wunderbare Vergangenheit: »In jenen Tagen waren die Riesen auf der Erde« (1. Mose 6, 4). Solche Ergüsse brauchen wir meines Erachtens (für die ich später die Gründe nennen werde) nicht ernst zu nehmen. Für ein Gehalt in Millionenhöhe, das man nur während weniger Jahre der höchsten körperlichen Leistungsfähigkeit erhält und das unter Umständen nach einem einzigen achtlosen Augenblick dahin ist, können die heutigen Spieler sehr wohl eine große Hingabe an ihren Beruf entwickeln; die heutigen Baseballspieler achten sicherlich sorgfältiger auf ihre körperliche Verfassung, als es sich ihre Vorgänger in der guten alten Zeit des Trinkens, Kauens und Hurens jemals hätten träumen lassen.

Der zweite, ernsthaftere Ansatz versucht eine Kombination mehrerer Faktoren dingfest zu machen, durch die das Schlagen in der heutigen Zeit schwieriger geworden ist, so daß die Spitzenwerte für den Trefferdurchschnitt gesunken sind. Einige derartige Erklärungen erkennen zu Recht neue Hindernisse für das Schlagen, aber wie ich darlegen werde, ist die Voraussetzung, von der die ganze Argumentation ausgeht – daß nämlich das Verschwinden des Trefferdurchschnitts 0,400 nur eine Folge schlechterer (absoluter oder relativer) Schlagfähigkeiten sein kann –, schlicht und einfach falsch. Das Aussterben des Durchschnitts 0,400 spiegelt nur die allgemeine Verbesserung des Spiels wider.

Wie nicht anders zu erwarten, findet der Genesis-Mythos die größte Unterstützung bei den großen Battern einer disziplinierteren (und weniger lukrativen) Vergangenheit, die zweifellos unter den selbstdarstellerischen Possen ihrer heutigen millionenschweren Kollegen leiden. Ted Williams, der letzte, der die 0,400 erreichte, erklärte den Journalisten, warum seine Leistung sich nicht so bald wiederholen wird (*USA Today*, 21. Februar 1992): »Die heutigen Spieler sind stärker, größer, schneller, und ihr Körper ist ein wenig besser als vor 30 Jahren. Aber in einem bin ich mir sicher: Der durchschnittliche Batter weiß heute sehr wenig von dem kleinen Spielchen, das Batter und Pitcher austragen müssen. Ich glaube, es gibt heute kaum noch schlaue Batter.«

Das gleiche behauptet Williams in seinem 1986 erschienenen Buch *The Science of Hitting*; darin macht er sich ausdrücklich die Grundannahme des Genesis-Mythos zu eigen: Da der Baseball sich ansonsten nicht verändert habe, so seine Behauptung, müsse der Rückgang der Rekordwerte beim Trefferdurchschnitt einen allgemeinen Verfall der Schlagfähigkeiten bei den Besten der Zunft widerspiegeln:

> Nach vier Jahren als Manager … hatte ich vor allem den Eindruck, daß das Spiel sich nicht verändert hatte … Es ist im wesentlichen genauso wie in meiner aktiven Zeit. Ich sehe den gleichen Typ des Pitchers, den gleichen Typ des Batters. Aber nachdem ich 50 Jahre lang zugesehen habe, bin ich mehr denn je davon überzeugt, daß es nicht mehr so viele gute Batter gibt … Es gibt eine Menge Burschen mit viel Kraft, die den Ball weit schlagen, aber ich beobachte viele, denen die Raffiniertheit fehlt, die den Durchschnitt nach oben treiben sollten und es nicht tun. Woran das liegt, ist nicht schwer herauszufinden. Seit Jahren spricht man darüber, der Ball sei tot. Der Ball ist nicht tot, die Spieler sind es – vom Hals an aufwärts.

Auch Stan Musial, Williams' größter Zeitgenosse aus der National League, äußerte 1975 in einem Artikel mit der Überschrift »Why the .400 hitter is extinct« (»Warum der 0,400-Hitter ausgestorben ist«, in Durslag, 1975) ähnliche Gedanken über die abnehmende Schläue: »Um Erfolg zu haben …, muß der Batter über eine Eigenschaft verfügen, die heutzutage nicht allzu häufig ist. Er muß in der Lage sein, auch ins gegnerische Feld zu gehen. Irgendwie beherrschen zu viele unter den heutigen Spielern diese Kunst nicht mehr.«

Und damit man nun nicht den Schluß zieht, solche Gedanken kursierten nur bei verbitterten alten Kämpen, betrachten wir einmal die Meinung eines Journalisten; sie wurde 1992 niedergeschrieben, als John Olerud aus Toronto einen glaubwürdigen Anlauf nahm, der aber knapp scheiterte (Kevin Paul Dupont im *Boston Globe*): »Zu wenig schlaue Batter. Zu viele Burschen, die nach der coolsten Panorama-Sonnenbrille gucken, anstatt den ausgefuchsten Trefferblick zu schärfen.«

In der vernünftigeren und teilweise richtigen zweiten Kategorie von Erklärungen – die Behauptung, Veränderungen des Spiels hätten das Schlagen schwieriger gemacht (dem Genesis-Mythos zufolge ist das Spiel dagegen gleichgeblieben, und nur die Batter sind mehr oder weniger verweichlicht) – sind bei aller Vielfalt der Versionen zwei Argumentationsweisen zu erkennen. Ich möchte diese beiden Begründungen »extern« und »intern« nennen. Nach der externen Version haben die wirtschaftlichen Realitäten des modernen Baseball den Leistungen neue Beschränkungen auferlegt.* In dieser Theorie der »schwierigeren Bedingungen« tauchen üblicherweise drei Argumente auf, die immer wieder nachdrücklich vertreten werden, wenn die Liga der Hitzköpfe sich mit diesem größten aller statistischen Rätsel beschäftigt: zu viele Reisen in einem grausam engen Zeitplan; zu viele Spiele am Abend; und zuviel Publicity mit ständiger Belagerung durch die Presse (insbesondere wenn ein Spieler im Begriff steht, einen Rekord wie den Durchschnitt 0,400 zu erreichen).

Nach der internen Argumentation haben die Aspekte des Spiels, die dem Treffen entgegenstehen, stärker zugenommen als die Fähigkeit der Batter, sie wettzumachen und entsprechend zu reagieren – oder mit anderen Worten: Die Batter konnten mit der zunehmenden Raffinesse in anderen Bereichen des Spiels nicht mithalten. Diese Theorie der »härteren Konkurrenz« umfaßt ebenfalls drei Argumente (jedes mit mehreren Unterkategorien), die in diesem Fall recht naheliegend sind, weil sie die drei Baseballinstitutionen repräsentieren, die der Treffgenauigkeit im Wege stehen können:

1. Besseres Werfen (Erfindung neuer Wurftechniken wie Slider und Split-fingered Fastball; Einführung der Spezialität des Relief Pitching mit der Notwendigkeit, sich in den späteren Innings auf neue, frische Kräfte einstellen zu müssen, statt einem ermüdeten Gegner gegenüberzutreten, den man in dem Spiel bereits mehrmals gesehen hat).

2. Besseres Feldspiel (Verwandlung der Handschuhe von einem winzigen Schutz zu viel größeren Ballfangapparaten; allgemeine Verbesserung der Abwehr, insbesondere bei der Koordination der Feldspieler).

3. Besseres Management (moderne, computergestützte Beurteilung der Stärken und Schwächen einzelner Batter anstelle der intuitiven, »aus dem Bauch kommenden« Mannschaftsführung).

* Natürlich ist mir klar, daß diese Behauptung auch im Genesis-Mythos eine Rolle spielt – hier die elysischen Gefilde früherer Zeiten, da die heutige Unterwerfung unter den Mammon; in meiner Argumentation unterscheide ich jedoch zwischen dem reinen Genesis-Mythos, wonach die Batter *absolut gesehen* schlechter geworden sind, und der plausibleren Behauptung, die Spieler seien genausogut (oder sogar besser), aber das Schlagen sei aus irgendeinem Grund *relativ* schwieriger geworden.

Die Theorie der »erschwerten Bedingungen« unterstützte zum Beispiel Tommy Holmes in der Ausgabe des *Sport Magazine* vom Februar 1956; in seinem Artikel »We'll Never Have Another .400 Hitter« (»Wir werden nie wieder einen 0,400-Hitter haben«) legte er den Schwerpunkt auf das Unterthema der »engeren Zeitpläne«:

> Sie [die 0.400-Hitter von einst] begannen ihre einzigartigen Spiele immer am frühen Nachmittag, Double Header noch ein wenig früher. Sie spielten nie nach Sonnenuntergang und waren in der Regel schon Stunden vor Einbruch der Dunkelheit fertig. Nie spielten sie an einem Tag in der Sonnenhitze und am nächsten in der feuchtwarmen Abendluft. Wenn sie sich nicht richtig ausruhten und nicht regelmäßig das Richtige aßen, war kein anderer schuld, sondern nur sie selbst.

Im Zusammenhang mit den beiden anderen Unterthemen führte mein Kollege John H. Chiment vom Boyce Thompson Institute for Plant Research an der Cornell University unter der großen Gemeinde der Baseballfans in seiner Abteilung eine Umfrage durch; dann teilte er mir zur Unterstützung der »Nachttheorie« folgendes mit (Brief vom 24. April 1984): »Nach einhelliger Meinung am BTI sind die ›Abendspiele‹ das Hauptproblem. Was man nicht sieht, kann man nicht treffen. Aber das heißt nicht, daß nicht auch die Theorien vom Aufstieg des Relief Pitcher und von der heutigen moralischen Verderbtheit ihre Anhänger hätten.«

Im Juni 1993 schließlich vertrat Don Baylor, Manager der Colorado Rockies (und früherer Spielersprecher) die Theorie von der »aufdringlichen Presse«, nachdem sowohl sein Star Andres Galarraga als auch John Olerud aus Toronto zunächst über 0,400 lagen (bevor der Wert erwartungsgemäß im weiteren Verlauf der Saison zurückging): »Kann man sich vorstellen, unter welchem Druck sie heutzutage stünden, welche Pressekonferenzen abgehalten würden, wenn ein Spieler im August bei 0,400 steht?« Als Olerud im August weiterhin an der 0,400 kratzte, gab George Brett der gleichen Ursache die Schuld – und er müßte es eigentlich wissen, denn sein Durchschnitt stand am 26. August 1980 bei 0,407, aber er beendete die Saison mit 0,390. Brett erinnert sich noch an den Ansturm der Journalisten:

> Es waren immer und immer wieder die gleichen blöden Fragen. Bah, war das langweilig! Als Roger Maris 1961 hinter Babe Ruth her war [wegen der Rekordzahl an Home Runs], gingen ihm die Haare aus. Ich bekam 1980 Hämorrhoiden. Ich weiß nicht, was John passieren wird, aber irgend etwas wird geschehen.

Auch die interne Theorie der »stärkeren Konkurrenz« erfreut sich in allen drei Hauptversionen großer Beliebtheit:

1. Besseres Werfen. Das Werfen hat sich während meines Fanlebens tiefgreifender verändert als alle anderen Teile des Spiels. In meiner Jugend Ende der vierziger Jahre bedienten sich die meisten Pitcher der Curve- und Fastbälle, und man erwartete von ihnen, daß sie die vollen neun Innings durchstanden, es sei denn, sie wurden ernsthaft verletzt oder müde. Das Relief Pitching als Sonderform gab es nicht; ermüdete der erste Pitcher, setzte der Manager einfach den nächsten verfügbaren Mann ein. Heute haben fast alle Pitcher ihr Repertoire erweitert – die beliebtesten neuen Errungenschaften sind Slider und Split-fingered Fastball. Und das Relief Pitching wurde bei allen Spitzenmannschaften zu einem unverzichtbaren Bestandteil, mit weiteren Unterformen des Middle Relievers (der mehrere Innings lang mitmacht, wenn der erste Pitcher abbaut) und des Closers (der Tag für Tag nur im entscheidenden letzten Inning alle Würfe ausführt).

Entsprechend spielt das bessere Werfen auch in den Versuchen, das Verschwinden des Durchschnitts 0,400 zu erklären, eine herausragende Rolle. So behauptete zum Beispiel Stan Musial (in dem zitierten Artikel von Durslag über die Frage, »Warum der 0.400-Hitter ausgestorben ist«):

> Zwei Dinge haben sich stark auf die Aussichten auf 0,400 ausgewirkt. Das eine nennt man Slider … es ist kein komplizierter Wurf, aber er bereitet immerhin so viel Schwierigkeiten, daß den Battern die üblichen Bestleistungen nicht mehr gelingen. Ein zweiter Grund ist die Verbesserung des Relieve Pitching.

2. Besseres Feldspiel. Holmes (1956, Seite 37–38) zitiert »die engere Abwehr, die sich heute gegen den Hitter richtet«, als wichtigsten Grund dafür, daß wir (wie schon der Titel sagt) »nie wieder einen 0,400-Hitter haben werden«. Vor allem macht Holmes die besseren

Handschuhe verantwortlich (und er schrieb seinen Artikel 1956, als die Handschuhe im Vergleich zu den heutigen Körben und Schlingen noch winzig waren):

> Vielleicht haben die Sportartikelhersteller zum Rückgang des Trefferdurchschnitts einen noch größeren Beitrag geleistet, weil sie Handschuhe herstellen, die denen aus früherer Zeit weit überlegen sind … Früher fing der Spieler den Ball tatsächlich mit der Hand, und die Ausrüstung diente dazu, den schmerzhaften Aufprall abzufangen. Heute ist der Handschuh eine wirksame Magnetfalle für den Ball … Nicht die Hand, sondern der Handschuh sorgt für das Fangen, insbesondere die tiefe Tasche zwischen Daumen und Zeigefinger.

3. Besseres Management. Bei Managern und Trainern haben Computer und Schreibtischtaktik Einzug gehalten. Jede Bewegung wird eingestuft und durchgerechnet, weil man die Schwächen eines Batters genau erkennen will. Richard Hoffer (1993, Seite 23) nennt »wissenschaftliches« Management als Hauptgrund für das Verschwinden des Durchschnitts 0,400. Über Williams' letzten Erfolg im Jahr 1941 schreibt er: »Er mußte sich nicht mit der ständigen Einstufung auseinandersetzen, jenem Verteidigungsmittel, auf das die Manager heute regelmäßig zurückgreifen.«

Viele Autoren rollen alle diese herkömmlichen Erklärungen zu einem großen Ball zusammen und schießen dann den ganzen Klumpen auf einmal ab. Dallas Adams stellte 1981 im *Baseball Research Journal* über »Die Wahrscheinlichkeit, daß der Tabellenerste die 0,400 erreicht«, fest:

> Aus heutiger Sicht tragen abendliche Spiele, Reisemüdigkeit nach Langstreckenflügen, allgemein eingesetzte hochklassige Relief Pitcher, große Stadien, große Handschuhe der Feldspieler und andere Faktoren dazu bei, daß die Batter es schwer haben und ein Durchschnitt von 0,400 fast ein Ding der Unmöglichkeit wird.

Auch wenn solche Erklärungen so oft wiederholt wurden, daß sie jetzt allgemein als richtig gelten, können wir nach meiner Überzeugung beide Versionen der Behauptung, der Trefferdurchschnitt 0,400 sei wegen der Veränderungen im Spiel und den größeren Schwierigkeiten beim Schlagen ausgestorben (härtere Bedingungen und härtere Konkurrenz), schlüssig widerlegen. Die Theorie der härteren Bedingungen ergibt in meinen Augen keinen Sinn. Sind Langstreckenflüge anstrengender als die endlosen Bahnreisen von der Ostküste nach Chicago oder St. Louis? Erzeugt ein klimatisiertes Einzelzimmer im Luxushotel mehr Erschöpfung als ein Doppelzimmer in St. Louis während einer Hitzewelle im August? Warum behauptet man ständig, die Zeitpläne seien heute enger? Die heutigen Mannschaften bestreiten in einer Saison 162 Spiele und fast keine Double Header; während des größten Teils unseres Jahrhunderts waren es in einer kürzeren Saison 154 Partien, und oftmals zwei am gleichen Tag. Wer hat da wohl härter gearbeitet?

Diesen Punkt unterstreicht William Curran (1990, Seite 17–18); er beschäftigte sich mit der Frage, welche Bedingungen ein Wade Boggs (derzeit der ernsthafteste Anwärter auf 0,400) in den zwanziger Jahren erlebt hätte:

> Erst einmal nehmen wir Boggs die Dienste von Ted Williams als Sondertrainer für Batter weg. Die Stars der zwanziger Jahre wurden während ihrer gesamten Laufbahn kaum einmal individuell ausgebilddet, sondern sie mußten sogar um die Gelegenheit kämpfen, einmal in den Schlagkäfig zu kommen und ein paar Schwünge am Ball zu üben. Als nächstes nehmen wir Wade Schlaghelm und Schlaghandschuhe weg ... und wo wir schon dabei sind, lassen wir ihn in der Nachmittagshitze des Septembers fünf Double Header hintereinander spielen. Nach den Spielen soll er dann versuchen, in St. Louis oder Washington ein wenig Nachtruhe zu finden, und zwar in einem Hotelzimmer, das – wenn überhaupt – einen kleinen Deckenventilator hat. Haben Sie verstanden, was ich meine?

Wie unrealistisch die Theorie der »härteren Bedingungen« ist, bestätigen die Aussagen vieler Spieler. Rod Carew zum Beispiel, der seit Williams die besten Aussichten auf 0,400 hatte (und sie 1977 mit 0,388 fast erreicht hätte), betet die Litanei der üblichen Erklärungen herunter und beschwert sich dann (Carew, 1979, Seite 209–210):

> Ich halte nicht viel davon ... Ich nehme an, Zugreisen waren genauso anstrengend wie das Fliegen ... und ich schlage lieber abends ... Tagsüber muß man oft blinzeln, und dann ist da eine Menge Zeug in der Luft – vor allem in Kalifornien –, und es brennt in den Augen. Die Sonne blendet. In manchen Stadien staubt auch noch der Kunstrasen, und die Beine tun weh. Dann läuft einem tagsüber der Schweiß ins Gesicht. Ich mag den Abend. Es ist kühler, und man spielt entspannter.

Plausibler erscheint das Argument der härteren Konkurrenz, denn die grundlegenden Tatsachen stimmen sicher: Werfen, Feldspiel und Management haben sich verbessert. Warum sollte das Verschwinden des Durchschnitts 0,400 seine Ursache nicht darin haben, daß das Schlagen relativ zu diesen anderen Fähigkeiten zurückgeblieben ist? Alle anderen Argumente kann man mit ihrer eigenen inneren Unlogik widerlegen, aber die Frage nach der »härteren Konkurrenz« läßt sich nur empirisch beantworten. Wir müssen herausfinden, ob die Verbesserung der Treffsicherheit mit den ihr entgegenwirkenden Kräften in Werfen, Feldspiel und Management Schritt gehalten hat. Wenn diese Gegenfaktoren sich stärker verbessert haben als die Treffsicherheit (oder, was für die Batter noch schlimmer wäre, wenn die Treffsicherheit gleichgeblieben ist oder sich verschlechtert hat, während es mit den drei anderen Faktoren bergauf ging), läßt sich das Aussterben des Durchschnitts 0,400 durchaus mit »härterer Konkurrenz« erklären.

Aber die Tatsache allein, daß Werfen, Feldspiel und Management besser geworden sind, ist noch kein Beweis für die Theorie der »härteren Konkurrenz«, und zwar aus einem naheliegenden Grund: Die Treffsicherheit beim Schlagen könnte sich ebenso oder sogar noch stärker verbessert haben. Warum soll die Treffsicherheit angesichts der allgemeinen Verbesserung aller Spielaspekte die einzige Ausnahme sein? Wäre nicht die Annahme vernünftiger, daß die Schlagtechnik sich im Einklang mit allen anderen Teilen des Baseball weiterentwickelt hat? Wie ich später in diesem Teil des Buches noch zeigen werde, hat die Verbesserung der Treffsicherheit mit den anderen Aspekten des Spiels nicht nur mitgehalten, sondern man hat beim Baseball auch ständig an den Regeln herumgefeilt, um die wichtigsten Faktoren im Gleichgewicht zu halten. Das Aussterben des Durchschnitts 0,400 muß also andere Ursachen haben.

8. Kapitel | Allgemeine Verbesserung: Ein Argument für das Plausible

Man mag noch so versucht sein, in phantasievollen Träumereien über die Hingabe der Spieler in der »guten alten Zeit« zu schwelgen, aber die übliche Vorstellung, der zufolge geringere Fähigkeiten der Batter zum Aussterben des 0,400-Trefferdurchschnitts geführt haben, ergibt einfach keinen Sinn, wenn man den allgemeinen Verlauf der Gesellschafts- und Sportgeschichte im 20. Jahrhundert betrachtet. Im Gegenteil: Dieser größere Zusammenhang bietet fast die Garantie dafür, daß die Treffgenauigkeit sich ebenso verbessert hat wie fast alles andere, das wir als menschliche Spitzenleistungen messen können. Betrachten wir nur einmal drei Argumente, die diese Aussage eigentlich felsenfest untermauern, auch wenn wir noch keine einzige Baseballstatistik untersucht haben.

1. Breitensport und besseres Training. Im Jahr 1900 lebten in den Vereinigten Staaten etwa 76 Millionen Menschen, und in den großen Baseball-Ligen durften nur Weiße spielen. Seither hat sich unsere Bevölkerung auf 249 Millionen Menschen aufgebläht (Volkszählung von 1990), und alle Hautfarben und Nationalitäten sind zugelassen. Training und Ausbildung fehlten früher vollständig oder waren bestenfalls oberflächlich, während sie heute eine umfangreiche Branche bilden. Die Spieler arbeiten nach strengen, genau berechneten Trainingsplänen (sogar, und vielleicht sogar ganz besonders, während der Saisonpause, in der ihre Vorgänger meistens Bier tranken und zunahmen); und sie setzen auch nicht mehr Karriere und Bestleistungen aufs Spiel, indem sie verletzt antreten. (Joe DiMaggio erzählte mir einmal, sein Trefferdurchschnitt habe zwei Wochen vor dem Ende der Saison von 1939 bei 0,413 gestanden. Dann zog er sich eine schwere Erkältung

zu, so daß er auf seinem [dominierenden] linken Auge nicht richtig sehen und die geworfenen Bälle nicht mehr erkennen konnte. Die Yanks hatten sich die Meisterschaft bereits gesichert. Jeder heutige Spieler wäre daraufhin auf der Bank geblieben und hätte seine Leistung behalten; DiMaggio trat bis zum letzten Spiel an und fiel auf 0,381 zurück, seine persönliche Saisonbestleistung, aber unterhalb des Traumwertes.) Niemand – weder die Spieler noch die Clubbesitzer – kann heute ein Risiko eingehen und sich dummes Zeug erlauben; das ist bei Gehältern von mehreren Millionen, die nur ein paar Jahre lang auf ihrem Höchststand bleiben, nicht mehr möglich. Welches Argument könnte uns davon überzeugen, daß eine kleinere, begrenzte Basis unzureichend trainierter Leute bessere Batter hervorbringen soll als unsere heutige Branche mit ihren gewaltigen finanziellen Anreizen? Ich setze auf die breitere Basis, auf die Anwerbung afroamerikanischer und ausländischer Spieler sowie auf das sorgfältigere, tagtäglich durchgeführte Training.

2. KÖRPERGRÖSSE. Ich möchte nicht in den törichten Mythos des »größer ist besser« verfallen (der in einigen Fällen stimmt, beispielsweise wenn es um das Gehirn der meisten Abstammungslinien in der Evolution der Säugetiere geht; für vieles andere jedoch, beispielsweise für Penisse und Autos, ist er bedeutungslos). Dennoch: *Ceteris paribus*, wie die Römer sagten (unter sonst gleichen Bedingungen) sind größere Menschen im allgemeinen tatsächlich stärker (das sage ich als klein gewachsener Mann, der gerne Phil Rizzuto und Fred Patek zusah). Wenn Größe und Körpergewicht der Spieler im Laufe der Zeit zugenommen haben, sollte auch ihre körperliche Leistungsfähigkeit (selbst wenn man sie nur grob mißt) größer geworden sein.

Pete Palmer, ein außergewöhnlicher Sabermetriker und Redakteur, zusammen mit John Thorn der Herausgeber von *Total Baseball*, des besten (und dicksten) allgemeinen Nachschlagewerkes über Baseballstatistik, stellte mir seine Liste der Durchschnittswerte von Körpergröße und -gewicht bei Pitchern und Battern in den einzelnen Jahrzehnten zur Verfügung (hier als Tabelle 1 wiedergegeben). Bemerkenswerterweise zeigt sie einen stetigen Anstieg. Daß die heutigen größeren Spieler schlechter sein sollen als ihre kleineren Vorgänger, kann ich einfach nicht glauben.

3. Rekorde in anderen Sportarten. Alle wichtigen Baseballrekorde sind relativ, das heißt, die Leistung wird in einer Gegnersituation im Verhältnis zu anderen Spielern gemessen und nicht als absolute persönliche Leistung, die man zählt, abwiegt oder mit der Stoppuhr feststellt. Ein Trefferdurchschnitt von 0,400 ist ein relativer Erfolg gegen die Pitcher; die Meile in vier Minuten, der Stabhochsprung von 5 Meter 70 oder das gehobene Gewicht von 120 Kilo dagegen spiegeln das unverfälschte Ich im Verhältnis zur unveränderlichen Außenwelt wider.

Verbesserungen relativer Rekorde sind zweideutig, denn sie lassen verschiedene (und manchmal diametral entgegengesetzte) Interpretationen zu: Ein höherer Trefferdurchschnitt kann bedeuten, daß die Treffgenauigkeit zugenommen hat, aber sie könnte ebensogut auch dadurch entstehen, daß das Schlagen sich verschlechtert hat, während

	BATTER		PITCHER	
	Körpergröße (Inch)	**Körpergewicht (angelsächsische Pfund)**	**Körpergröße**	**Körpergewicht**
1870	69,1	163,7	69,1	161,1
1880	69,6	171,6	70,2	172,7
1890	69,8	172,1	70,6	174,1
1900	69,9	172,6	71,5	180,7
1910	70,3	170,5	72,1	180,7
1920	70,4	171,2	72,0	179,8
1930	71,1	176,8	72,6	184,8
1940	71,4	180,3	73,0	186,5
1950	72,0	183,0	73,1	186,1
1960	72,2	182,7	73,6	189,3
1970	72,3	182,3	74,1	191,0
1980	72,5	182,9	74,5	192,2

Tabelle 1: Durchschnittswerte für Körpergröße und Körpergewicht der Aktiven in der Major League während verschiedener Jahrzehnte

aber das Werfen noch ungenügender geworden ist (was für die Batter trotz eines absoluten Leistungsrückganges zu einem relativen Vorteil führt).

Die Bedeutung absoluter Rekorde ist dagegen klarer. Wenn die weltbesten Sprinter immer schneller laufen und Hochspringer höher springen … nun, dann können sie es einfach besser. Was kann man sonst dazu sagen? Gebrochene Rekorde geben keinen Aufschluß darüber, warum die heutigen Sportler mehr leisten – dafür könnte man eine ganze Palette von Gründen anführen, von besserem Training über genauere Kenntnisse der menschlichen Physiologie und neue Technik (beispielsweise der Rückwärtsflop beim Hochsprung) bis zu neuer Ausrüstung (Fiberglasstäbe und die sofortige drastische Verbesserung der Rekorde im Stabhochsprung) – aber ich glaube, die Tatsache der Verbesserung als solche können wir nicht leugnen.

Da also die relativen Rekorde im Baseball zweideutig sind, was die Ursachen angeht, sollten wir uns mit den absoluten Rekorden in ähnlichen Sportarten befassen. Die meisten absoluten Rekorde haben sich verbessert – sollten wir da nicht annehmen, daß die sportlichen Leistungen auch im Baseball höher geworden sind? Würden wir nicht ein allgemeines Prinzip leugnen und eine unplausible, zusammengezimmerte Theorie vertreten, wenn wir das Aussterben des Durchschnitts 0,400 auf verminderte Fähigkeiten der Batter zurückführen? Sollten wir nicht lieber nach einer Theorie suchen, wonach der Tod des Traumdurchschnitts eine Folge allgemein besserer sportlicher Leistungen ist, so daß dieser interessanteste und am meisten diskutierte Trend der Baseballstatistik mit den Prinzipien und der Geschichte praktisch aller anderen Sportarten übereinstimmt?

Ich möchte hier nicht ein zur Genüge bekanntes Thema zu Tode reiten und den Leser mit endlosen Belegen für altvertraute Phänomene langweilen. Das allgemeine Prinzip, wonach absolute Rekorde sich im Laufe der Zeit verbessern, ist sicher jedem Sportfan geläufig. Spiridon Loues, der erste Sieger im Marathonlauf bei den Olympischen Spielen der Neuzeit, brauchte 1896 noch fast drei Stunden; in neuerer Zeit haben die Gewinner schon fast die Zwei-Stunden-Marke erreicht. Die Meile in weniger als vier Minuten zu schaffen, war für die Läufer jahrzehntelang eine Herausforderung, und die 4.01 von Paavo Nurmi aus dem Jahr 1941 lockten bis zu Roger Bannisters großem Augenblick am 6. Mai 1954. Heute unterbieten die weltbesten Läufer die Vier-Minuten-Grenze fast regelmäßig. Die schnellsten Schwimmerinnen unterboten 1972 im Freistil und 1964 über 400 Meter die olympischen Rekorde, welche die beiden Tarzans (beide spielten die Filmrolle) Buster Crabbe und Johnny Weissmuller in den zwanziger und dreißiger Jahren aufgestellt hatten. Ich möchte das allgemeine Prinzip nur mit einer Tabelle verdeutlichen; sie führt die am einfachsten verfügbaren Zahlen für den berühmtesten Wettlauf in meinem Wohnort auf: den Boston Marathon (siehe Abbildung 12). Das allgemeine Prinzip ist deutlich zu erkennen, und die wenigen Abweichungen haben ihre Ursache in einer veränderten Distanz (in den meisten Jahren ging das Rennen über die »üblichen« 42,195 Kilometer; die ersten Gewinner in den Jahren 1897 bis 1923 liefen ihre längeren Zeiten dagegen über nur 39,743 Kilometer, und von 1924 bis 1926 wuchs die Distanz auf 42,025 Kilometer; von 1927 bis 1952 lief man die Standarddistanz; von 1953 bis 1956 war sie auf 41,110 Kilometer verkürzt, und 1957 kehrte man wieder zur Standarddistanz zurück).

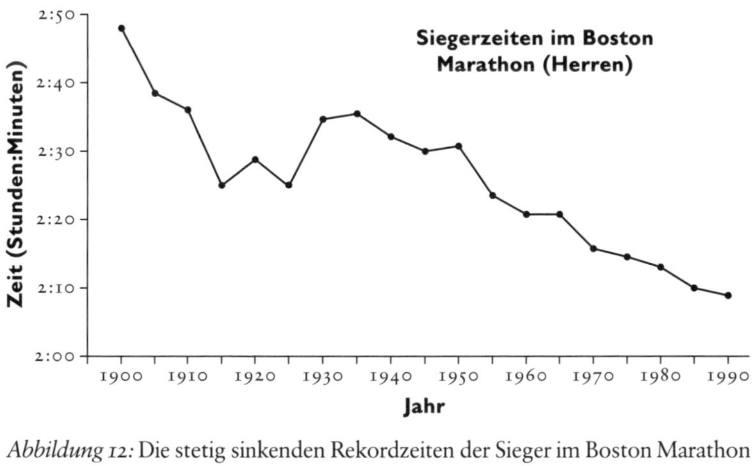

Abbildung 12: Die stetig sinkenden Rekordzeiten der Sieger im Boston Marathon (Herren)

Die Verbesserung der absoluten Rekorde folgt in fast allen Sportarten einer eindeutig erkennbaren Gesetzmäßigkeit, deren vermutliche Ursachen für meine Argumentation über den Durchschnitt 0,400 von entscheidender Bedeutung sind. Die Verbesserungen entwickeln sich nicht in gerader Linie und mit konstanter Geschwindigkeit. Statt dessen purzeln die Rekorde anfangs in schneller Folge, und dann verlangsamt sich die Entwicklung deutlich, bis sie manchmal einen Höchststand ohne weitere Verbesserungen erreicht (oder zumindest nur mit winzigen Verbesserungen gegenüber alten Rekorden). Mit anderen Worten: Irgendwann gelangen die Sportler zu einer Art Schranke für weitere Fortschritte, und die Rekorde stabilisieren sich (oder zumindest werden ihre Häufigkeit und das Ausmaß der Verbesserung deutlich geringer). Eine solche Schranke bezeichnen die Statistiker als Asymptote; im Alltag sprechen wir von einer Grenze. Nach der Terminologie dieses Buches erreichen die Sportler eine »rechte Wand«, die weiteren Verbesserungen im Wege steht.

Da wir bei diesen Berechnungen von den weltbesten Sportlern ausgehen, dürften die Ursachen solcher Begrenzungen oder Wände auf der Hand liegen. Unser Körper ist ein physikalisches Gebilde, dem Größe, Physiologie und die Mechanik von Muskeln und Gelenken Leistungsgrenzen setzen. Niemand wird behaupten wollen, man könne die Kurve der Verbesserung für alle Zukunft fortschreiben – sonst würden die Läufer eine Meile irgendwann in der Zeit Null laufen (und danach in negativer Zeit), und die Stabhochspringer würden es einer Märchenfigur gleichtun und mit einem einzigen Satz über Hochhäuser hüpfen.

Die Annahme, daß körperliche Beschränkungen (oder rechte Wände) die Ursache für die Verlangsamung und Abflachung der Verbesserungen sind, können wir am besten überprüfen, wenn wir die Kurven von Sportlern, die sich in der Nähe der menschlichen Leistungsgrenzen bewegen, mit anderen vergleichen, die vermutlich noch viel Raum für weitere Fortschritte bieten. Durch welche Bedingungen könnten Menschen weit von der rechten Wand entfernt bleiben, so daß sie einen großen Spielraum für Verbesserungen haben? Betrachten wir einmal einige mögliche Beispiele: neue Sportarten, in denen die Aktiven noch nicht die optimale Art der Ausführung gefunden haben; neue Personengruppen, die sich erst jetzt einer alten Sportart annehmen; und Rekorde bei den Amateuren. Der Boston Marathon steht zum Beispiel erst seit 1972 auch Frauen offen. Man beachte, um wieviel schneller sich die Frauen seit diesem Anfang bis heute verbessert haben (Abbildung 13).

Dieses Prinzip können wir verallgemeinern, indem wir eine Hierarchie der abnehmenden Verbesserung aufstellen (die gleichzeitig nach den Maßstäben einiger älterer, gutbetuchter Leute auch eine Rangfolge des Wertes darstellt): Frauen, Männer und Pferde. In den großen Pferderennen haben sich die Siegerzeiten zwar verbessert, aber immer nur langsam und über lange Zeit hinweg. Zwischen 1840 und 1980 verbesserten sich die Vollblutpferde beispielsweise in den drei wichtigen englischen Rennen von St. Leger, Oaks und Derby um 12, 20 und 18 Sekunden, das entspricht einer winzigen Verbesserung von 0,4 bis

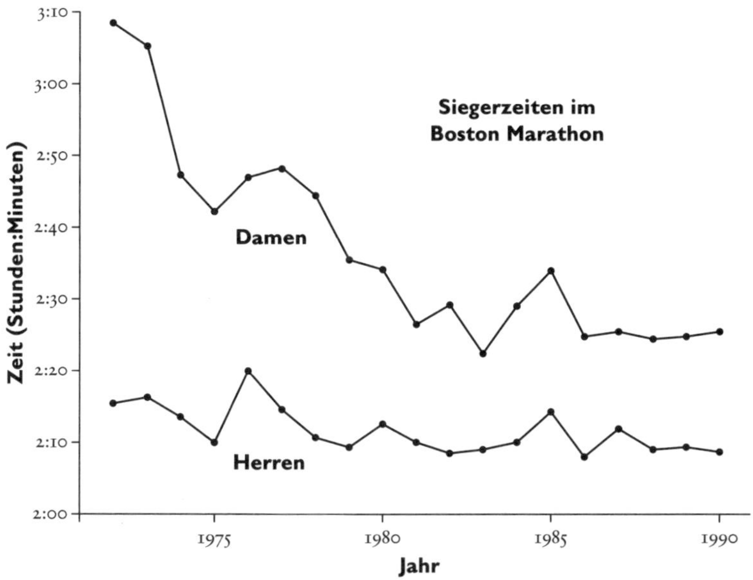

Abbildung 13: Bei den Damen fielen die Rekorde zwischen 1970 und 1980 schnell, während sie bei den Herren ziemlich konstant blieben. Nach 1980 haben sich beide nur noch wenig verändert.

0,8 Prozent je Generation (Eckhardt et al., 1988). Diese Zugewinne sind auch dann sehr klein, wenn man sie mit dem anderen großen Bereich der Zucht von Haustieren vergleicht: In der Viehzucht erreicht man aus wirtschaftlichen Gründen häufig Verbesserungen von ein bis drei Prozent im Jahr.

Diese begrenzten Verbesserungen erscheinen auch völlig erklärlich und vorhersehbar. Vollblüter werden seit über 200 Jahren streng durch Kreuzung eines kleinen Bestandes gezüchtet. Es steht unglaublich viel auf dem Spiel, denn jede kleine Verbesserung ist unter Umständen Millionen wert. In die Fortentwicklung dieser Zuchten hat man deshalb mehr Mühe investiert als in fast alle anderen wirtschaftlich wichtigen biologischen Vorhaben. Deshalb können wir mit gutem Grund annehmen, daß die besten Vollblüter sich schon längst an der rechten Wand dieser Zuchtlinie befinden und daß zukünftige Verbesserungen unerheblich sein werden oder sich bestenfalls sehr langsam einstellen. Aber da wir (Gott sei Dank) noch nicht in der schönen neuen Welt leben, in der Menschen auf die bestmögliche körperliche Leistung hin gezüchtet werden, sind die Rekorde bei uns noch ein wenig leichter zu verändern – denn hier stehen an der rechten Wand keine absichtlich reinrassigen Exemplare.

Bei den meisten beliebten, allgemein anerkannten Herrensportarten bemerkt man anfangs eine schnelle Verbesserung, auf die später eine Abflachung der Kurve folgt.* Ausnahmen gibt es unter anderem beim Marathonlauf, dessen Länge und Komplexität einen großartigen Spielraum für das Experimentieren mit neuen Strategien bieten und dessen zunehmende Popularität zu einem großen Zuwachs an Ansehen und Teilnehmerzahl führte. (Man beachte, daß die Kurve für den Boston Marathon bei den Herren praktisch waagerecht verläuft und sich vor 1990 nicht verlangsamte – neuerdings könnte sich allerdings das übliche Prinzip einstellen, weil jetzt die weltbesten Läufer teilnehmen und die Verbesserungen geringer werden.)

* Alles ist aber völlig offen, wenn grundlegende neue Ausrüstungsgegenstände oder Vorgehensweisen auf der Bildfläche erscheinen, beispielsweise der Fiberglasstab oder (Gott behüte!) der Aluminiumschläger, der (so hoffen und beten wir) nie bis zu den Mannschaftsbänken der großen Ligen gelangen wird. Solche Neuerungen behandelt man statistisch eigentlich besser als Anfangspunkte einer neuen Kurve.

Wie bereits viele Kommentatoren bemerkt haben, purzeln die Rekorde der Damen in den meisten Sportarten schneller als bei den Herren; ihre Kurven flachen auch noch nicht ab, sondern zeigen eine gleichmäßig fortschreitende Verbesserung. Interessanterweise (siehe Whipp und Ward, 1992) haben sich die Rekorde in den meisten Laufdisziplinen der Herren (200 bis 10000 Meter) unabhängig von der Gesamtdistanz ungefähr um den gleichen relativen Betrag verbessert, nämlich um 5,69 bis 7,57 Meter je Minute in einem Jahrzehnt. (Im Marathon war die Verbesserung mit 9,18 Metern pro Minute in einem Jahrzehnt größer; das spricht für meine Behauptung, daß diese Disziplin noch »unausgereift« ist und sich im Bereich der potentiell geradlinigen Verbesserung befindet – das heißt, sie hat die rechte Wand noch nicht erreicht.) Bei den Damen jedoch reicht das Spektrum der Verbesserungen von 14,04 bis 17,86 Meter je Minute in einem Jahrzehnt (mit gewaltigen 37,75 Metern beim Marathon).

Solche Befunde gaben Anlaß zu allen möglichen Spekulationen, manche davon ziemlich verrückt. Whipp und Ward (1992) extrapolieren zum Beispiel ihre Kurven und vertreten dann die Schlußfolgerung, eines Tages würden die Frauen in den meisten Disziplinen schneller laufen als die Männer, in manchen sogar schon recht bald. (Für den Marathon kreuzen sich die Kurven beispielsweise 1998 – in diesem Jahr sollten die Herren demnach von den Damen überflügelt werden.)

Aber die Extrapolation ist ein gefährliches, in der Regel untaugliches und oft törichtes Spiel. Wie gesagt: Man braucht die Kurven nur weit genug in die Zukunft zu verlängern, dann werden alle Laufdistanzen in Nullzeit bewältigt und anschließend in negativer Zeit. (Falsche Extrapolation führt auch zu den unverantwortlichen Zahlen, die oftmals für das Bevölkerungswachstum genannt werden – danach bilden die Menschen in ein paar Jahrhunderten eine massive Masse vom Volumen der Erde, und die Flucht in den Weltraum ist nicht möglich, weil die Kugel sich durch die Vermehrung schneller als mit Lichtgeschwindigkeit ausdehnt, die, wie Einstein uns gelehrt hat, für alle Bewegungen eine Obergrenze darstellt.) Natürlich werden wir nie in Negativzeit laufen, und die massive Kugel aus Menschen wird sich nie mit Lichtgeschwindigkeit ausdehnen. Man wird an Grenzen oder rechte Wände stoßen, und der

Zuwachs wird sich zunächst verlangsamen und schließlich zum Stillstand kommen.

In einigen Disziplinen könnten Frauen die Männer überflügeln, beispielsweise im Langstreckenschwimmen, wo Auftrieb und Fettverteilung dem Körperbau und der Ausdauer der Frauen einen Vorteil verschaffen (für die Überquerung des Ärmelkanals und die Schwimmstrecke nach Catalina Island halten Frauen schon heute den Weltrekord). Auch der Marathon bietet diese Möglichkeit. Aber daß Frauen jemals den Rekord im 100-Meter-Lauf oder im Gewichtheben brechen werden, bezweifle ich stark. (Viele Frauen werden stets die meisten Männer in jeder Disziplin schlagen – mir sind die meisten Frauen in jeder sportlichen Hinsicht überlegen. Aber wie gesagt: Es geht hier um die Weltrekorde der allerbesten Sportler – und da spielt die Biomechanik des jeweiligen Körperbaus eine entscheidende Rolle.)

Der eigentliche Grund für die schnelleren Verbesserungen (und die geringere Abflachung der Kurven) bei den Frauendisziplinen liegt auf der Hand. Schuld ist der Sexismus, und die glückliche Aufhebung früherer Ungerechtigkeiten ist der Ausgleich. Die meisten der genannten Disziplinen wurden erst in jüngerer Zeit für Frauen zugänglich, und erst in den letzten Jahren sind Frauen in die Welt des Profisports, des intensiven Trainings und des harten Wettbewerbs eingetreten. Noch vor nicht allzu langer Zeit waren Frauen aufgrund ihrer gesellschaftlichen Prägung der Ansicht (und viele sind es noch heute), sportliche Höchstleistungen seien ihrem Geschlecht verschlossen – und zahlreiche große Sportlerinnen früherer Zeiten, insbesondere Babe Didrikson, litten unter dem abwertenden Etikett des Mannweibes. Mit anderen Worten: Im Damensport stehen die Kurven vielfach erst am Anfang ihrer Entwicklung – sie sind im ersten Stadium der schnellen, geradlinigen Verbesserung. Diese Kurven werden sich abflachen, wenn auch die Frauen ihre rechte Wand erreichen – und erst dann werden wir wissen, ob wirklich Chancengleichheit besteht. Bis dahin sind die steilen, linearen Kurven der Verbesserung im Damensport ein Zeugnis unserer früheren und gegenwärtigen Ungleichbehandlung.

9. Kapitel | Der Durchschnitt 0,400 stirbt durch die Schrumpfung des rechten Schwanzes

Geht man von der zuvor dargelegten Überlegung aus, daß die Schlagleistung sich in einem absoluten Sinn verbessern muß, weil die Sportler sich zunächst schnell und später immer langsamer der rechten Wand der biomechanischen Leistungsgrenze des Menschen nähern, bleibt von den herkömmlichen Begründungen, wonach das Aussterben des Durchschnitts 0,400 durch irgendeine Verschlechterung zu erklären ist, nur eine einzige unwiderlegt: Möglicherweise hat sich die Treffsicherheit zwar verbessert, aber andere, ihr entgegenwirkende Fähigkeiten (Werfen und Feldspiel) sind noch schneller vorangekommen, so daß die Trefferleistung *relativ* schlechter geworden ist.

Aber diese letzte Bastion der traditionellen Erklärungen fällt der einfachsten und nächstliegenden Plausibilitätsprüfung zum Opfer. Wenn Werfen und Feldspiel langsam die Oberhand über das Schlagen gewonnen haben, sollte sich dieser Effekt als allgemeine Abnahme des Trefferdurchschnitts in der Baseballgeschichte des 20. Jahrhunderts messen lassen. Wenn der Trefferdurchschnitt mit der Zeit sinkt, weil Werfen und Feldspiel zunehmend vorherrschen, werden die besten Batter (die 0,400-Helden von einst) mit der Masse nach unten gezogen, das heißt, wenn der gesamte Trefferdurchschnitt früher bei 0,280 lag, ist ein Bestwert von 0,400 als Obergrenze sinnvoll, und wenn der Gesamtdurchschnitt dann beispielsweise auf 0,230 sinkt, ist 0,400 so weit von diesem abnehmenden Mittelwert entfernt, daß auch die Besten ihn nicht mehr erreichen können.

Diese völlig plausible Erklärung versagt jedoch: In Wirklichkeit ist nämlich der mittlere Trefferdurchschnitt für Allerweltsspieler während unseres gesamten Jahrhunderts felsenfest stabil geblieben (mit interessanten Ausnahmen, die meine Regel bestätigen – später mehr darüber). Tabelle 2 zeigt den mittleren Trefferdurchschnitt für alle regulären Spieler in beiden Ligen während aller Jahrzehnte des 20. Jahrhunderts. (Ich habe in die Berechnung nur solche Spieler aufgenommen, die im Saisondurchschnitt mehr als zwei At-Bats pro Spiel hatten; schwach schlagende Pitcher und Ersatzspieler, die wegen ihrer Qualitäten im Feldspiel oder im Laufen eingesetzt wurden, sind also nicht enthalten.)* Anfangs lag der mittlere Trefferdurchschnitt bei 0,260, und dort ist er auch während des gesamten Jahrhunderts geblieben. (Eine Ausnahme ist der – allerdings zeitweilige – stete Anstieg in den zwanziger und dreißiger Jahren; die Gründe werde ich in Kürze genauer darlegen, aber eine Erklärung für das nachfolgende Aussterben des Durchschnitts 0,400 bieten sie nicht, und zwar aus zwei Gründen: Erstens liegt die Ära des 0,400-Durchschnitts vor der Zeit, da der Gesamtmittelwert die übliche Höhe hatte; und zweitens erreichte in den ganzen dreißiger Jahren kein einziger die 0,400, und das trotz der hohen Mittelwerte für alle Ligen – Bill Terrys 0,401 im Jahr 1930 habe ich noch in die Berechnung für die zwanziger Jahre einbezogen.) Damit wird der Widerspruch nur noch größer: Der Durchschnitt 0,400 verschwand, obwohl die Durchschnittsleistung insgesamt konstant blieb. Warum sollten die Besten zurechtgestutzt werden, während die Durchschnittsspieler das gleiche leisteten wie zuvor? Wir müssen also zu der Schlußfolgerung gelangen, daß das Verschwinden des Durchschnitts 0,400 kein allgemeines Nachlassen der Schlagleistung widerspiegelt, weder ein absolutes noch ein relatives.

Wenn man an einem solchen toten Punkt angelangt ist, muß man gewöhnlich einen Ausweg suchen, indem man die Frage anders formuliert

* Die Unterschiede zwischen den Rekorden der beiden Ligen in jüngerer Zeit sind vor allem darauf zurückzuführen, daß nur in der American League der »Designated Hitter« als ständiger »Quälgeist« für den Pitcher eingeführt wurde. Daß er an die Stelle des Pitchers trat, beeinflußt den Durchschnitt der Jahrzehnte als solchen nicht, denn die Pitcher sind nicht in die Berechnung eingegangen. Dennoch sorgt der Designated Hitter für einen kleinen Anstieg im allgemeinen Mittelwert der American League, weil dadurch ein weiterer guter Batter an die Reihe kommt, während in der National League im Verhältnis mehr schlechte Batter zum Zuge kommen. Dennoch bleibe ich ein glühender Gegner der DH-Regel – es ist eine entscheidende Frage unserer Kultur, in der keine Halbheiten möglich sind. Man muß es lieben oder hassen!

und sich ihr dadurch auf einem neuen Weg nähert. In unserem Fall und entsprechend dem allgemeinen Thema meines Buches nehme ich deshalb an, daß wir in unserer alten Debatte um das Verschwinden des Durchschnitts 0,400 von Anfang an einen grundlegenden Fehler begangen haben. Fälschlicherweise – und sicher unbewußt, denn wir haben nie eine Alternative in Betracht gezogen – haben wir den »Durchschnitt 0,400« als eigenständiges, definierbares »Etwas« behandelt, als Phänomen, dessen Verschwinden eine besondere Erklärung erfordert. Aber der Durchschnitt 0,400 ist kein Gegenstand wie »Joe DiMaggios Lieblingsschlagholz« und noch nicht einmal eine eigenständig definierbare Kategorie von Gegenständen wie »verbesserte Handschuhe der Feldspieler in den neunziger Jahren«. Einen Fingerzeig liefert das Leitthema dieses Buches: In der Variationsbreite eines »vollen Hauses«, das heißt eines vollständigen Systems, sollte man die eigentlich »grundlegende« Realität sehen; Durchschnitts- und Extremwerte (die ersten eine Abstraktion, die zweiten nichtrepräsentative Einzelfälle) liefern oft nur ein unvollständiges oder sogar schlichtweg irreführendes Bild vom Verhalten des Ganzen.

Der Durchschnitt 0,400 ist kein Etwas oder Gebilde, kein Ding als solches. Jeder, der regelmäßig spielt, stellt einen persönlichen Trefferdurchschnitt auf, und die Gesamtheit dieser Durchschnittswerte kann

	AMERICAN LEAGUE	NATIONAL LEAGUE
1901–1910	0,251	0,253
1911–1920	0,259	0,257
1921–1930	0,286	0,288
1931–1940	0,279	0,272
1941–1950	0,260	0,260
1951–1960	0,257	0,260
1961–1970	0,245	0,253
1971–1980	0,258	0,256
1981–1990	0,262	0,254

Tabelle 2: Trefferdurchschnitte in den beiden Ligen während der einzelnen Jahrzehnte des 20. Jahrhunderts

man als herkömmliche Häufigkeitsverteilung oder Glockenkurve darstellen. Die Verteilung hat zwei Schwänze für die schlechtesten und besten Leistungen – und diese Schwänze sind unverzichtbare Bestandteile des vollen Hauses, aber keine abtrennbaren Gebilde mit einem Eigenleben. (Selbst wenn man einen Schwanz abreißen könnte, wo würde man die Grenze ziehen? Die Schwänze gehen bruchlos in den großen mittleren Bereich der Verteilung über.) In diesem richtigeren größeren Zusammenhang stellt der Durchschnitt 0,400 den rechten Schwanz in der Gesamtverteilung der Durchschnittswerte aller Spieler dar, das heißt, er ist in keiner Hinsicht ein »Ding für sich«, das man definieren oder abtrennen könnte. In Wirklichkeit erwächst unser Bestreben, eine solche Kategorie überhaupt zu erkennen, aus unserer allgemeinen seltsamen Neigung, bruchlose Übergänge in »glatte« oder »wohlklingende« Zahlenwerte zu unterteilen – man denke nur an die derzeitige Aufregung über die bevorstehende Jahrtausendwende, und das, obwohl das Jahr 2000 kein astronomischer oder kosmischer Unterschied zu 1999 zu werden verspricht (siehe Gould, 1996b).

Wenn wir den Durchschnitt 0,400, wie es richtig wäre, als rechten Schwanz einer Glockenkurve aller Trefferdurchschnitte betrachten, wird zum erstenmal eine ganz neue Erklärung möglich. Eine Glockenkurve kann breiter oder schmaler werden, je nachdem, ob die Variationsbreite wächst oder schrumpft. Angenommen, eine Häufigkeitsverteilung behält den gleichen Mittelwert, aber die Variationsbreite nimmt symmetrisch ab, so daß sich in der Nähe des Mittelwertes mehr Einzelwerte befinden, im rechten und linken Schwanz aber entsprechend weniger. In diesem Fall kann der Durchschnitt 0,400 völlig verschwinden, während der Gesamtmittelwert konstant bleibt – aber die Ursache läge dann in irgendwelchen Gründen, die zu einer geringeren Variationsbreite beiderseits des konstanten Mittelwertes führen. Dieses neue geometrische Bild für das Verschwinden des Durchschnitts 0,400 besagt noch nichts über die Ursache, aber es zwingt uns, das ganze Thema neu zu überdenken – denn ich kann mir nicht vorstellen, wie sich in einem allgemeinen Rückgang der Variationsbreite irgendeine Verschlechterung widerspiegeln soll. In Wirklichkeit dürfte es genau umgekehrt sein: Vielleicht ist die allgemeine Schrumpfung der Variationsbreite ein

Zeichen für Verbesserungen im Baseball. Zumindest kommen wir aber durch diese neue Formulierung von den herkömmlichen, festgefahrenen und unproduktiven Erklärungen weg – in diesem Fall von dem »sicheren Wissen«, daß das Aussterben des Durchschnitts 0,400 einen Trend zum Niedergang der Schlagleistung widerspiegelt. Jetzt steht es uns frei, neue Erklärungen in Erwägung zu ziehen: Warum verengt sich die Variationsbreite? Weist diese Verengung auf eine Verbesserung, eine Verschlechterung oder keines von beiden hin – und wenn, was verbessert oder verschlechtert sich eigentlich?

Funktioniert eine solche Alternativerklärung? Den ersten Teil meiner Behauptung – daß der Mittelwert der Trefferdurchschnitte relativ konstant geblieben ist – habe ich bereits belegt (siehe Tabelle 2). Aber wie steht es mit dem zweiten Teil? Ist die Variationsbreite um diesen Mittelwert herum in der Baseballgeschichte des 20. Jahrhunderts kleiner geworden? Zunächst möchte ich nachweisen, daß der Mittelwert der Trefferdurchschnitte durch aktive Mitwirkung der Regelmacher konstant geblieben ist – denn die natürliche Schrumpfung der Variation um einen gezielt festgelegten Punkt ist ein reizvolles Bild, und es bietet nach meiner Überzeugung das beste Argument für die Behauptung, das Verschwinden des Durchschnitts 0,400 sei eine berechenbare, unausweichliche Folge einer allgemeinen Verbesserung der Spielqualität.

Abbildung 14 zeigt für jedes einzelne Jahr den mittleren Trefferdurchschnitt aller regulären Spieler in beiden Ligen (die National League begann 1876, die American League 1901). In beiden Richtungen gibt es auffällige »Ausreißer«, aber immer wieder stellt sich der allgemeine Wert von 0,260 ein. Dieser Durchschnittswert wurde durch wohlüberlegte Abwandlungen der Spielregeln immer wieder hergestellt, wenn das Schlagen oder das Werfen die Oberhand zu gewinnen drohte, so daß die heilige Unveränderlichkeit unseres nationalen Lieblingszeitvertreibs in Gefahr war. Betrachten wir einmal alle größeren Schwankungen:

Nachdem der Durchschnitt beim »richtigen« Gleichgewicht angefangen hatte, sank er allmählich ab, bis er vor und nach 1890 zwischen 0,240 und 0,250 lag. Daraufhin nahm man die letzte große Veränderung in der grundlegenden Struktur des Baseballspiels vor (Ziffer 1 in Abbildung 14): In der Saison von 1893 verlegte man den Pitching

Mound auf die heutige Distanz von 60 Fuß und 6 Inch. (Anfangs war der Wurfkreis nur 45 Fuß vom Home Plate entfernt, und die Pitcher warfen den Ball unter der Hand; in der Frühzeit des Baseball wurde der Abstand immer größer, und deshalb sind Statistiken aus dem 19. Jahrhundert für solche Berechnungen nur von begrenztem Nutzen.) Wie nicht anders zu erwarten, wurde es für die Hitter zum besten Jahr aller Zeiten. Im Jahr 1894 schnellte der Trefferdurchschnitt auf 0,307 hoch und blieb bis 1901 auf hohem Niveau (Nummer 1 in Abbildung 14); dann führte man die Regel des Foulschlages ein, und nun folgte ein rascher Rückgang in den Normalbereich (zuvor hatte man bei den Schlägen eins und zwei keine Foulschläge gezählt). Nun blieb der Durchschnitt sehr niedrig, bis die Einführung des Balles mit Korkkern 1911 zu einem abrupten Anstieg führte (Nummer 3 in Abbildung 14). Die Pitcher stellten sich schnell darauf ein, und im weiteren Verlauf des Jahrzehnts kehrte der Durchschnitt wieder in den Bereich von 0,260 zurück.

Die lange Abweichung nach oben (Nummer 4 in Abbildung 14) mit fast 20 Jahren hoher Schlagleistungen in den zwanziger und dreißiger Jahren stellt die einzige größere Ausnahme von der Regel langfristiger Stabilität mit kurzen Ausreißern dar – und die faszinierenden Umstände sowie die Gründe wurden unter allen ernsthaften Fans lange diskutiert. Im Jahr 1919 schlug Babe Ruth absolut beispiellose 29 Home Runs, mehr als die meisten anderen Mannschaften insgesamt in einer Saison erreicht hatten, und 1920 steigerte er diese Zahl auf 54, also nochmals fast das Doppelte. Zu allen anderen Zeiten hätten die Baseballpäpste wahrscheinlich heftig auf diese unziemliche Veränderung reagiert und der Ruth-Tendenz mit einer wohlüberlegten Regeländerung entgegengewirkt. Aber 1920 war das Jahr einer einzigartigen Bedrohung für den Baseball. Mehrere Mitglieder der 1919 Chicago White Socks (die Gruppe, die später als Black Socks bekannt wurde), darunter auch der große 0,400-Hitter Shoeless Joe Jackson, hatten von einem Glücksspielring Geld angenommen, damit sie die World Series von 1919 absichtlich verloren. Die nun folgenden Enthüllungen richteten den Profibaseball fast zugrunde, und in der Saison 1920 gingen die Besucherzahlen in den Keller. Die Clubeigentümer (deren Geiz erst den Hintergrund für dieses zugegebenermaßen unehrenhafte und unverzeihliche Verhalten geschaffen hatte) wandten sich an Ruth als *deus ex machina*. Seine neue Spielweise ließ die Zuschauer herbeiströmen, und die Eigentümer schwammen diesmal mit dem Strom und ließen zu, daß das Spiel sich grundlegend wandelte. Der zusammengestoppelte Pitcher-Baseball, bei dem man nur einen Run auf einmal machte, irgendwie um die Bases lief und alles mögliche tat, wurde nun (zu Ty Cobbs ständigem Leidwesen) zum Stil von gestern; statt dessen kamen großartige Angriffe und Schlagholzschwünge für die Ränge in Mode. Der mittlere Trefferdurchschnitt stieg plötzlich an und blieb 20 Jahre lang auf diesem hohen Stand; im

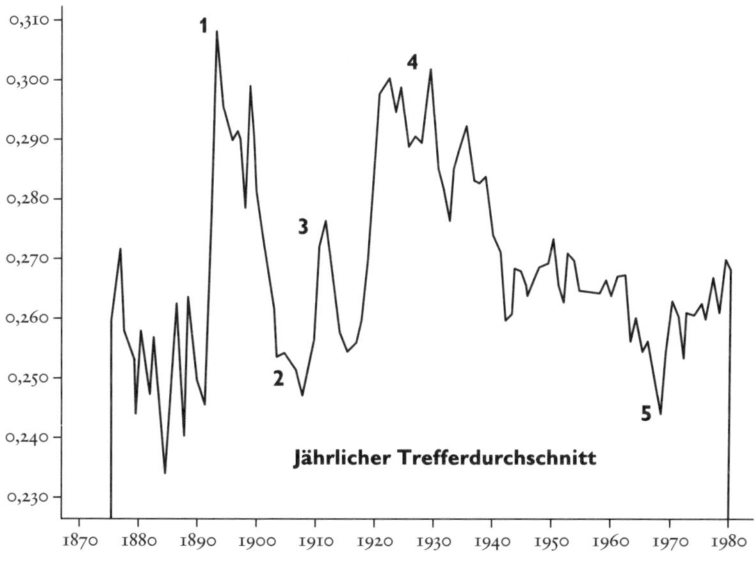

Abbildung 14: Der mittlere Trefferdurchschnitt ist für die regulären Spieler der Major League in deren gesamter Geschichte recht stabil bei 0,260 geblieben. Die wenigen Ausnahmen lassen sich erklären und wurden durch gezielte Regeländerungen »korrigiert«. Der Durchschnitt stieg, nachdem der Pitcher's Mound zurückverlegt wurde (1); nachdem man die Regel der Foulschläge eingeführt hatte, sank er (2); einen erneuten Anstieg gab es nach Einführung der Bälle mit Korkkern (3) und dann wieder in den zwanziger und dreißiger Jahren (4). Der Rückgang in den sechziger Jahren kehrte sich 1969 um, nachdem man den Pitcher's Mound niedriger und die Schlagzone kleiner gemacht hatte.

Jahr 1930 durchbrach er zum zweiten- und letztenmal sogar die Grenze von 0,300.

Aber warum konnten Ruth und andere Batter so völlig andere Leistungen erbringen, nachdem die Umstände es gestatteten? Die herkömmliche Weisheit – so ist es immer, denn wir suchen nach einem »technischen Fixpunkt« – schreibt diesen langen Höchststand des Trefferdurchschnitts der Einführung des »lebendigen Balles« zu. Aber Bill James, der größte Baseballsabermetriker, legt in *Historical Baseball Abstract* (Villard Books 1986) dar, man könne für das Jahr 1920 keine größeren Abwandlungen bei den Bällen nachweisen. Nach James' Vermutung änderten sich die Bälle nicht wesentlich, sondern der steigende Trefferdurchschnitt ist auf Veränderungen der Regeln und Einstellungen zurückzuführen, die dem Werfen gleichzeitig mehrere Hindernisse auferlegten, so daß das traditionelle Gleichgewicht 20 Jahre lang gestört war. In der Praxis begünstigten alle Abwandlungen den Batter. Trickwürfe wurden verboten, und Pitcher, die zuvor den Ball aufgerauht, poliert oder darauf gespuckt hatten, mußten ihre Possen jetzt im geheimen treiben. Die Schiedsrichter setzten sofort glänzende neue Bälle ein, wenn die kleinsten Unebenheiten oder Flecken zu erkennen waren. Zuvor hatte man so lange wie möglich mit weichen, zerkratzten und schmutzigen Bällen weitergespielt – die Fans warfen Foulbälle sogar zurück (!), wie sie es heute noch in Japan tun, außer bei Home Runs. Nach James' Ansicht begünstigte die Einführung harter, glänzender Bälle anstelle ihrer weichen, verfärbten Vorgänger die Batter mindestens ebenso stark wie die angebliche Neukonstruktion dichter gepreßter, lebhafterer Bälle.

Jedenfalls ging der Durchschnitt in den vierziger Jahren, als der Krieg überall die besten Leute abzog, in den Normalbereich zurück. Seitdem gab es nur noch eine interessante Abweichung (Nummer 5 in Abbildung 14); sie ist ein weiteres gutes Beispiel für das allgemeine Prinzip und liegt erst so kurz zurück, daß Millionen von Fans sich noch daran erinnern können. In den sechziger Jahren sank der Trefferdurchschnitt aus nie geklärten Gründen stetig ab; der Tiefpunkt war 1968 erreicht, im großen Jahr der Pitcher, als Carl Yastrzenski die American League mit minimalen 0,301 gewann und Bob Gibson seinen erstaunlichen Rekord von 1,12 für den Durchschnitt der Earned Runs aufstellte (mehr über

Gibson auf Seite 158). Und was taten die Baseballpäpste? Natürlich – sie änderten die Regeln: Der Pitcherhügel wurde niedriger und die Schlagzone kleiner. Im Jahr 1969 kehrte der Trefferdurchschnitt auf die übliche Höhe zurück – und seitdem ist er immer dort geblieben.

Ich glaube nicht, daß die Regelmacher sich mit Papier und Bleistift hinsetzen, um aus göttlicher Vollkommenheit eine Veränderung einzuführen, die den Trefferdurchschnitt auf einen Idealwert bringt. Die Mächtigen haben vielmehr ein Gespür dafür, wie das richtige Gleichgewicht zwischen Werfen und Schlagen aussieht, und entsprechend wandeln sie untergeordnete Faktoren ab (so die Höhe des Hügels, die Größe der Schlagzone, zulässige und unzulässige Abwandlungen des Schlagholzes wie Kiefernharz und Korkbelag); das alles dient der Stabilität eines Systems, dessen grundlegende Regeln und Standards sich seit über 100 Jahren nicht verändert haben.

Aber die Regelmacher haben keine Kontrolle darüber (und können sie vermutlich auch nicht haben), welche Variationsbreite sich rund um ihren ungefähr festgelegten Mittelwert einstellt. Deshalb wollte ich meine Hypothese überprüfen – sie gründet sich darauf, daß man die Realität als volles Haus der »Variation in einem System« und nicht als »Etwas, das sich irgendwohin bewegt«, betrachtet –, wonach der Durchschnitt 0,400 (der kein abgetrenntes Phänomen, sondern der rechte Schwanz einer Variationsbreite ist) wegen der um diesen stabilen Mittelwert herum schrumpfenden Variationsbreite verschwunden ist.

Eine erste Ad-hoc-Untersuchung führte ich Anfang der achtziger Jahre durch, während ich mich von einer schweren Erkrankung erholte (siehe Kapitel 2). Ich saß im Bett mit dem einzigen allgemein gebräuchlichen Buch, das dicker ist als das Telefonbuch von Manhattan – der *Baseball Encyclopedia* (New York, Macmillan). Ich hielt den Mittelwert der Trefferdurchschnitte für die fünf besten und fünf schlechtesten Spieler in jedem Jahr für ein vernünftiges Maß, um die Leistungen im rechten und linken Schwanz der Trefferdurchschnitt-Glockenkurve abzuschätzen. Ich berechnete den Unterschied zwischen den fünf höchsten Leistungen und dem Ligadurchschnitt (und auch zwischen den fünf niedrigsten Durchschnitten und dem Ligadurchschnitt) für jedes Jahr seit 1876, als die Major League begann. Wenn die Differenz zwischen den Besten und dem Durchschnitt (und auch zwischen den Schlechtesten und dem Durchschnitt) im Laufe der Zeit abnimmt, haben wir ein grobes Maß für das Schrumpfen der Variationsbreite.

Die fünf Besten sind leicht zu finden, denn die *Encyclopedia* führt sie in Jahres-Bestleistungstabellen auf. Aber niemand macht sich die Mühe, die fünf Schlechtesten der Nachwelt zu überliefern; ich mußte also Mann für Mann die Mannnschaftsaufstellungen durchgehen und bei den regulären Spielern mit mindestens zwei At-Bats je Spiel während einer ganzen Saison nach den fünf schlechtesten Trefferdurchschnitten suchen. Die Ergebnisse sind in Abbildung 15 dargestellt. Sie bestätigen eindeutig meine Hypothese, daß die Variationsbreite systematisch und symmetrisch geringer wird, so daß der rechte und linke Schwanz im Laufe der Zeit immer mehr in Richtung des Mittelwertes wandern. Der Trefferdurchschnitt 0,400 verschwand also, weil die Glockenkurve der Durchschnittswerte über die Jahre hinweg immer schmaler wurde, so daß die Extremwerte im rechten und linken Schwanz der Verteilung wegfallen. Um das Aussterben des Durchschnitts 0,400 zu verstehen, müssen wir fragen, warum die Variationsbreite sich in dieser Form verringert hat.

Einige Jahre später wiederholte ich meine Untersuchung mit einer besseren, aber auch wesentlich arbeitsaufwendigeren Methode: Ich berechnete die Standardabweichung, das übliche Maß für die Variationsbreite, für alle regulären Spieler in jedem einzelnen Jahr (drei Wochen am Computer für meinen Forschungsassistenten – der von dieser Unterbrechung beim Vermessen von Schnecken noch nicht einmal begeistert war! – anstelle mehrerer erfreulicher eigener Stunden mit der *Baseball Encyclopedia* im Bett).

Die Standardabweichung ist in der Statistik das übliche Maß für die Variationsbreite. Die errechneten Werte für die einzelnen Jahre geben die Breite der gesamten Glockenkurve wieder, die sich (ungefähr) als durchschnittlicher Abstand zwischen Spielern und Mittelwert angeben läßt, und mit ihr haben wir in Form einer einzigen Zahl die bestmögliche Abschätzung der gesamten Variationsbreite. Um die Standardabweichung zu berechnen, nimmt man (in diesem Fall) jeden einzelnen Trefferdurchschnitt und subtrahiert ihn vom Ligadurchschnitt des betreffenden Jahres. Die so gewonnenen Werte setzt man ins Quadrat (das heißt, man multipliziert sie mit sich selbst), um negative Werte für Trefferdurchschnitte unter dem Mittelwert zu beseitigen (denn eine negative Zahl, mit sich selbst multipliziert, ergibt einen positiven Wert). Nun addiert man alle Ergebnisse und dividiert sie durch die Gesamtzahl der Spieler, so daß man einen Mittelwert der Quadrate der Abweichung einzelner Spieler vom Mittelwert erhält. Schließlich zieht man aus dieser Zahl die Quadratwurzel, und damit hat man die mittlere Abweichung oder Standardabweichung selbst. Je größer sie ist, desto umfangreicher oder breiter ist die Variation.*

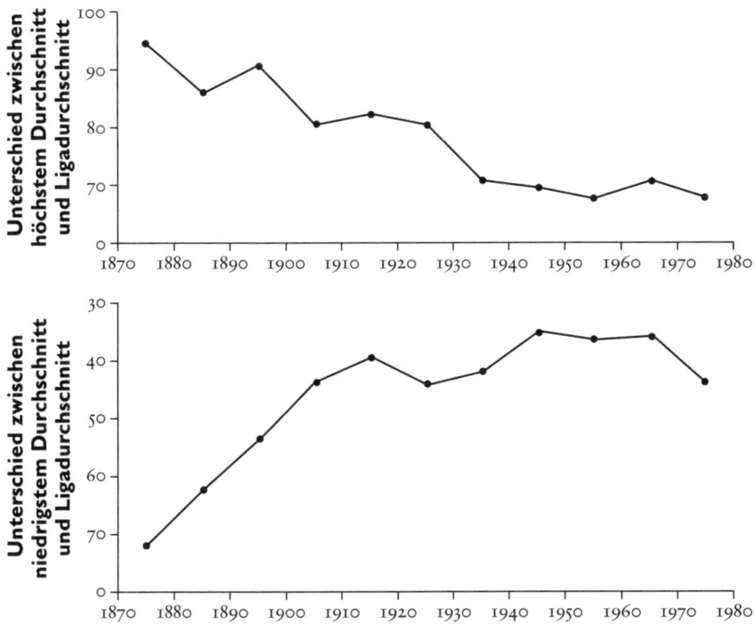

Abbildung 15: Die Abnahme des Unterschieds zwischen höchstem bzw. niedrigstem Trefferdurchschnitt und dem Ligadurchschnitt in der Baseballgeschichte.

* Ich habe meine erste Methode als »ad hoc« bezeichnet, weil die fünf besten und die fünf schlechtesten Spieler eine schnellere und gröbere Berechnungsgrundlage darstellen als alle Spieler und die daraus abgeleitete Standardabweichung. Aber ich wußte, daß diese Abkürzung ein guter Ersatz für die genauere Standardabweichung war,

Die Standardabweichung liefert ein genaueres Bild von der Schrumpfung der Variationsbreite um den Mittelwert der Trefferdurchschnitte – in Abbildung 15 ist sie für jedes einzelne Jahr eingetragen, ohne Durchschnittswerte für Jahrzehnte oder andere Zeiträume. Wieder bestätigt sich meine allgemeine Hypothese: Die Variationsbreite nimmt im Laufe der Zeit stetig ab, und mit der Schrumpfung des rechten Schwanzes verschwindet der Trefferdurchschnitt 0,400. Aber mit der besseren und aussagekräftigeren Methode der Standardabweichung erkennt man im Verlauf der Abnahme noch einige bestätigende Details, die mir in der ersten Analyse entgangen sind. Wie man vor allem feststellen kann, ist die Standardabweichung zwar stetig und unwiderruflich geringer geworden, aber diese Verringerung hat sich im Laufe der Jahre verlangsamt, weil der Baseball sich stabilisiert hat – im 19. Jahrhundert sank sie schnell, im 20. langsamer, und seit etwa 1940 war eine Ebene erreicht.

Man möge mir mein Eigenlob verzeihen: Ich war über die Eleganz und Klarheit dieses Ergebnisses verblüfft und entzückt (und zwar über alle Maßen). Wie das Muster allgemein aussehen würde, wußte ich aus meiner früheren Analyse, aber ich hätte mir nie träumen lassen, daß die Variationsbreite so regelmäßig abnimmt, so ohne Anomalien oder Ausnahmen auch nur für ein einziges Jahr, so gleichmäßig, daß man sogar Feinheiten wie die Verlangsamung der Abnahme erkennen kann. Ich habe während meiner gesamten Berufslaufbahn solche statistischen Verteilungen untersucht, und ich weiß, wie selten man derart saubere Ergebnisse erhält, selbst wenn es sich um anständigere Daten aus kontrollierten Experimenten oder um natürliches Wachstum in einfachen Systemen handelt. Aber die Abnahme der Standardabweichung für den Trefferdurchschnitt verläuft so regelmäßig, daß die Abbildung 16 aussieht wie die schematische Darstellung eines Naturgesetzes.

Ich finde diese Regelmäßigkeit vor allem deshalb bemerkenswert, weil das Diagramm für den Trefferdurchschnitt selbst (Abbildung 14)

denn die Standardabweichung ändert sich besonders stark durch Werte, die weit vom Mittelwert entfernt sind – das ergibt sich daraus, daß man den Abstand der Spieler vom Mittelwert während der Berechnung ins Quadrat setzt. Da meine schnelle, grobe Methode sich nur der Werte bediente, die am weitesten vom Mittelwert entfernt waren, wußte ich, daß sie der Standardabweichung sehr nahe kommen würden.

alle Schwankungen zeigt, mit denen man in natürlichen Systemen rechnet. Diese mittleren Trefferdurchschnitte wurden von den Regelmachern des Baseball häufig manipuliert, weil man eine allgemeine Gleich-

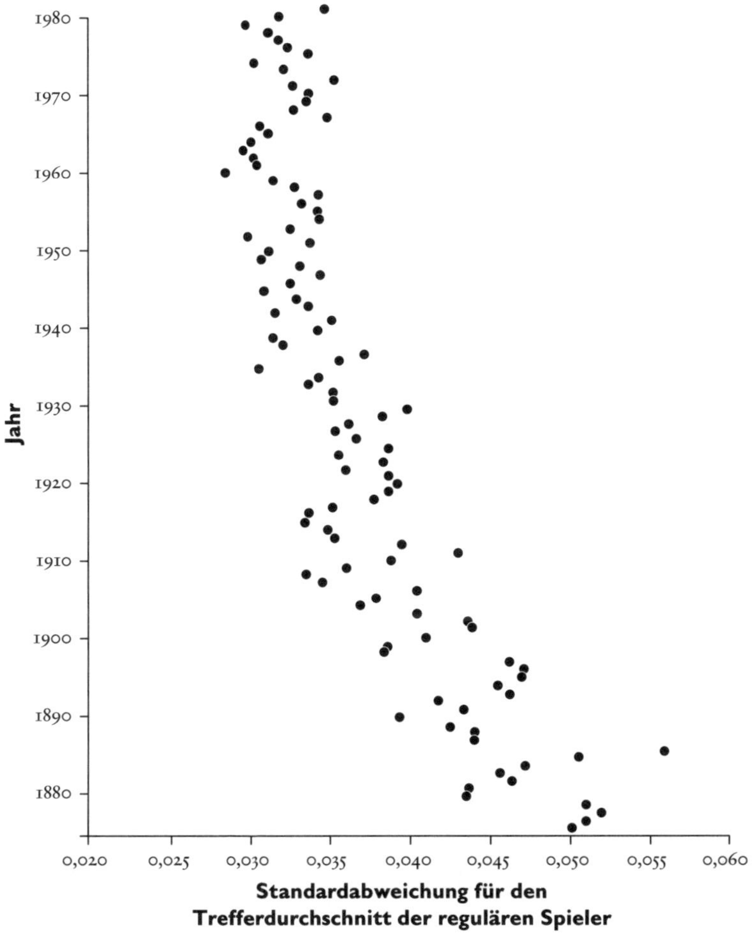

Abbildung 16: Standardabweichungen für den Trefferdurchschnitt aller regulären Spieler in den ersten 100 Jahren der Baseballgeschichte. Man beachte den regelmäßigen Rückgang.

mäßigkeit aufrechterhalten wollte, aber noch nie hat jemand versucht, an der Standardabweichung herumzuspielen. Und während der mittlere Trefferdurchschnitt je nach den Launen der Historie und den Unwägbarkeiten neuer Erfindungen auf und ab schwankte, ging die Standardabweichung mit abnehmender Geschwindigkeit ständig zurück, offenbar ohne nennenswerte Störungen und aufgrund einer interessanten Regel oder eines allgemeinen Prinzips im Verhalten von Systemen – und dieses Prinzip dürfte die Anwort auf die alte Frage liefern, warum der Trefferdurchschnitt 0,400 verschwunden ist.

Die Einzelheiten der Abbildung 16 sind in ihrer ausnahmslosen Regelmäßigkeit faszinierend. In den vier Anfangsjahren nach 1870 beobachten wir hohe Standardabweichhungen von mehr als 0,050; der letzte Wert über 0,050 kommt 1886 vor. Das übrige 19. Jahrhundert ist von Werten zwischen 0,040 und 0,050 geprägt, und in drei Jahren liegt die Standardabweichung bereits etwas tiefer, nämlich bei 0,038 bis 0,040. Aber den letzten Wert über 0,040 beobachtet man 1911. In der Folgezeit verläuft die Abnahme über viele Jahre hinweg mit der gleichen regelmäßigen Genauigkeit. Der letzte Spitzenwert von 0,037 kommt 1937 vor, und 0,035 zum letztenmal 1941. Seit 1957 lag die Standardabweichung nur noch zweimal über 0,034. Zwischen 1942 und 1980 blieb der Wert ausnahmslos in dem engen Bereich von 0,0285 und 0,0343. Ich hatte angenommen, das Muster würde wenigstens durch ein ungewöhnliches Jahr gestört – mindestens ein Jahr im 19. Jahrhundert, so dachte ich, müßte einen ähnlich niedrigen Wert wie das 20. Jahrhundert zeigen oder ein späteres Jahr einen hohen Wert wie im 19. –, aber so etwas kommt nicht vor. Alle Jahreswerte zwischen den Anfängen der Major League und 1906 liegen höher als alle Werte von 1938 bis 1980. Es gibt keine einzige Überschneidung. Als alter Statistiker kann ich versichern: Dieses Muster zeigt eine ungeheure Regelmäßigkeit. Die Analyse hat etwas Allgemeines deutlich gemacht, das über die Eigentümlichkeiten eines besonderen Systems hinausgeht; diese Regel oder dieses Prinzip soll uns verstehen helfen, warum der Trefferdurchschnitt 0,400 im Baseball ausgestorben ist.

10. Kapitel Warum zeigt das Aussterben des Durchschnitts 0,400, daß das Spiel sich verbessert hat?

Bisher habe ich nur auf eine Gesetzmäßigkeit hingewiesen, die sich auf unkonventionelle Begriffe und Bilder gründet. Eine Erklärung habe ich aber noch nicht geliefert. Wie ich dargelegt habe, sollte man den Trefferdurchschnitt 0,400 als untrennbaren Bestandteil in einem vollen Haus der Variation betrachten – das heißt als rechten Schwanz einer Kurve von Trefferdurchschnitten – und nicht als eigenständiges Etwas, dessen Verschwinden in irgendeiner Form auf den Niedergang der Schlagtechnik hinweisen muß.

Nach dieser neuen Vorstellung verschwindet der Durchschnitt 0,400 als Folge der schrumpfenden Variationsbreite beiderseits eines stabilen mittleren Trefferdurchschnitts. Die Schrumpfung ist so ausnahmslos und ähnelt in ihrer Regelmäßigkeit so stark einer Gesetzmäßigkeit, daß wir daraus eine allgemeine Erkenntnis über das Verhalten von Systemen während längerer Zeiträume ableiten können.

Warum sollte eine solche Schrumpfung der Variationsbreite ein Anzeichen für irgendeine Verschlechterung sein? Der letzte Schritt meiner Argumentation, der auch die Erklärung beinhaltet, muß über die statistische Analyse von Trefferdurchschnitten hinausgehen. Wir müssen einerseits in Rechnung stellen, daß es sich beim Baseball um ein System handelt, und andererseits einige allgemeine Eigenschaften von Systemen betrachten, die ohne wichtige Veränderungen von Verfahren und Verhalten über längere Zeit bestehengeblieben sind. Deshalb widme ich dieses Kapitel den Gründen, warum ich den Verlust des Durchschnitts 0,400 als Anzeichen für besseren Baseball feiere.

Zwei Überlegungen und die Befunde, die sie stützen, bringen mich zu der Überzeugung, daß die Schrumpfung der Variationsbreite (mit dem daraus folgenden Verschwinden des Durchschnitts 0,400) eine allgemeine Verbesserung der Spielqualität kennzeichnet. Die beiden Formulierungen wirken auf den ersten Blick sehr unterschiedlich, aber in Wirklichkeit sind sie verschiedene Facetten des gleichen Arguments.

1. *Komplexe Systeme verbessern sich, wenn ihre besten Leistungsträger über längere Zeit hinweg nach den gleichen Regeln spielen. Wenn ein System sich verbessert, erreicht es ein Gleichgewicht, und die Variationsbreite nimmt ab.* Eine solche Analyse ist bei keiner anderen wichtigen amerikanischen Sportart möglich, denn in allen anderen haben sich die grundlegenden Spielregeln zu oft und in zu junger Vergangenheit verändert. Als Teenager spielte ich Basketball ohne die 24-Sekunden-Regel. Mein Vater spielte mit einem Sprungball nach jedem Korbwurf. Sein Vater hätte (bei entsprechender Neigung oder dem richtigen kulturellen Hintergrund) den Ball mit beiden Händen über das Feld gedribbelt. Und die Schüler von Mr. Naismith* warfen den Ball in einen Weidenkorb. Während in den neunziger Jahren des 19. Jahrhunderts noch der Weidenkorb hing, gab es im Baseball (wie im vorangegangenen Kapitel erörtert) bereits die letzte wichtige Regeländerung, nämlich die Vergrößerung der Entfernung zum Pitching Mound auf 60 Fuß 6 Inch.

Aber gleiche Regeln bedeuten nicht unbedingt unveränderte Praxis. (Im letzten Kapitel habe ich über die vielen kleinen Spielereien berichtet, mit denen die Regelmacher ein ausgewogenes Verhältnis zwischen Werfen und Schlagen aufrechterhalten wollten.) Durch Beobachten, Nachdenken und Herumprobieren bemühen engagierte Aktive sich ständig darum, das System zu manipulieren und sich so einen legalen Vorteil zu verschaffen (beispielsweise mit einer neuen Technik, um Kurven zu schlagen, flache Bälle hochzuholen oder dem Ball einen Drall zu verleihen und so den Batter zu täuschen). So etwas spricht sich herum, und die kleinen Veränderungen setzen sich in dem System durch. Insgesamt ergibt sich daraus im Laufe der Zeit in allen Aspekten des Spiels eine im-

* Der US-amerikanische Lehrer James Naismith (1861–1939) gilt als Erfinder des Basketball (A. d. Ü.).

mer stärkere Annäherung an die optimale Leistung in Verbindung mit einer immer geringeren Variationsbreite in den Vorgehensweisen.

In der Frühzeit der Major League steckte der Baseball noch in den Kinderschuhen. Die Grundregeln von 1890 sind auch unsere Regeln, aber eine Fülle von Feinheiten war noch nicht erfunden oder entwickelt. Um eine stabile Mitte herum gab es in allen Richtungen rauhe Ecken und Kanten. Ich möchte nur ein paar Beispiele nennen (die ich dem *Historical Baseball Abstract* von Bill James entnommen habe): Die Pitcher erreichten erst nach 1890 das erste Base. Im gleichen Jahrzehnt entwickelte Brooklyn das Cutoff-Spiel, die Boston Beaneaters erfanden das Hit-and-Run und die Verständigung zwischen Runner und Batter. Die Handschuhe waren in dieser Frühzeit ein Witz – ein Stück Leder um die Hand und nicht wie heute ein Korb zum Fangen der Bälle. Ein schönes Symbol für größere Toleranz und Variationsbreite boten die Philadelphia Phillies: Sie experimentierten 1896 tatsächlich 73 Spiele lang mit einem Linkshänder als Short stop. Wie nicht anders zu erwarten, traf die traditionelle Weisheit zu: Er war hundsmiserabel und fuhr unter allen regulären Short stops der Liga den schlechtesten Durchschnitt im Feldspiel mit den wenigsten Assists ein.

In der Frühzeit des Baseball war die Spielweise noch nicht so regelmäßig und optimiert, daß man damit die Leistungen der Allerbesten hätte vereiteln können. Wee Willie Keeler konnte »sie schlagen, wo sie nicht sind« (sein Motto) und 1897 einen Trefferdurchschnitt von 0,432 erreichen, weil die Feldspieler noch nicht wußten, wo sie stehen mußten. Allmählich und durch Auswertung vieler Erfahrungen gelangten die Spieler zu optimalen Methoden bei Aufstellung, Feldspiel, Werfen und Schlagen – und die Variationsbreite ging zwangsläufig zurück. Heute treffen die besten Spieler auf ebenfalls perfekt eingestellte Gegner, und deshalb können sie die Extremleistungen, die eine Zeit des eher lockeren Herumprobierens kennzeichnen, nicht mehr erreichen. Wir können das Verschwinden des Durchschnitts 0,400 nicht einfach damit erklären, daß die Manager das Relief Pitching erfanden (auch wenn es stimmt), während die Pitcher den Slider erfanden – denn in solchen herkömmlichen Erklärungen betrachtet man den Durchschnitt 0,400 als eigenständiges Phänomen und sein Aussterben als wichtigstes

Zeichen für einen Verfall der Treffleistung. In Wirklichkeit hat sich aber die Schlagtechnik genau wie alle anderen Aspekte des Spiels verbessert, denn die Sportart hat insgesamt ihre Standards verschärft, engere Toleranzgrenzen gezogen und damit auch das Leistungsspektrum eingeengt; alle Teile des Spiels sind vom breiten Fuß des Hügels in Richtung eines viel schmaleren Gipfels geklettert.

Sehen wir uns einmal an, in welchem Dilemma ein moderner Wade Boggs, Tony Gwynn, Rod Carew oder George Brett stecken würde. Kann man wirklich glauben, daß diese großen Batter schlechter sind als Wee Willie Keeler (der 1,62 Meter groß war und 63 Kilo wog), Ty Cobb oder Rogers Hornsby? Heute wird jeder Wurf eingeordnet, und jeder Schlag wird auf den Quadratzentimeter genau festgehalten. Feldspiel und Austausch haben sich gewaltig verbessert. In den späteren Innings muß man sich mit frischen, ausgeruhten Pitcherarmen auseinandersetzen; die Feldspieler sammeln flache Bälle mit Handschuhen ein, die so groß sind wie der Fußabdruck eines Dinosauriers. Im Verhältnis zur rechten Wand der menschlichen Leistungsgrenzen müssen Tony Gwynn und Wee Willie Keeler an der gleichen Stelle stehen, nämlich knapp vor der theoretischen Vollkommenheit (das heißt vor dem Besten, was Muskeln und Knochen eines Menschen hergeben). Aber die durchschnittlichen Spielfähigkeiten haben sich so stark an Gwynn angenähert, daß er nicht mehr den Spielraum hat, die Unvollkommenheiten der anderen auszunutzen. Zusammen müssen diese allgemeinen Verbesserungen den großen Battern 10 bis 20 Hits im Jahr rauben – ein Bonus, der ausreichen würde, um jedem Spitzenbatter unserer Zeit einen Durchschnitt von 0,400 zu verschaffen.

Ich habe meine Argumentation engstirnig in den Begriffen und mit Personen aus dem Baseball formuliert. Dennoch bin ich überzeugt, daß ich damit eine allgemeine Eigenschaft von Systemen beschreibe, in denen Einzelelemente unter gleichbleibenden Regeln und um des Sieges willen untereinander konkurrieren. Einzelne Mitspieler bemühen sich, Mittel zur Verbesserung zu finden – bis zu einer Grenze, die durch das Gleichgewicht der Konkurrenz und die mechanischen Eigenschaften des Materials gezogen wird –, und ihre Entdeckungen sammeln sich in dem System an, so daß sich ein allgemeiner Zugewinn in Richtung eines Optimums ergibt. Wenn das System sich dem schmalen Gipfel nähert, muß die Variationsbreite abnehmen – denn jetzt können nur noch die Besten mitmachen, während ihre Vorgänger noch allmählich und durch Ausprobieren bessere Methoden entdeckt haben, die sich jetzt nicht mehr wesentlich weiterentwickeln lassen. Sobald jemand eine wirklich überlegene Vorgehensweise entdeckt, machen alle anderen sie nach, und die Variation nimmt ab.

Ähnliche Gründe (und außerdem ein gerüttelt Maß an historischen Zufällen) sind nach meiner Vermutung auch dafür verantwortlich, daß sich in der Autotechnik einheitlich der Verbrennungsmotor durchgesetzt hat, nachdem es anfangs ein breites Spektrum von Möglichkeiten einschließlich Dampfkraft und Elektromotoren gab. Das gleiche gilt für die Standardisierung des Geschäftslebens, für den Rückgang der anfangs großen Vielfalt vielzelliger Tiere, von denen nur eine Handvoll Stämme übriggeblieben sind (siehe Gould, 1989), und für das Verschwinden des Trefferdurchschnitts 0,400 im Baseball, bei dem die Variationsbreite um einen stabilen mittleren Trefferdurchschnitt schrumpft.

In der guten alten Zeit der größeren Variationsbreite und des schlechteren Spiels konnte ein guter Feldspieler, der aber beim Schlagen nicht traf, in die Mannschaft kommen – heute, da das Spiel sich verbessert hat und mehr Anwärter bereitstehen, ist so etwas nicht mehr möglich. Deshalb schrumpfte der linke Schwanz ebenfalls und bewegte sich zur Mitte. In der gleichen sagenumwobenen Zeit konnten die besten Batter das nachlässigere System ausnutzen, in dem die gegnerischen Fähigkeiten von Werfen und Feldspiel noch nicht optimal entwickelt waren. Die besten heutigen Batter sind wahrscheinlich genausogut oder sogar besser, aber die Durchschnittsleistungen beim Werfen und im Feldspiel haben sich so verbessert, daß die wirklich Hervorragenden sich weniger stark vom Normalen abheben. Deshalb schrumpfte der rechte Schwanz und bewegte sich zur Mitte.

Zum erstenmal veröffentlichte ich diese Gedanken im März 1983 in der Erstausgabe der wieder zum Leben erweckten *Vanity Fair.* Zu meiner großen Genugtuung wurden einige Sabermetrikerkollegen aufmerksam; sie nahmen die Herausforderung an und überprüften meine

Ideen anhand anderer Quellen für Baseballdaten. Die Ergebnisse waren höchst erfreulich. Insbesondere lieferten meine Kollegen gute Beispiele für die beiden wichtigsten Voraussagen, die sich aus dem Modell der allgemeinen Verbesserung und abnehmenden Variationsbreite ergeben.

Spezialisierung und Arbeitsteilung. Seit Adam Smith sein Werk *The Wealth of Nations* mit dem berühmten Beispiel der Nadelherstellung eröffnete, galten Spezialisierung und Arbeitsteilung immer als wichtigste Kriterien für zunehmende Effizienz und Annäherung an die Optimalbedingungen. John Fellows, Pete Palmer und Steve Mann zeichneten in ihrem Aufsatz »On the tendency toward increasing specialization following the inception of a complex system – professional baseball 1871–1988« ein Diagramm mit der Zahl der Spieler in der Major League, die während einer einzigen Saison auf mehr als einer Feldposition spielten (Abbildung 17). Man beachte die stetige Abnahme mit nachfolgender Stabilisierung, ein ganz ähnliches Muster wie beim Rückgang der Standardabweichungen in Abbildung 16 – und das, obwohl in diesem Fall die zunehmende Spezialisierung während der Baseballgeschichte gemessen wird. (Warum die Werte in den sechziger Jahren leicht ansteigen, weiß ich nicht, aber zumindest erreichen sie nirgendwo auch nur entfernt das hohe Niveau der Baseballfrühzeit.)

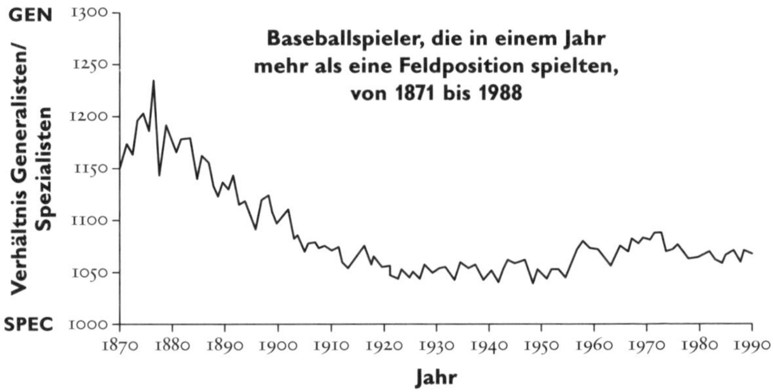

Abbildung 17: Zunehmende Spezialisierung, dargestellt als abnehmende Zahl der Spieler, die in einem Jahr mehr als eine Feldposition spielten.

Abnehmende Variationsbreite. Meine Kollegen Sangit Chatterjee und Mustafa Yilmaz vom College of Business Administration der Northeastern University (Baseball schafft manchmal wunderbare Verbindungen in unserer beruflichen Vielfalt) schrieben einen Artikel mit dem Titel »Parity in baseball: stability of evolving systems« (»Ausgewogenheit im Baseball: die Stabilität sich entwickelnder Systeme«). Sie suchten nach einem Beispiel, das noch allgemeiner ist als die schrumpfende Variationsbreite beim Trefferdurchschnitt, und stellten dazu folgende Überlegung an: Wenn sich das Spiel insgesamt verbessert hat, so daß die Variationsbreite in einer Gruppe einheitlich besserer Spieler geringer ist, sollten die Unterschiede zwischen den Mannschaften ebenfalls abnehmen, das heißt, der Abstand zwischen den besten und schlechtesten Clubs sollte kleiner werden, weil alle heute so viele gute Spieler aufstellen können, daß es im Laufe der Zeit zu einer Nivellierung kommt. Dazu trugen die Autoren die Standardabweichungen für den prozentualen Abstand der Saisonsiege für alle Jahre seit dem Beginn der Baseball-Ligen auf. Abbildung 18 zeigt eine stetige Abnahme der Standardabweichung – ein Hinweis, daß der Unterschied zwischen den besten und schlechtesten Clubs in der Geschichte dieser Sportart immer geringer wurde.*

2. *Wenn das Spiel sich verbessert und die Glockenkurven in Richtung der rechten Wand wandern, muß die Variationsbreite im rechten Schwanz schrumpfen.* Den Begriff der »Wände« habe ich schon im Kapitel 2 erläutert: Sie sind Ober- und Untergrenzen der Variation, die durch Naturgesetze, den Aufbau des Materials und ähnliches zustande kommen.

* Gliedert man diese Statistik weiter auf, erhält man detailliertere Gesetzmäßigkeiten, die ebenfalls die gleiche Hypothese stützen. Die National League begann 1876, die American League 1901. Da Systeme sich der Hypothese zufolge durch eine zunächst schnelle und dann langsamere Abnahme der Variationsbreite stabilisieren, kann man voraussagen, daß die Variation zwischen 1900 und 1930 in der American League, die damals neu war, während die National bereits ein mittleres Alter erreicht hatte, schneller abnehmen sollte. Diese Gesetzmäßigkeit ergibt sich tatsächlich, und zwar sowohl für die Standardabweichung des Trefferdurchschnitts in meinen Berechnungen als auch für die Unterschiede zwischen den besten und schlechtesten Mannschaften in den Daten von Chatterjee und Yilmaz.

(Das Prinzip hatte ich mit der linken Wand im Zusammenhang mit meiner Krankheitsgeschichte deutlich gemacht – es ging um die offenkundige, logische Grenze des Zeitraumes Null zwischen einer Diagnose und dem Tod aufgrund derselben Krankheit. Im nächsten Kapitel werden wir uns auf die linke Wand einer Mindestkomplexität für Lebewesen konzentrieren – etwas Einfacheres als Bakterienzellen kann nicht in fossiler Form erhalten bleiben.) Ich glaube, jeder wird mir zustimmen, daß es für menschliche Leistungen eine »rechte Wand« geben muß. Wir können nicht mehr zuwege bringen, als unsere Knochen und Muskeln zulassen; kein Mensch wird jemals so schnell wie ein Gepard laufen oder wie ein Vogel fliegen. Und wir würden nach meiner Überzeugung auch einräumen, daß manche außergewöhnlichen Menschen mit einer Kombination aus genetischer Veranlagung, besessener Hingabe und eisernem Training ihren Körper zu Leistungen treiben können, die dieser rechten Wand der menschlichen Fähigkeiten sehr nahe kommen.

Ich habe zuvor ein sportliches Phänomen erörtert, das offenbar die Annäherung an die rechte Wand kennzeichnet: Die Verbesserung (gemessen als Brechen von Rekorden) verlangsamt sich, wenn eine Sportart heranreift, größere Belohnungen verspricht, allgemein zugänglich wird

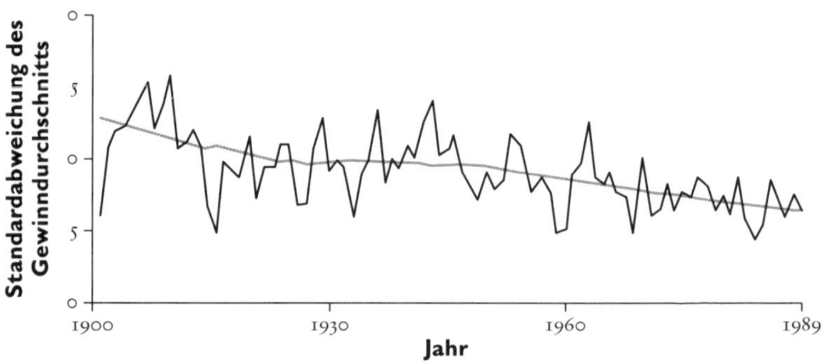

Abbildung 18: Abnahme der Standardabweichung für den Gewinndurchschnitt aller Mannschaften in der National League. Der Trend zeigt, daß die Leistungen der Mannschaften sich immer mehr annähern – eine Folge der besser werdenden Spielqualität.

und ihre Trainingsmethoden optimiert (siehe Seite 118–124). In dieser Abflachung muß sich die Annäherung der Besten an die rechte Wand widerspiegeln. Je länger eine Sportart mit konstanten Regeln und breiten Zugangsmöglichkeiten bestehenbleibt, desto näher sollten die Besten an der rechten Wand stehen und desto weniger sollten wir mit einer plötzlichen, erheblichen Verbesserung der Rekorde rechnen. Als George Plympton vor einigen Jahren über einen aussichtsreichen Pitcher schrieb, der angeblich mit 140 Meilen in der Stunde werfen konnte, erkannten alle ernsthaften Fans den Schwindel in diesem »ehrlichen« Bericht, aber viele weniger bewanderte Leute fielen darauf herein. Von Walter Johnson in den zwanziger Jahren bis zu Nolan Ryan heute haben alle Baseballpitcher versucht, so schnell wie möglich zu werfen, aber keiner kam dauerhaft über 100 Meilen pro Stunde. In Wirklichkeit warf Johnson vermutlich ebenso schnell wie Ryan. Wir können also davon ausgehen, daß diese Männer, was die Fähigkeiten eines menschlichen Arms angeht, dicht an der rechten Wand stehen. Wenn es nicht gerade eine unerwartete neue Erfindung in der Wurftechnik gibt, wird niemand aus dem Baseballhimmel herabsteigen und auf einmal um 40 Prozent schneller werfen – nicht nachdem es die Besten schon seit einem Jahrhundert versuchen.

Sehr leicht erkennt man die Annäherung an die rechte Wand in Sportarten, in denen absolute Rekorde in Form von Zeiten und Strecken gemessen werden. Wie ich bereits dargelegt habe, werden die Rekordzeiten im Marathonlauf und praktisch allen anderen Disziplinen, in denen es stabile Regeln und keine größeren Neuentwicklungen gibt, stetig kürzer, und zwar nach dem üblichen Muster zunächst schnell und später langsamer, weil die Besten sich der rechten Wand nähern. Im Baseball ist dieses Prinzip nicht ohne weiteres zu erkennen, weil die meisten Rekorde eine Leistung im Verhältnis zu einer anderen betreffen und nicht nach absoluten Maßstäben von Zeit oder Distanz gemessen werden. Ein mittlerer Trefferdurchschnitt von 0,260 in einer Liga ist keinerlei absolutes Maß, sondern nur eine allgemeine Erfolgshäufigkeit der Batter gegen die Pitcher. Deshalb bedeutet die Zu- oder Abnahme des mittleren Trefferdurchschnitts nicht, daß die Batter, absolut gesehen, besser oder schlechter geworden sind, sondern sie besagt nur, daß ihre Leistung im Verhältnis zu den Pitchern sich verändert hat.

Wir haben uns also beim Lesen der Baseballstatistik täuschen lassen. Wir stellen fest, daß der mittlere Trefferdurchschnitt nie stark von 0,260 abgewichen ist, und nehmen deshalb fälschlicherweise an, die Fähigkeiten der Batter seien in hundert Jahren des Trotts gleichgeblieben. Wir stellen fest, daß der Durchschnitt 0,400 verschwunden ist, und nehmen fälschlicherweise an, die gute Treffgenauigkeit sei den Bach runtergegangen. Wenn wir aber solche Durchschnittswerte als relative Rekorde betrachten und davon ausgehen, daß Profibaseballer wie alle anderen Spitzensportler im Laufe der Zeit immer besser werden, ergibt sich ein anderes (und mit ziemlicher Sicherheit richtiges) Bild (Abbildung 19); es stellt den Trefferdurchschnitt als Bestandteil in einem vollen Haus der Variation mit glockenförmiger Verteilung dar, und als beiläufige, nicht besonders bedeutsame Folgerung können wir daran endlich ablesen, warum das Aussterben des Durchschnitts 0,400 ein Zeichen für die schrumpfende Variationsbreite und damit auch für die Verbesserung des Spiels ist.

In der Frühzeit des Baseball (oberer Teil von Abbildung 19) war das durchschnittliche Spiel weit von der rechten Wand der menschlichen Leistungsgrenzen entfernt. Die Leistungen von Pitchern und Hittern lagen beträchtlich unter dem heutigen Standard, aber das Gleichgewicht zwischen beiden war nicht anders als jetzt – das messen wir als unveränderten Trefferdurchschnitt 0,260. In der Frühzeit war also der Durchschnitt 0,260 recht weit von der rechten Wand entfernt, und die Variation erstreckte sich weit nach beiden Seiten – am unteren Ende, weil das nachlässigere, weniger ausgefeilte System auch guten Feldspielern, die aber nicht treffen konnten, das Mitmachen ermöglichte; und am oberen Ende, weil zwischen dem Durchschnitt und der rechten Wand noch viel Platz war.

Wenige begabte und entschlossene Männer treiben ihre Leistungen immer bis an die Grenzen der menschlichen Fähigkeiten und stehen damit dicht an der rechten Wand. In der Frühzeit des Baseball befanden sie sich damit so weit oberhalb des Mittelwertes, daß man ihre überlegenen Leistungen als Trefferdurchschnitt 0,400 messen konnte.

Betrachten wir nun den modernen Baseball (unterer Teil von Abbildung 19). Die allgemeine Qualität hat sich in allen Aspekten des Spiels verbessert, aber das Gleichgewicht zwischen Schlagen und Werfen ist unverändert geblieben. (Wie die maßgeblichen Institutionen mit den Regeln herumgespielt haben, um dieses Gleichgewicht aufrechtzuerhalten, habe ich auf den Seiten 129–134 geschildert.) Deshalb ist der mitt-

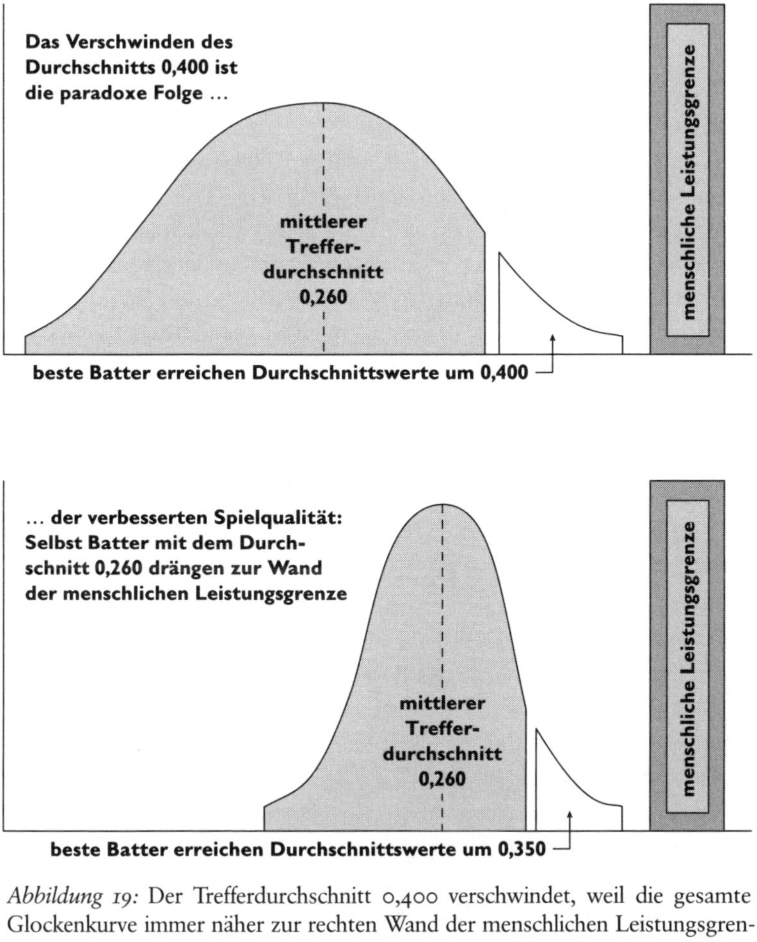

Abbildung 19: Der Trefferdurchschnitt 0,400 verschwindet, weil die gesamte Glockenkurve immer näher zur rechten Wand der menschlichen Leistungsgrenzen wandert, während die Variationsbreite abnimmt. Oben: Baseball zu Beginn des 20. Jahrhunderts; unten: Baseball heute.

lere Trefferdurchschnitt konstant geblieben, aber diese stabile Zahl kennzeichnet heute eine deutlich bessere Leistung beim Schlagen *und* Werfen. Demnach muß der Durchschnittswert heute viel näher an der rechten Wand liegen. Gleichzeitig ist die Variationsbreite des gesamten Systems zwangsläufig auf beiden Seiten geschrumpft – am unteren Ende, weil in dem besseren Spiel kein Platz mehr für Leute ist, die zwar im Feld gut spielen, aber nicht treffen; und am oberen Ende einfach deshalb, weil zwischen dem aufwärtswandernden Mittelwert und der unveränderlichen rechten Wand viel weniger Spielraum bleibt. Die besten Batter sind heute an der Obergrenze der rechten Wand gefangen und müssen näher am Mittelwert liegen als ihre Kollegen von einst.

Die besten Batter von heute können nicht schlechter sein als diejenigen, die früher auf 0,400 kamen. In Wirklichkeit haben sich die heutigen Stars gegenüber früher wahrscheinlich geringfügig verbessert, so daß sie jetzt ein paar Zentimeter näher an der rechten Wand stehen. Aber der Durchschnittsspieler ist um einige Meter weiter an die rechte Wand herangerückt – und damit ist der Abstand zwischen dem Normalen (das bei 0,260 geblieben ist) und der Spitze geringer geworden, so daß es Trefferdurchschnitte von 0,400 nicht mehr gibt. Es ist also eine gewisse Ironie: Das Verschwinden des Durchschnitts 0,400 ist nicht etwa ein Anzeichen für irgendeinen Niedergang, sondern es kennzeichnet im Gegenteil die allgemeine Steigerung der Spielqualität.

Unser Zutrauen zu dieser Erklärung wird wachsen, wenn wir aus der Statistik zusätzliche unterstützende Daten über andere Aspekte des Spiels gewinnen können. Ich habe ähnliche Aufstellungen über die beiden anderen wichtigen Teile des Baseballspiels zusammengestellt: über Feldspiel und Werfen. Beide sprechen ebenfalls für die zentralen Voraussagen eines Modells, das zunehmende Spielqualität bei abnehmender Variationsbreite postuliert, so daß die Besten den Abstand zum Durchschnitt nicht mehr in zahlenmäßige Vorteile ummünzen können.

Die meisten Werf- und Schlagrekorde sind relativ, aber das wichtigste Maß für gutes Feldspiel ist absolut (zumindest in seinen Auswirkungen). Ein Durchschnitt im Feldspiel ergibt sich aus dem Verhältnis des Menschen zum Ball, und ich glaube nicht, daß Flach- oder Flugbälle sich im Laufe der Zeit verbessert haben (obwohl das bei den Battern der Fall war). Nach meiner Vermutung stehen die heutigen Feldspieler vor den gleichen Aufgaben wie ihre Vorgänger, und auch der Schwierigkeitsgrad ist ungefähr gleichgeblieben. Der Durchschnitt im Feldspiel (das heißt der Prozentsatz fehlerloser Chancen) dürfte deshalb ein absolutes Maß für die Veränderungen der Spielqualität darstellen. Wenn sich der Baseball insgesamt verbessert hat, sollten wir im Laufe der Zeit einen sich allmählich abflachenden Anstieg der Feldspieldurchschnitte beobachten. (Ich räume ein, daß manche Verbesserungen möglicherweise auf veränderte Bedingungen zurückzuführen sind und nicht auf eine absolute Verbesserung der Spielqualität, genau wie manche Rekorde im Laufen gebrochen werden, weil die heutigen Aschenbahnen besser geharkt und gewalzt sind. Früher war das Infield offenbar häufig holperiger und unebener als die Produkte heutiger guter Platzwarte – und manches schlechte Feldspiel früherer Zeiten hatte seine Ursache vielleicht nicht in miesen Feldspielern, sondern in einem miesen Feld. Weiterhin ist mir klar, daß die Steigerung des Durchschnitts viel mit der Verbesserung der Handschuhe zu tun hat – aber bessere Ausrüstung ist ein wichtiges historisches Thema und ein stichhaltiger Grund für meine Behauptung, das Spiel habe sich allgemein verbessert.)

Nach dem gleichen Verfahren wie beim ersten Zusammenstellen der Trefferdurchschnitte berechnete ich den Feldspieldurchschnitt für alle regulären Spieler der Ligen und den Mittelwert für die fünf Besten jedes einzelnen Jahres seit Gründung der Major League im Jahr 1876. Abbildung 20 zeigt den Durchschnitt für die National League in den einzelnen Jahrzehnten und bestätigt die Voraussagen überraschend eindeutig. Die Geschwindigkeit der Verbesserung geht nicht nur im Laufe der Zeit stark zurück, sondern die Abnahme verläuft auch stetig und unumkehrbar, selbst bei den winzigen Unterschieden der letzten Jahrzehnte, in denen der Durchschnitt einen Wert nahe bei der rechten Wand erreicht.

In der ersten Hälfte der Baseballgeschichte, den 55 Jahren von 1876 bis 1930, stieg der Durchschnitt für die besten Feldspieler der einzelnen Jahrzehnte von 0,9622 auf 0,9925, eine Zunahme um 0,0303; der Leistungsdurchschnitt aller Spieler stieg von 0,8872 auf 0,9685, was eine Verbesserung um 0,0813 darstellt. (Um ein Gespür für das Ausmaß dieser Verbesserung zu bekommen, kann man sich vor Augen halten, daß der Durchschnittsspieler von 1920 ein klein wenig besser war als die allerbesten Feldspieler von 1876.) In der zweiten Hälfte der Baseballentwicklung, den 50 Jahren von 1931 bis 1980, verlangsamte sich der Zuwachs erheblich, kam aber nie ganz zum Stillstand. In dieser Zeit stieg der Durchschnitt der Jahrzehnte für die besten Spieler von 0,9940 auf 0,9968, das heißt um den geringen Betrag von 0,0028 – weniger als zehn Prozent des Zuwachses, der für die erste Hälfte der Baseballgeschichte nachgewiesen ist. Der Liga-Durchschnitt stieg in der gleichen Zeit von 0,971 in den dreißiger Jahren auf 0,9774 in den Siebzigern – ein Gesamtzuwachs von 0,0063, also wiederum noch nicht einmal zehn Prozent der Verbesserungen im gleichen Zeitraum während der ersten Phase des Baseball.

Diese Daten finde ich nach wie vor aufregend. Wie bereits erwähnt, habe ich während meines ganzen Berufslebens ganz ähnliche statistische Daten über das Wachstum von Lebewesen und die Evolution von Abstammungslinien zusammengetragen. Ich habe ein Gespür dafür, mit was für Mustern man bei derartigen Befunden rechnen kann, und ich habe gelernt, dem unspezifischen Hintergrund und den unvermeidlichen Abweichungen von den Erwartungen besondere Aufmerksam-

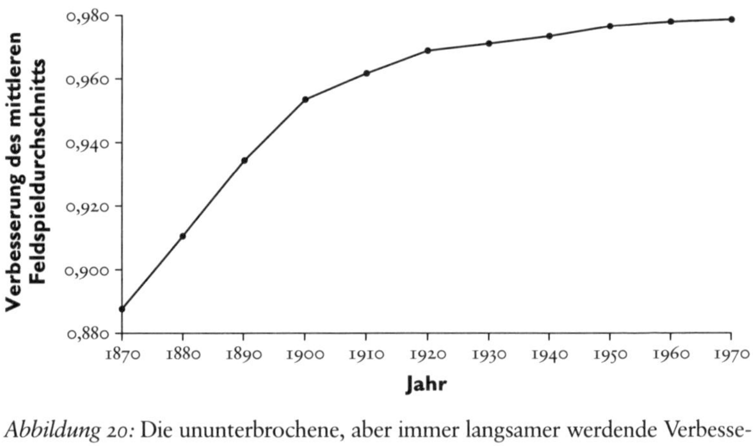

Abbildung 20: Die ununterbrochene, aber immer langsamer werdende Verbesserung des mittleren Feldspieldurchschnitts in der Baseballgeschichte.

keit zu schenken. An Daten ohne Ausnahme, wie sie in der Baseballgeschichte immer wieder auftauchen, bin ich einfach nicht gewöhnt. Ich hätte gedacht, jede menschliche Institution müsse auf die Unwägbarkeiten von Zufall und Geschichte empfindlicher reagieren als natürliche Systeme, und man werde deshalb beim Baseball (wenn überhaupt) mehr Ausnahmen und unschärfere Gesetzmäßigkeiten finden. In Wirklichkeit aber stoße ich auch hier – wie bei der abnehmenden Standardabweichung für den Trefferdurchschnitt (Seite 134) – auf eine völlig regelmäßige Veränderung, und das sogar, wenn die Gesamtzahl so gering ist, daß man schon aufgrund der unvermeidlichen statistischen Fehler des Lebens und der Berechnung einige Ausnahmen erwarten würde. Wieder beschleicht mich das unheimliche Gefühl, daß ich hier eine allgemeine Eigenschaft von Systemen berechnet habe und nicht nur einzelne Zahlen aus einer ganz bestimmten sonderbaren Institution (ja, ich weiß, es ist kein Beweis, sondern nur ein Gefühl). Baseball ist für Statistiker ein wirklich bemerkenswertes System, denn seine Daten zeigen Eigenschaften, die man sich sehnlichst wünscht, aber nur selten antrifft: Er funktioniert seit hundert Jahren nach den gleichen Regeln und hat vollständige Daten (es fehlt nichts Wesentliches) über alle meßbaren Aspekte seiner Geschichte zusammengetragen.

Ein Beispiel: In der zweiten Hälfte der Baseballgeschichte erreichen die Durchschnittswerte der fünf besten Spieler der einzelnen Jahrzehnte ein Plateau; die Verbesserung vollzieht sich erheblich langsamer, kehrt sich aber nie um – der Gesamtanstieg von nur 0,0028 ist ein ständiger Zuwachs in winzigen Schritten: 0,9940, 0,9953, 0,9958 und 0,9968. Derart winzige Verbesserungen könnte man nun als rein zufällig betrachten, aber die Werte für einzelne Jahre steigen nach genau dem gleichen Prinzip an. Wer hätte gedacht, daß die Zunahme von 0,990 über 0,991 auf 0,992 und so weiter überhaupt etwas bedeutet? Ein Anstieg um 1 in der dritten Stelle hinter dem Komma kann eigentlich kein bedeutsames Maß für die tatsächliche Spielqualität sein. Und doch wird die 0,990 zum erstenmal 1907 erreicht, die 0,991 im Jahr 1909, die 0,992 im Jahr 1914, die 0,993 im Jahr 1915, die 0,994 im Jahr 1922 und die 0,995 im Jahr 1930. Danach finde ich Gott sei Dank eine winzige Unterbrechung des regelmäßigen Musters (denn ich hatte schon geglaubt, der Baseballgott wolle mich hinters Licht führen; in der natürlichen Welt muß es einfach Ausnahmen geben). Der Wert 0,996 tritt zum erstenmal 1948 auf, aber schon vorher, nämlich 1946, schafften eifrige Feldspieler die 0,997! Danach ist wieder alles im Lot, und die 0,998 wird erst 1972 erreicht.

Diese bemerkenswerte Regelmäßigkeit kann nur dann auftreten, wenn die wichtigste Behauptung meiner Hypothese stimmt und die Variationsbreite im Laufe der Jahre abnimmt, bis sie schließlich stark eingeschränkt ist. (Bei einer derart eingeschränkten Variationsbreite sollte sich jedes allgemeine Signal leichter nachweisen lassen, auch wenn es noch so schwach ist.) In den dreißiger Jahren liegen die Jahresbestleistungen beispielsweise in dem schmalen Bereich zwischen 0,992 und 0,995, und der Durchschnitt bewegt sich zwischen 0,968 und 0,973. In den achtziger Jahren des 19. Jahrhunderts dagegen, dem ersten vollständigen Baseballjahrzehnt, schwankte die Jahresbestleistung zwischen 0,966 und 0,981 und der Durchschnitt zwischen 0,891 und 0,927.

Bestätigt wird diese Regelmäßigkeit durch entsprechende Daten aus der American League (die in Tabelle 3 zusammen mit denen der National League aufgeführt sind). Wieder finden wir eine ununterbrochene Abnahme, allerdings diesmal mit einer Ausnahme: In den siebziger Jahren gehen die Werte in der American League leicht zurück – und ich habe keine Ahnung, warum (wenn es überhaupt berechtigt ist, diese Frage bei einem so geringfügigen Effekt zu stellen). Was die Geschwindigkeit der Verbesserung über die Jahrzehnte hinweg angeht, beobachtet man zwischen den Ligen eine bemerkenswerte Ähnlichkeit. Natürlich haben wir es hier nicht mit zwei unabhängigen Systemen zu tun; beide Ligen bilden eine einzige Institution, und die Spielweise ändert sich in beiden ungefähr parallel (mit ein paar kleineren Ausnahmen wie der segensreichen Weigerung der National League, die Regel des Designated Hitter zu übernehmen). Aber der in beiden Fällen fast gleiche Verlauf zeigt, daß wir vermutlich eine echte Entwicklung und keinen statistischen Zufall beobachten.

Die Durchschnittswerte für das Feldspiel eignen sich besonders gut, um den entscheidenden Begriff der rechten Wand deutlich zu machen – diese Vorstellung ist der springende Punkt in meiner zweiten Erklärung dafür, daß man das Verschwinden des Durchschnitts 0,400 als Zeichen einer allgemein verbesserten Spielqualität ansehen kann. Der Durchschnitt des Feldspiels hat eine absolute, natürliche und logische rechte Wand bei 1,000 – denn 1,000 bedeutet fehlerloses Spiel, und eine negative Zahl von Fehlern kann man nicht begehen! Heute stehen die besten Feldspieler bereits um Haaresbreite vor dieser Wand – 0,998 entspricht etwa einem Fehler pro Jahr, und absolut perfekt kann niemand sein. (Outfielder, Pitcher und Catcher schaffen gelegentlich in einer Saison einen Durchschnitt von 1,000, aber im Infield ist das erst einem einzigen Spieler über eine ganze Saison hinweg gelungen: Steve Garvey am ersten Base im Jahr 1984.)

Auch wenn man meine Erklärung für die schrumpfende Variationsbreite am oberen Ende der Glockenkurve für die Trefferdurchschnitte anzweifelt – also daß der Mittelwert näher zur rechten Wand wandert, so daß die Variation sich auf immer engerem Raum zusammendrängt und deshalb abnimmt –, wird man mir sicher zugestehen, daß der Durchschnitt beim Feldspiel so dicht an der endgültigen Wand steht. In

	NATIONAL LEAGUE		AMERICAN LEAGUE	
	Alle Spieler	**Die fünf Besten**	**Alle Spieler**	**Die fünf Besten**
1870	0,8872	0,9622		
1880	0,9103	0,9740		
1890	0,9347	0,9852		
1900	0,9540	0,9874	0,9543	0,9868
1910	0,9626	0,9912	0,9606	0,9899
1920	0,9685	0,9925	0,9681	0,9940
1930	0,9711	0,9940	0,9704	0,9946
1940	0,9736	0,9953	0,9740	0,9946
1950	0,9763	0,9955	0,9772	0,9960
1960	0,9765	0,9958	0,9781	0,9968
1970	0,9774	0,9968	0,9776	0,9967

Tabelle 3: Feldspieldurchschnitte der fünf besten und aller Spieler der Major League in den verschiedenen Jahrzehnten.

dieser Hinsicht gab es schon in den siebziger Jahren des 19. Jahrhunderts nicht viel Spielraum, aber zwischen dem damaligen Jahrzehnt-Bestwert von 0,962 und der Wand blieb noch ein wenig Luft für Verbesserungen. Diese Verbesserung fand auch tatsächlich statt, und zwar stetig. Heute jedoch, wo die fünf Besten auf einen Durchschnitt von 0,9968 kommen, ist einfach kein Platz mehr, es sei denn, man konstruiert völlig fehlerfreie Feldspielroboter.

Wenn der Mittelwert näher zur Wand rückt, muß die Variationsbreite abnehmen. Bei dem absoluten Maß für das Feldspiel bleibt die Obergrenze gleich, und niedrige Werte werden abgeschnitten. Für das relative Maß der Treffer beim Schlagen dagegen trägt die Wand selbst keinen Zahlenwert. Der wandernde Mittelwert bleibt zahlenmäßig gleich (als Gleichgewicht zwischen Werfen und Schlagen), während Schlagen und Werfen sich gemeinsam näher zur rechten Wand der allgemeinen menschlichen Leistungsgrenzen bewegen. Der Durchschnitt 0,400 verschwindet also, weil der Ligadurchschnitt von 0,260 stetig in Richtung der rechten Wand wandert. Aber die 0,400-Hitter von einst sind nach wie vor quicklebendig und wahrscheinlich sogar zahlreicher als früher; sie stehen da, wo sie immer gestanden haben: nur wenige Zentimeter von der rechten Wand entfernt. Dennoch erreichen auch die besten unter ihnen heute die 0,400 nicht mehr, weil alle anderen sich so stark verbessert haben; dadurch ist die Spielqualität so stark gestiegen, daß ein unveränderter (oder auch geringfügig verbesserter) Bester nicht mehr so weit über die Norm hinausgelangt.

Die besten Batter aus der Frühzeit des Baseball konnten sich einen Durchschnitt von 0,400 sichern, weil der allgemeine Leistungsstandard viel niedriger war als der, mit dem ihre Nachfolger sich heute auseinandersetzen müssen. Wade Boggs kam gegen die Pitcher und Feldspieler zwischen 1890 und 1900 jedes Jahr auf über 0,400, und Wee Willie Keeler würde heute nur noch mit viel Glück die 0,320 erreichen. Da Werfen und Schlagen relative Rekorde darstellen und vermutlich während der gesamten Baseballgeschichte im Gleichgewicht standen, sollte man ähnliche Phänomene auch in der Statistik des Werfens entdecken. Die besten Pitcher früherer Zeiten, legendäre Gestalten wie Christy Mathewson, Cy Young, Walter Johnson, Three Finger Brown und Grover

Cleveland Alexander, sollten demnach nicht besser sein als ihre heutigen Nachfolger Sandy Koufax, Bob Gibson, Tom Seaver und Nolan Ryan. Aber die alten Pitcher, die nahe an ihrer eigenen rechten Wand standen und es mit einem viel schlechteren Leistungsdurchschnitt beim Schlagen zu tun hatten, konnten vermutlich Zahlen erreichen, an die moderne Werfer nicht mehr herankommen.

Die Symmetrie zwischen Schlagen und Werfen wird am besten an der faszinierenden, allgemein bekannten Geschichte der niedrigsten Durchschnittswerte für Earned Runs deutlich – auch sie ein Indiz, daß diese Statistik das allgemeine Verhalten von Systemen wiedergibt und nicht nur eine Besonderheit des Schlagens im Baseball. Während die besten Batter ihren Durchschnitt von 0,400 einbüßten, weil die Variationsbreite abnahm und die durchschnittliche Spielqualität stieg, verloren die Pitcher ihre Durchschnittswerte für Earned Runs unter 1,50, weil die ganz normalen Batter einfach zu gut wurden.

Die Liste der hundert besten Saisondurchschnitte für Earned Runs zeigt eine bemerkenswerte Unausgewogenheit. Über 90 Prozent der Einträge stammen aus der Zeit vor 1920. Seit damals haben nur noch neun Pitcher einen der hundert besten Earned-Run-Durchschnittswerte erreicht (und das, obwohl die Zahl der Pitcher und damit auch die der Gelegenheiten sich drastisch erhöht hat, zunächst durch die Gründung der American League und dann durch die Erweiterung von acht auf 14 Mannschaften in jeder Liga). Und von diesen neun Werten liegen sieben in der unteren Hälfte. Bei gründlicher Betrachtung der heutigen Leistungen bekommt man ein gutes Gespür dafür, mit welchen Hindernissen die modernen hervorragenden Pitcher zu kämpfen haben.

Auf Rang 100 stehen Sandy Koufax (1,74 im Jahr 1964) und Ronn Guidry (1,74 im Jahr 1978). Koufax war, nun ja, eben Koufax – nach allgemeiner Auffassung der größte Pitcher der neueren Zeit und vielleicht aller Zeiten (er hält mit 1,73 im Jahr 1966 auch den Rang Nummer 97). Guidry, ein paar Jahre lang ein hervorragender Pitcher der Yankees, hatte 1978 seine Traumsaison (mit der unerreichten Kombination aus Gesamtsiegen und Gewinnanteil von 25–3 bei 0,893) und ruinierte sich dann den Arm. Nolan Ryan besetzte 1981 mit 1,69 den 87. Rang. Und Ryan war, nun ja, eben Ryan. Mehr braucht man nicht zu sagen. Carl

Hubbell, vielleicht der führende Pitcher der dreißiger Jahre (Lefty Grove war allerdings auch nicht von schlechten Eltern) erreichte 1933 mit 1,66 Rang 76 und damit den einzigen Eintrag in diesem Jahrzehnt der guten Batter. Dean Chance, ein einwandfreier Pitcher der letzten Generation, verbuchte 1964 einen anormalen Wert von 1,65 und schob sich damit auf Platz 71 – und das kann ich einfach nicht erklären. Spud Chandler liegt mit 1,64 für 1943 auf Rang 66 – er war ein guter (oder sogar hervorragender) Pitcher während der Kriegsjahre, als alle anständigen Batter lieber Deutschland oder Japan zugrunde richteten. Luis Tiant, ein verdammt guter Pitcher, aber nicht einer der allerbesten, hält mit 1,60 im Jahr 1960 den 60. Rang – auf ihn werde ich gleich noch einmal zurückkommen. Dwight Gooden hatte 1985 eine ausgezeichnete zweite Saison; sein in diesem Jahr erreichter Earned-Run-Durchschnitt von 1,53 verschaffte ihm den 42. Rang, und damit ist er einer von nur zwei modernen Pitchern unter den ersten 50. Später fiel er dem zum Opfer, was die Zeitungen höflich mit »Wirkstoffmißbrauch« umschreiben.

Damit kommen wir zu einem der vielleicht besten Rekorde im modernen Sport: zu Bob Gibsons wirklich unglaublichem Earned-Run-Durchschnitt von 1,12 im Jahr 1968; auf dem vierten Platz, den er sich damit sicherte, ist er von 40 Veteranen aus alter Zeit umgeben – erst dann folgt Doc Gooden auf Rang 42. Vor Gibson stehen nur Tim Keefe (0,86, 1880), Dutch Leonard (0,96, 1914) und Three Finger Brown (1,04, 1906). Wie konnte Gibson einen solchen Rekord – den einzigen Wert unter 1,50 nach 1920, und dann auch noch weit, weit darunter – in unserer modernen Zeit der stark verbesserten Treffgenauigkeit erreichen?

Ich möchte Bob Gibsons Verdienst in keiner Weise schmälern – in der World Series von 1967, als er mit drei gewonnenen Spielen fast allein die Red Sox schlug und dem Ganzen die Atmosphäre des Unausweichlichen verlieh, war ich von ihm absolut begeistert. Aber als kleine Einschränkung muß man sagen, daß 1968 ein wirklich merkwürdiges Jahr war (siehe Seite 132). Aus Gründen, die niemand ganz versteht, gewann das Werfen damals deutlich die Oberhand, und damit erreichte ein mehrere Jahre anhaltender Trend seinen Höhepunkt. (Wie bereits erwähnt, stellten die Regelmacher anschließend das Gleichgewicht wieder her, indem sie den Pitching Mound niedriger machten und die Strike Zone verkleinerten; entsprechend stiegen die Durchschnittswerte für Treffer und Earned Runs in der Saison von 1969 an, und seitdem sind sie immer im Gleichgewicht geblieben.) Die Saison 1968 gehörte nicht nur Gibson; niedrige Earned-Run-Durchschnitte gediehen in diesem Jahr wie der Löwenzahn in meinem Garten. In den meisten Jahren des modernen Baseball erreichte kein Pitcher einen Earned-Run-Durchschnitt unter 2,00. Nur 1968 unterschritten alle fünf führenden Pitcher der American League diesen Wert, und den Batter-Titel gewann Yastrzerski mit mageren 0,301 (Tiant mit 1,60, McDowell mit 1,81, McNally mit 1,95, McLain mit 1,96 – ein tolles Jahr für Schottland – und John mit 1,98. Wie gesagt: Tiant war ein großartiger Pitcher, und es machte Spaß, ihm zuzusehen, aber er gehörte nicht zu den Allergrößten. Wenn er 1968 eine 1,60 einfahren konnte, war der Baseball in diesem Jahr wirklich völlig daneben.) Gibson zog also sicher den größten Nutzen aus einem seltsamen Jahr, aber das setzt ihn in keiner Weise herab. Niemand, und sei er auch noch so gut, hat das statistische Anrecht auf einen Wert, der soviel besser ist als alles, was seit 60 Jahren erreicht wurde, insbesondere wenn die allgemeine Verbesserung des Spiels derart niedrige Earned-Run-Durchschnitte eigentlich unmöglich machen sollte. Gibson hatte einfach verteufeltes Glück!

Fassen wir die lange, detaillierte Argumentation noch einmal kurz zusammen: In der symmetrisch schrumpfenden Variationsbreite des Trefferdurchschnitts muß sich eine allgemeine Steigerung der Spielqualität widerspiegeln (natürlich einschließlich des Schlagens), und zwar aus zwei Gründen: erstens (unter dem Gesichtspunkt der historischen Entwicklung) weil Systeme, die von den besten Leistungsträgern beherrscht werden und längere Zeit nach den gleichen Regeln arbeiten, allmählich optimale Vorgehensweisen entwickeln, so daß die Variationsbreite sinkt, weil die Aktiven die besten Methoden entdecken und beherrschen; und zweitens (unter dem Gesichtspunkt der Leistungen und ihrer Grenzen beim Menschen) weil der Mittelwert zur rechten Wand wandert, so daß für die Variationsbreite weniger Raum bleibt. Der Durchschnitt 0,400 ist kein *Ding*, sondern der rechte Schwanz in einem vollen Haus der Trefferdurchschnitte. Wenn die Variationsbreite mit der allgemeinen Verbesserung des Spiels abnimmt, verschwindet der Durchschnitt 0,400, weil immer besser gespielt wird.

11. Kapitel | Eine philosophische Schlußfolgerung

Für manche Menschen ist diese Erklärung eine traurige Geschichte. Eine allgemeine Verbesserung des Spiels kann man wohl kaum beklagen, aber die damit einhergehende Vereinheitlichung scheint dem Sport viel von seiner Freude und Dramatik zu nehmen. Das »Spielerische« im Spiel vermindert sich, wenn es immer »wissenschaftlicher« wird – in dem abwertenden Sinn, daß alles wie ein optimiertes Uhrwerk abläuft. Vielleicht war die Welt in der Frühzeit des Baseball nicht von Giganten bevölkert, aber die Besten hoben sich damals so weit vom Normalen ab, daß ihre Zahlenwerte wirklich heldenhaft und übermenschlich erscheinen, während unsere heutigen Champions sich nicht annähernd so weit von dem stark verbesserten Durchschnitt entfernen können.

Nach meiner Überzeugung sollten wir uns dennoch über die schrumpfende Variationsbreite und das damit verbundene Aussterben des Durchschnitts 0,400 freuen. Ja, hervorragendes Spiel führt tatsächlich zu immer größerer Genauigkeit und Standardisierung, aber welchen Einwand können wir gegen eine sich wiederholende, größtmögliche Schönheit haben? Ich bin seit 50 Jahren Baseballfan, habe Hunderte von Malen ein perfekt ausgeführtes Doppel-Aus oder einen hervorragenden Wurf vom Outfield zum Home Base gesehen (wobei der Runner am dritten Base geschlagen wurde oder auch nicht) – eine wunderbar abgestimmte Präzision, wie es sie vermutlich in der Frühzeit des Baseball nur selten gab. Und ich bin bei jeder Wiederholung aufs neue gespannt. Der Gipfel der hervorragenden Leistungen wird so selten erreicht, und was er hervorbringt, ist so exquisit. Hat es uns je gelangweilt, Caruso oder Pavarotti in ihrer Vollkommenheit zu hören? Wenn ich ins Stadion oder in die Oper gehe, ist es mir lieber, wenn meine Erwartung auf Höchstleistungen erfüllt wird, als wenn ich mit dem vorliebnehmen muß, was es gerade gibt, und in einem Meer der Mittelmäßigkeit nur auf seltene Augenblicke des Glanzes hoffen kann.

Außerdem beseitigen der allgemeine Leistungsanstieg und die damit verbundene Schrumpfung der Variationsbreite keineswegs die Möglichkeit, darüber hinauszugehen. Nach meiner Überzeugung werden derart herausragende Leistungen sogar noch faszinierender und aufregender, wenn ihnen weniger Spielraum zur Verfügung steht, so daß sie nur mit entsprechend größerer Anstrengung zu erreichen sind. Wenn der Normalwert meilenweit von der rechten Wand entfernt ist, sind Rekorde relativ leicht zu brechen. Kann dagegen schon ein Durchschnittsspieler die Wand fast anfassen, kennzeichnet alles, was über den Mittelwert hinausgeht, tatsächlich die äußerste Grenze der menschlichen Möglichkeiten. (Auch hier möchte ich eine Parallele zu musikalischen Spitzenleistungen ziehen. Freuen wir uns nicht, wenn alle Streicher eines Symphonieorchesters mit ausgesuchter Schönheit und höchstem professionellem Können spielen? Und sind wir dann nicht um so mehr begeistert, wenn in diesem Zusammenhang einer hervorragenden allgemeinen Leistung ein Solist etwas so Außergewöhnliches zuwege bringt, daß nur die Engel im Himmel sich diese Möglichkeit hätten träumen lassen?) Ich möchte die Argumentation noch weiter treiben und darauf hinweisen, daß eine Norm in der Nähe der rechten Wand die Allerbesten zu noch höheren Leistungen anspornt, die man sich ansonsten überhaupt nicht hätte vorstellen können. Im letzten Kapitel werde ich mich mit den heldenhaften, oft von Unfällen und Tod begleiteten Bemühungen um ein »Hinausschieben der Grenzen« befassen, die den besten Aktiven im Zirkus und anderen Bereichen eine fast heilige Besessenheit aufzwingen. Man kann es töricht nennen (und bei allen guten Geistern schwören, daß man selbst nie so handeln würde), aber gleichzeitig muß man einräumen, daß menschliche Größe oft eine seltsame Partnerschaft mit menschlicher Besessenheit eingeht und daß diese Mischung manchmal zu Ruhm und Ehre führt – oder zum Tod.

Die Möglichkeit, sich abzuheben, wird niemals sterben, denn die höchste Bewunderung kann man im Sport auf mehreren Wegen erlangen. Zunächst einmal zieht sich durch einzelne Spiele eine Art Demokratie. Wenn wir ins Stadion gehen, wissen wir nie, was uns erwartet. Auch die schlechteste Mannschaft kann jederzeit eine spannende Partie von ehrfurchtgebietender Perfektion liefern. So etwas kommt im Durchschnitt vielleicht nur einmal im Jahr (oder noch seltener) vor, aber gerade an dem Tag, an dem wir hingehen, erleben wir unter Umständen ein Triple Play, ein Steal am Home Base, eine aufregende Rauferei, welche die Ersatzbank leert (ja, denn als *Homo ludens* und *Homo stupidus* sind wir auch der Ausgangspunkt für selten unsinnige Dinge von der Schattenseite unseres Lebens), oder einen spannenden Home Run, bei dem der Runner gerade unter dem Stiefel des Catchers durchschlüpft. Man kann es nie wissen.

Die großen Schwankungen der persönlichen Leistungsfähigkeit bieten die Gewähr, daß selbst ein mittelmäßiger Spieler an einem guten Tag etwas nie Dagewesenes erreicht, ja sogar etwas, das sich die Baseballphilosophie noch nicht erträumt hat. Harvey Haddix war ein guter Pitcher, aber nicht einer der größten. Dennoch warf er einmal zwölf Innings lang perfekte Bälle – und im dreizehnten verlor er das Spiel (weil der gegnerische Pitcher während der ersten zwölf Innings keinen Punkt für Haddix' Seite zugelassen hatte). Bobby Thomson von den New York Giants war ein überdurchschnittlicher Outfielder, aber 1951 schaffte er eines Tages einen Home Run, der nach den physikalischen Entfernungsgesetzen etwas völlig Normales war; über alle Maßen bedeutsam war er aber im geschlossenen System des Baseball, denn mit diesem einen Erfolg besiegten die Giants in der Meisterschaft ihre Erzkonkurrenten, die Brooklyn Dodgers – es war der letzte Inning im letzten Spiel einer Playoff-Serie, die ihren Höhepunkt im größten Comeback der Baseballgeschichte fand (die Giants waren den Dodgers im August dreizehneinhalb Spiele lang auf den Fersen gewesen und waren mit einem scheinbar unaufholbaren Rückstand von drei Runs in den letzten Inning gegangen). Ich selbst, damals ein zehnjähriger Giants-Fan, sah das Spiel zu Hause auf dem ersten Fernsehgerät unserer Familie, und ich habe in meinem ganzen Leben nie wieder etwas so Spannendes erlebt (mit einer einzigen Ausnahme).

Don Larsen war bei den Yankees ein wirklich mittelmäßiger Pitcher, aber nach den Maßstäben des Baseball gelangte er zur Perfektion, als es am meisten darauf ankam: Am 8. Oktober 1956 stand es 27 zu 0 für die Dodgers – es wurde das perfekteste Spiel der World Series (weder davor noch danach hat jemand noch einmal in der World Series ein Spiel ohne Punktverlust geschafft). Ich war damals 15 und Yankees-Fan (viele New Yorker schwärmten für zwei lokale Clubs, einen in jeder Liga), und ich versuchte meinen Französischlehrer zu überreden, daß er uns das Ende des Spiels im Radio hören ließ. Ich habe in meinem ganzen Leben nie wieder etwas so Spannendes erlebt (mit einer einzigen Ausnahme).

Wenn wir aber die Statistik für eine Saison oder für ein ganzes Sportlerleben betrachten, verschwindet diese Art der Demokratie, und nur die wirklich Großen heben sich ab. Manche Menschen können sich mit einer Mischung aus angeborener Begabung, großem Glück und besessener Hingabe zu Leistungen antreiben, die es eigentlich nicht geben dürfte – und wenn ein solcher Mensch nach den Sternen greift und tatsächlich die rechte Wand berührt, staunen wir. Bob Gibson hatte kein Recht, 1968 einen Earned-Run-Durchschnitt von 1,12 zu erreichen. Und ich kann mit umfangreichen statistischen Daten nachweisen, daß Joe DiMaggio 1941 niemals seine Strähne von 56 Treffern hätte haben dürfen (siehe Gould, 1994, Kapitel 31). Ich habe mehrere Tage gezögert, den letzten Absatz dieses Kapitels zu schreiben, weil ich es nicht fertiggebracht hätte, einen weiteren großen Augenblick des Hervorragenden zu versäumen. Also sitze ich heute, am 6. September 1995, an dieser alten Schreibmaschine, während Cal Ripkin sein 2131. Spiel absolviert, ohne je eines ausgelassen zu haben, und damit den »unerreichbaren« Rekord des »Iron Horse« Lou Gehrig einstellt.

Es gibt keinen Rekord, der nicht gebrochen werden könnte (es sei denn, Regeln oder Ausführung ändern sich so, daß frühere Leistungen heute unerreichbar werden). Vielleicht habe ich übertrieben, wenn ich in diesem Kapitel vom »Aussterben« des Durchschnitts 0,400 gesprochen habe. (Ich bin Paläontologe und vermeide nur ungern einen der Lieblingsausdrücke meiner Disziplin.) Vielleicht ist es eher eine Auslöschung wie bei einer Kerze, die man wieder anzünden kann, und nicht wie beim entwicklungsgeschichtlichen und ökologischen Tod biologischer Arten, die ein für allemal verschwinden.

Ich behaupte nicht, es werde nie wieder jemand die 0,400 erreichen. Ich sage nur, daß eine solche Leistung etwas äußerst Seltenes ist, das vielleicht wie ein Jahrhunderthochwasser nur einmal in hundert Jahren eintritt, und nicht ein häufiger Höhepunkt wie in der Frühzeit des Baseball. Für diese Ansicht sprechen die 50 dürren Jahre seit Ted Williams, und den Grund habe ich nach meiner Überzeugung in diesem Kapitel mit einer neuen Begrifflichkeit dingfest gemacht: Der Trefferdurchschnitt 0,400 ist der rechte Schwanz in einer schmaler werdenden Glockenkurve von Durchschnittswerten, deren Mittelwert stabil bleibt – als zwangsläufige, vorhersagbare Folge der allgemeinen Verbesserung im Spiel. Eines Tages wird wieder jemand die 0,400 erreichen – aber diesmal wird es eine viel größere Leistung sein als je zuvor, und deshalb wird sie viel mehr Ehre verdienen. Als die Idioten beider Seiten in dem großen Verarschungswettkampf von 1994 (auch als Arbeitskampf bekannt) die Saison ausfallen ließen und die World Series absagten, stand Tonny Gwynn bei 0,392 mit steigender Tendenz. Wäre diese Saison so weitergelaufen, wie Geschichte und Eigentumsverhältnisse es verlangten, hätte er es nach meiner Überzeugung geschafft. Eines Tages wird jemand zu Ted Williams stoßen und trotz größerer Hindernisse als je zuvor an der rechten Wand ankommen. Diese Möglichkeit steckt in jeder Saison. Jede Saison birgt die Möglichkeit des Besonderen.

Teil 4 Die bakterielle Form: Warum der Fortschritt nicht die Geschichte des Lebens bestimmt

12. Kapitel | Das nackte Gerippe der natürlichen Selektion

Ich zitiere wörtlich aus einer Diskussion von 1959:

Huxley Früher habe ich versucht, Evolution insgesamt ungefähr folgendermaßen zu definieren: ein gerichteter Vorgang mit nicht umkehrbarem zeitlichem Verlauf, der offensichtlich Neuheiten sowie größere Vielfalt hervorbringt und zu einem höheren Organisationsgrad führt.

Darwin Was heißt »höher«?

Huxley Differenzierter, komplexer, aber gleichzeitig auch stärker integriert.

Darwin Aber es entstehen auch Parasiten.

Huxley Ich meine einen höheren Organisationsgrad im allgemeinen, der sich an der erreichten Obergrenze zeigt.

Charles Darwin starb 1882, Thomas Henry Huxley 1895 – wenn ich also nicht gerade über eine spiritistische Sitzung berichte, stimmt hier etwas nicht. Dem Kundigen dürfte die Jahreszahl 1959 einen Hinweis geben, denn Charles Darwins *Entstehung der Arten* erschien 1859, und der Abstand von genau 100 Jahren riecht nach einer Jahrhundertfeier. Tatsächlich handelt es sich bei Huxley um Thomas Henrys Enkel Julian, der selbst ein hervorragender Biologe und Staatsmann war, und Darwin ist der Enkel von Charles; er heißt ebenfalls Charles und ist Natur- und Sozialwissenschaftler. Das Gespräch der beiden Enkel fand 1959 an der Universität Chicago statt, bei der größten Hundertjahrfeier für Darwins *Entstehung der Arten*; ihre Ergebnisse erschienen als einflußreiches, dreibändiges Werk, herausgegeben von Sol Tax.

Die Familien Darwin und Huxley haben sich nicht nur bis heute eine Tradition der Evolutionsforschung bewahrt, sondern, wie wir noch sehen werden, ähneln auch die Erkenntnisse und Irrtümer von Darwin und Huxley im heutigen Chicago stark den Einstellungen ihrer Vorfahren. Julian begeht die gleichen Fehler wie Thomas Henry, und Charles bietet in einigen Fällen die gleichen Korrekturen an wie Charles der Ältere. Beide stürzt der Fortschrittsbegriff in Verwirrung. Darwin stellt eine gute Frage über Parasiten – genau wie sein Großvater. Julian gibt eine vernebelnde Antwort, die aber den Keim der Klärung für die übliche, entscheidende Verwirrung in sich trägt.

Das Problem, das in der darwinistischen Tradition zu dieser Verwirrung führt, läßt sich ganz einfach als Paradox formulieren. Die grundlegende Theorie der natürlichen Selektion besagt nichts über allgemeinen Fortschritt und beschreibt keinen Mechanismus, aufgrund dessen man mit einer Gesamtverbesserung rechnen könnte. Dennoch schreien sowohl die abendländische Kultur als auch die unbestreitbaren Tatsachen der Fossilfunde, die bei Bakterien beginnen und bei unserer hochgelobten Spezies enden, gleichermaßen nach einer Überlegung, durch die der Fortschritt in den Mittelpunkt der Evolutionstheorie rückt.

Charles Darwin schwelgte in der Radikalität seiner biologischen Philosophie. Seine frühen privaten Notizbücher sind geradezu voller Freudengeschrei über den empörenden Inhalt seiner stichhaltigen Schlußfolgerungen. So schreibt er zum Beispiel an sich selbst, unsere Gefühle der Gottesfurcht entstünden aus einem Merkmal unserer Nervenorganisation. Nur aus Arroganz, so fährt er fort, hätten wir etwas dagegen, unsere Gedanken auf einen materiellen Nährboden zurückzuführen:

> Die Gottesfurcht eine Wirkung der Organisation, o du Materialist! … Warum sollen Gedanken, eine Ausscheidung des Gehirns, etwas Wundersameres sein als die Schwerkraft, eine Eigenschaft der Materie? Es ist unsere Arroganz, unsere Bewunderung für uns selbst.

Als Darwin älter wurde und seine Werke dem Urteil der Öffentlichkeit unterwarf, dämpfte er seinen Jubel, aber er gab seine radikale Sichtweise nie auf – und deshalb waren wir, wie ich im ersten Kapitel dargelegt habe, nie fähig oder bereit, seine Revolution im Freudschen Sinn zu vollenden und uns die wahren Folgerungen des Darwinismus – die Entthronung der menschlichen Arroganz – zu eigen zu machen. Keine von Darwins empörenden Ideen stieß auf so wenig Gegenliebe wie die, den Fortschritt als vorhersagbares Ergebnis des entwicklungsgeschichtlichen Wandels zu leugnen. Die meisten anderen Evolutionstheoretiker des 19. Jahrhunderts einschließlich Lamarck präsentierten viel sympathischere Theorien mit vorhersagbarem Fortschritt als zentralem Bestandteil. In der Tat ist das Wort »Evolution« in unsere Sprache eingegangen als Bezeichnung für das, was Darwin »Abstammung mit Abwandlung« genannt hatte, weil die meisten Gelehrten der viktorianischen Zeit solche biologischen Veränderungen mit Fortschritt gleichsetzten – und das Wort *Evolution*, das vor allem durch Herbert Spencer in die Biologie eingeführt wurde, bedeutete in der englischen Umgangssprache Fortschritt (eigentlich »Entfaltung«). Darwin lehnte den Begriff anfangs ab, weil seine Theorie keine Vorstellung vom Fortschritt als vorhersagbarer Folge der Veränderung umfaßte. Das Wort *Evolution* kommt in der ersten Auflage der *Entstehung der Arten* nicht vor; Darwin verwendete es erst 1871 in der *Abstammung des Menschen.* Er mochte Spencers Begriff nie und übernahm ihn nur, weil er sich allgemein durchgesetzt hatte.

Darwin hatte keine Hemmungen, seinen mangelnden Fortschrittsglauben bekanntzumachen. In ein wichtiges Buch, das die Idee vom Fortschritt in der Geschichte des Lebens vertrat, schrieb er die Randbemerkung: »Niemals höher oder niedriger sagen.« Und in einem Brief vom 4. Dezember 1872 an den Paläontologen Alpheus Hyatt, der eine Evolutionstheorie auf der Grundlage eines inneren Fortschrittsdranges entwickelt hatte, findet sich die Zeile (ich benutze jetzt Hyatts ehemaliges Büro, so daß diese Verbindung für mich eine ganz besondere Bedeutung hat): »Nach langem Nachdenken kann ich mich nicht der Überzeugung entziehen, daß es keine angeborene Neigung zu einer Entwicklung in Richtung des Fortschritts gibt.«

Daß Darwin den Fortschritt leugnete, ergab sich nicht nur aus einer allgemeinen philosophischen Vorliebe, sondern aus besonderen, fachlichen Gründen in seiner Theorie. Einer berühmten Anekdote zufolge bezeichnete T. H. Huxley, als er zum erstenmal den Inhalt von Darwins Theorie der natürlichen Selektion hörte, sich selbst als »extrem dumm«, weil er nicht selbst auf das Prinzip gekommen war. Im Gegensatz zu anderen (und wirklich verwickelten) Ideen in der Wissenschaftsgeschichte ist die Vorstellung von der natürlichen Selektion tatsächlich bemerkenswert einfach – sie besteht im wesentlichen aus drei nicht zu leugnenden Tatsachen, aus denen sich eine offenkundige, fast zwangsläufige Schlußfolgerung ergibt. (Wenn ich hier von Einfachheit spreche, meine ich nur das »nackte Gerippe« des Mechanismus der natürlichen Selektion; die Folgerungen, die sich aus dem Wirken der Selektion ergeben, können recht verwickelt und komplex sein.)

Darwin widmet die ersten Kapitel seiner *Entstehung der Arten* dem Zweck, drei Tatsachen zu belegen:

1. Alle Lebewesen sind bestrebt, mehr Nachkommen hervorzubringen, als wahrscheinlich überleben können (ein Prinzip, das Darwins Generation als »übermäßige Fruchtbarkeit« bezeichnete).

2. Die Nachkommen sind keine genauen Kopien eines unveränderlichen Vorbildes, sondern sie unterscheiden sich voneinander.

3. Diese Abweichungen werden zumindest zum Teil durch Vererbung an nachfolgende Generationen weitergegeben. (Den Mechanismus der Vererbung kannte Darwin nicht, denn Mendels Prinzipien wurden erst zu Beginn des 20. Jahrhunderts allgemein anerkannt. Diese dritte Tatsache setzt aber nicht voraus, daß man weiß, wie die Vererbung funktioniert, sondern man muß nur wissen, daß es sie gibt. Und daß Vererbung existiert, ist unwiderlegliches Allgemeinwissen. Wir wissen, daß farbige Eltern farbige Kinder und weiße Eltern weiße Kinder haben; die Kinder großer Eltern sind in der Regel ebenfalls groß, und so weiter.)

Aus diesen Tatsachen ergibt sich das Prinzip der natürlichen Selektion als zwangsläufige Schlußfolgerung:

4. Wenn viele Nachkommen sterben müssen (weil die Natur mit ihren begrenzten ökologischen Möglichkeiten nicht alle versorgen kann) und wenn die Individuen einer biologischen Art sich unterscheiden, werden im Durchschnitt (also statistisch gesehen, aber nicht in jedem Einzelfall) eher diejenigen Individuen überleben, deren Abweichungen sich für die veränderliche Umwelt am besten eignen. Da es Vererbung gibt, werden die Nachkommen dieser Überlebenden eher ihren erfolgreichen Eltern ähneln. Und da sich solche besser geeigneten Varianten im Laufe der Zeit ansammeln, entsteht entwicklungsgeschichtlicher Wandel.

Wem diese Darstellung übermäßig abstrakt erscheint, der kann sich auch ein Beispiel ausmalen (eine stark vereinfachte Karikatur, das stimmt, aber als Darstellung von Darwins zentralen Aussagen gar nicht schlecht): In früheren Zeiten herrscht in Sibirien ein angenehm gemäßigtes Klima, und dort lebt eine Population dünn behaarter, hervorragend angepaßter Elefanten. Nun kommt die Eiszeit, und im Norden sammeln sich Eismassen an. Das Klima kühlt ab, und eine ungewöhnlich dichte Behaarung wird zu einem entscheidenden Vorteil. Jetzt haben Elefanten mit einem dickeren Fell im Durchschnitt mehr Erfolg, das heißt, sie hinterlassen mehr überlebende Nachkommen. (Wohlgemerkt: im Durchschnitt, nicht jedesmal – auch der Elefant mit dem dichtesten Haarkleid in der Population kann in eine Gletscherspalte stürzen und sterben.) Setzt sich dieser Vorgang über viele Generationen hinweg fort, ist Sibirien schließlich mit Wollmammuts bevölkert – sie sind die entwicklungsgeschichtlichen Nachkommen der ursprünglichen Elefanten.

Schön und gut, jedenfalls in groben Umrissen. Wichtig ist aber auch, was in diesem Bild fehlt (während es in allen volkstümlichen Darstellungen der Evolution ein entscheidender Bestandteil ist): Bei der natürlichen Selektion geht es nur um die »Anpassung an eine wechselnde lokale Umwelt«; das Szenario enthält keinerlei Aussage über einen Fortschritt, und aus dem Prinzip der natürlichen Selektion läßt sich eine solche Behauptung auch nicht ableiten. Das Wollmammut ist kein umfassend besserer oder allgemein überlegener Elefant. Die »Verbesserung« ist nur von lokaler Bedeutung: In kaltem Klima ist das Wollmammut im Vorteil (aber in einer wärmeren Gegend ist sein dünn behaarter Vorfahre nach wie vor überlegen). Die natürliche Selektion kann nur Anpassungen an die unmittelbare (und sich verändernde) Umwelt hervorbringen.

Kein Merkmal dieser lokalen Anpassung sollte irgendeine Erwartung auf einen Fortschritt wecken (so vage man den Begriff vielleicht auch definiert). Lokale Anpassung kann nicht nur zu mehr Komplexität, sondern ebensogut auch zu Vereinfachung führen. Der berühmte Parasit *Sacculina*, von seiner Abstammung her ein Rankenfußkrebs, sieht im ausgewachsenen Zustand aus wie ein formloser Sack aus Fortpflanzungsgewebe, der am Unterbauch seines Wirts, eines Krebses, hängt (wobei seine »Wurzeln« aus ebenso formlosem Gewebe im Körper des Krebses selbst verankert sind) – eine teuflische Einrichtung, sicher (jedenfalls nach unseren ästhetischen Maßstäben), aber anatomisch sicher weniger komplex als die Rankenfüßer am Kiel unserer Schiffe, die mit ihren Beinen auf der Suche nach Nahrung im Wasser wedeln.

Eine gewisse Erwartung auf Fortschritt ließe sich aus der natürlichen Selektion ableiten, wenn eine Abfolge wechselnder lokaler Umweltbedingungen im Laufe der Zeit immer größere Vorteile erzeugen würde. Aber eine solche Argumentation ist offenbar unmöglich. Die Umweltbedingungen an einem bestimmten Ort dürften sich in geologischen Zeiträumen nach dem Zufallsprinzip verändern – das Meer kommt und geht, das Klima wird wärmer und kälter und so weiter. Wenn die Lebewesen sich durch natürliche Selektion auf die Umwelt einstellen, sollte ihre Entwicklungsgeschichte ebenfalls im wesentlichen vom Zufall geprägt sein.

Solche Überlegungen veranlaßten Darwin, den Fortschritt nicht als Folge des »nackten Gerippes« der natürlichen Selektion zu betrachten – denn dieser Vorgang führt nur zu lokaler Anpassung, die zwar sicher manchmal sehr raffiniert ist, aber keinen allgemeinen Fortschritt darstellt. Das Mammut ist in jeder Hinsicht genausogut wie der Elefant – und umgekehrt. Bevorzugen wir den Marlin wegen seines hervorragenden spießförmigen Mauls, die Flunder wegen ihrer ausgezeichneten Tarnung, den Anglerfisch wegen seines herrlichen »Köders«, der sich am Ende einer Rückenflossenrippe entwickelt hat, oder das Seepferdchen wegen seiner hübschen Form, die sich so gut zum Herumtänzeln in seinem Lebensraum eignet? Kann man einen dieser Fische im Vergleich zu einem anderen als »besser« oder »weiter fortgeschritten« bezeichnen? Die Frage ist sinnlos. Natürliche Selektion kann nur für lokale Anpassung sorgen – und die ist zwar in manchen Fällen höchst ausgefeilt, aber sie bleibt immer lokal und ist keine Stufe in einer Abfolge des allgemeinen Fortschritts oder der zunehmenden Komplexität.

Darwin schwelgte in diesem ungewöhnlichen Aspekt seiner Theorie, in diesem Mechanismus der unmittelbaren Eignung, der keinen Hintergrund für eine allgemeine Zunahme der Fortschritts oder der Komplexität bot. So weit, so gut; so logisch, so klar. Ich sollte meine Beschreibung Darwins eigentlich an dieser Stelle beenden und ihn als geistigen Umstürzler preisen, dessen Vision – eine Geschichte des Lebens ohne vorhersagbaren Fortschritt – so radikal war, daß seine abendländischen Zeitgenossen sie nicht akzeptieren konnten.

Das wäre einfach und würde Darwin zum Helden machen, aber es stimmt nicht – denn die wirkliche Historie (und Biographie) ist viel verworrener. Im wirklichen Leben, besonders in dem eines höchst komplizierten Menschen wie Darwin, gibt es eine Fülle von Einzelelementen, die nicht zusammenpassen oder sich sogar völlig widersprechen. Geistig war Darwin ein Radikaler; aber er war auch politisch liberal eingestellt, befürwortete maßvolle soziale Reformen und sprach sich leidenschaftlich gegen die Sklaverei aus; und seine Lebensweise war entschieden konservativ – aufgewachsen als wohlhabender Grundbesitzer, hatte er keinerlei Neigung, die Annehmlichkeiten seines bequemen Umfeldes aufzugeben.

Darüber hinaus erfreute sich Darwin dieser Annehmlichkeiten in einer Gesellschaft, die mehr als je zuvor in der Menschheitsgeschichte den Fortschritt zu einer grundlegenden Doktrin ihres Sinns und Daseins gemacht hatte – es war das viktorianische Großbritannien in der Blütezeit der industriellen und kolonialen Expansion. Wie konnte ein englischer Patrizier, dessen Land auf dem Höhepunkt seines ungeheuren Erfolges stand, dem Prinzip abschwören, das diesen Triumph verkörperte? Und dennoch konnte die natürliche Selektion keinen allgemeinen Fortschritt, sondern nur lokale Anpassung hervorbringen. Wie sollte man diese widersprüchlichen Notwendigkeiten – die intellektuelle und die gesellschaftliche – vereinbaren?

Ihren krassesten Ausdruck finden diese widersprüchlichen Neigungen in einem bemerkenswerten Satz, den Darwin an eine höchst auffällige Stelle schrieb: auf die letzte Seite seiner *Entstehung der Arten* unmittelbar vor den berühmten Schlußabsatz über das »Großartige in dieser Ansicht vom Leben«.

> Da die natürliche Zuchtwahl nur durch und für das Gute jedes Wesens wirkt, so werden alle körperlichen und geistigen Begabungen der Vollkommenheit zustreben.

Man beachte, wie rigoros diese Behauptung ist. Darwin spricht von »allen« Begabungen – er schließt also nicht nur die Merkmale des Körpers, sondern auch *alle* Eigenschaften des *Geistes* ein. Wie konnte Darwin einen solchen Satz schreiben, nachdem er (wie zuvor zitiert) derart vollmundig behauptet hatte, die natürliche Selektion spreche gegen das alte Fortschrittsdogma?

Darwins offenkundige Widersprüchlichkeit in der Frage des Fortschritts ist das Thema einer umfangreichen wissenschaftshistorischen Literatur. Ganze Bücher wurden dem Thema gewidmet (siehe Richards, 1992). Die meisten Bemühungen richteten sich auf die Konstruktion verkrampfter, hergeholter Überlegungen, die alle Aussagen Darwins einheitlich erscheinen lassen. Ich vertrete eine andere Sichtweise; sie gründet sich auf Emersons berühmten Ausspruch »eine törichte Einheitlichkeit ist der Kobold des kleinen Geistes« oder auf Walt Whitmans wunderschöne Zeilen in seinem »Song of Myself«:

> Widerspreche ich mir selbst?
> Nun gut, dann widerspreche ich mir selbst,
> (ich bin groß, ich habe Vielfalt in mir).

Nach meiner Überzeugung gibt es in Darwins Ansichten einen Widerspruch, der sich nicht auflösen läßt. Darwin, der intellektuelle Radikale, wußte genau, was seine Theorie beinhaltete und nach sich zog; aber Darwin, der gesellschaftlich Konservative, konnte nicht das Grundprinzip einer Kultur untergraben (noch dazu in einem entscheidenden Augenblick der Geschichte), der er sich so verbunden fühlte und in der er so geborgen war.

Natürlich lieferte Darwin ein Argument, das die Kluft zwischen den beiden widersprüchlichen Aussagen – die Mechanik der natürlichen Selektion erzeugt nur lokale Anpassung, aber keinen allgemeinen Fortschritt; und alle geistigen und körperlichen Begabungen streben in der Geschichte des Lebens der Vollkommenheit zu – überbrücken sollte. Ein solches logisches Loch konnte er in seinem Œuvre nicht klaffen lassen. Er versuchte es zu schließen, indem er dem »nackten Gerippe der Mechanik«, das allein keinen Fortschritt begründete, eine Reihe von Aussagen über die Ökologie hinzufügte.

Zunächst einmal unterscheidet Darwin in seinen berühmten Formulierungen – dem »Kampf ums Dasein« und dem »Überleben des Tüchtigsten« – zwischen zwei Arten von »Kampf«. Der Kampf kann unmittelbar zwischen den Lebewesen und um begrenzte Ressourcen stattfinden (eine Art des Wettbewerbs, die man als *biotisch* bezeichnen kann), und andererseits kann er sich gegen die Widrigkeiten der physikalischen Umgebung richten (ein *abiotischer* Kampf, an dem keine anderen Lebensformen beteiligt sind):

> Es sei vorausgeschickt, daß ich diese Bezeichnung [»Kampf ums Dasein«] in einem weiten und metaphorischen Sinne gebrauche ... Mit Recht läßt sich sagen, daß zwei hundeartige Tiere in einer Zeit des Mangels um Nahrung und Dasein miteinander kämpfen. Aber es läßt sich auch sagen, eine Pflanze kämpfe am Rand einer Wüste mit der Dürre ums Dasein. [*Die Entstehung der Arten*, S. 97.]

Abiotischer Wettbewerb (die Pflanze am Rand der Wüste) kann keinen Fortschritt hervorbringen: Die physikalische Umwelt verändert sich über längere Zeit hinweg nicht in einer einheitlichen Richtung, und deshalb kann auch die lokale Anpassung nur ein Vor und Zurück sein, weil die Abstammungslinien sich erst auf diese und dann auf jene Weise anpassen. Biotischer Wettbewerb dagegen (zwei hundeartige Tiere in einer Zeit des Mangels) kann nach Darwins Ansicht zu Fortschritt führen: Wenn man nicht gegen den physikalischen Lebensraum, sondern gegen andere Angehörige der eigenen Art kämpft, kann sich eine allgemeine biologisch-mechanische Verbesserung, die über die Besonderheiten der jeweiligen Umwelt hinausgeht – beispielsweise schnelleres Laufen, längeres Durchhalten bei Anstrengungen oder besseres Denken –, angesichts der natürlichen Selektion als die beste Möglichkeit erweisen. Wenn demnach, so Darwin weiter, der biotische Wettbewerb in der Geschichte des Lebens wichtiger ist als der abiotische, könnte man einen allgemeinen Trend zum Fortschritt begründen.

Aber dieses Argument für das Vorherrschen der biotischen Konkurrenz reicht allein nicht aus; es ist noch ein weiterer Schritt erforderlich. Wenn die Umwelt relativ leer ist – entweder weil die unterlegenen Formen in andere Gebiete abwandern können oder weil sie in der gleichen Umwelt zu anderen Nahrungsquellen und Lebensräumen wechseln –, können biomechanisch schlechtere Varianten weiterbestehen, und es gibt keine Einbahnstraße in Richtung des Fortschritts. Wenn die ökologische Umwelt aber bis zum Bersten mit Arten gefüllt ist und wenn die Verlierer nirgendwohin ausweichen können, werden die Sieger des biotischen Wettbewerbs tatsächlich die Unterlegenen ausradieren – und durch wiederholtes Verschwinden nachfolgender Arten kann sich ein Trend zum allgemeinen Fortschritt ergeben. Tatsächlich trat Darwin nachdrücklich für diese Vorstellung von der übervollen Natur ein – und er vertrat sie mit der anschaulichen Metapher von den »Keilen«. Danach ist die Natur eine Oberfläche, in die so viele Keile getrieben wurden, daß aller Raum ausgefüllt ist. Eine neue Spezies (nach diesem Bild ein heimatloser Keil) kann sich nur dann einen Lebensraum verschaffen, wenn sie eine winzige Lücke zwischen zwei vorhandenen Keilen findet und sich hineinzwängt, wobei ein anderer Keil herausgedrückt wird. Mit anderen Worten: Jeder Neuzugang erfordert eine Verdrängung – und der Schlüssel zum erfolgreichen Verdrängen dürfte die biomechanische Verbesserung sein:

> Man kann die Natur mit einer Oberfläche vergleichen, die mit zehntausend scharfen Keilen besetzt ist … Sie stellen verschiedene Arten dar, die dicht zusammengedrängt sind und unaufhörlich durch Schläge hineingetrieben werden … Manchmal drückt ein Keil … der tief hineingeschlagen wird, andere heraus; wobei Erschütterungen und Schock sich häufig auch in vielen Richtungen auf andere Keile fortpflanzen. [Aus einem Manuskript von 1856, veröffentlicht bei Stauffer, 1975.]

Später faßte Darwin seine Überlegungen über den biotischen Wettbewerb in einer ständig übervollen Welt in diesem und anderen Absätzen seiner *Entstehung der Arten* zusammen:

> Die Bewohner der Erde in jeder sukzessiven Periode ihres Bestehens haben ihre Vorgänger im Kampfe ums Dasein besiegt und stehen insofern höher auf der Organisationsstufe als diese … daraus mag sich die allgemeine Ansicht so vieler Paläontologen erklären, die Organisation sei im ganzen vorgeschritten. [*Die Entstehung der Arten,* S. 492.]

Ich behaupte nicht, es gebe in der Logik dieser Argumentation einen grundlegenden Fehler, aber wir müssen uns fragen, warum Darwin sich überhaupt diese Mühe machte und warum das Thema ihm so wichtig erschien. Er hatte gerade ein Argument gegen den Fortschritt entwikkelt – danach erzeugt das »nackte Gerippe« der Selektionsmechanik nur lokale Anpassung, aber keinen allgemeinen Fortschritt – und den radikalen Charakter dieser Behauptung genossen. Warum hielt er sich dann damit auf, den Fortschritt durch die Hintertür einer komplizierten, fragwürdigen ökologischen Argumentation wieder hineinzuschmuggeln, indem er etwas über die Vorherrschaft des biotischen Wettbewerbs in einer ständig überfüllten Welt schrieb? (Darwin erkannte sicher, wie wackelig seine notwendige Voraussetzung war. Für die Vorherrschaft der biotischen Konkurrenz lieferte er keine klare Begründung – auf diesen Punkt nagelten Kropotkin und andere Kritiker ihn später fest. Und die Fossilfunde sprechen stark gegen eine ständig überfüllte Welt – ein entscheidendes Thema, das Darwin endlose Schwierigkeiten bereitete. Die Geschichte des Lebens wird von mehreren Episoden des Massenaussterbens unterbrochen; bei der größten, die sich am Ende der Permzeit ereignete, verschwanden 95 Prozent aller Arten wirbelloser Meeresbewohner. Nach solchen Ereignissen können Lebensräume eigentlich nicht überfüllt sein. Jeder Fortschritt, der sich zwischen den Ereignissen des Massenaussterbens entwickelt hat, sollte also durch den nächsten derartigen Vorgang wieder zunichte gemacht werden. Darwin fürchtete dieses Argument sehr und konnte sich nur mit der Behauptung aus der Affäre ziehen, das Massenaussterben sei ein Artefakt, das durch die unvollständigen Fossilfunde entsteht, eine Idee, die sich heute eindeutig widerlegen läßt: Stichhaltigen Hinweisen zufolge wurde die letzte große Aussterbewelle durch den Einschlag eines großen Himmelskörpers ausgelöst; dieses Ereignis, das am Ende der Kreidezeit stattfand, fegte die Dinosaurier hinweg und verschaffte den Säugetieren eine Chance.)

Ich habe keine besonderen Einblicke in Darwins Gedanken, aber ich bin überzeugt, daß seine hergeholte, unbequeme Argumentation über den Fortschritt einem Konflikt zwischen zwei Seelen in seiner Brust entspringt – der intellektuell radikalen und der gesellschaftlich konservativen. Die Gesellschaft, die er liebte und die ihm so reichlichen Nutzen brachte, hatte den Fortschritt zu ihrer Losung und Definition gemacht (dabei denke ich an Herbert Spencers berühmten Aufsatz »Universal

Progress, Its Law and Cause« [»Universeller Fortschritt, seine Gesetze und Ursachen«]). Darwin konnte es nicht ertragen, seine eigene Welt im Stich zu lassen, indem er ihre entscheidende Voraussetzung ablehnte, und doch erforderte seine Theorie eigentlich genau diesen Widerstand. Also konstruierte er einen Ausweg, eine zusammengestoppelte, dürftige Lösung: Er fügte seinem Gedankengebäude, das mit seiner besonderen, andersartigen Kraft die notwendige Behauptung nicht untermauern konnte, als zusätzliches Stützgerüst eine getrennte Argumentation über die Ökologie hinzu. Aber Gebäude mit einem Gerüst sehen unordentlich und unfertig aus – warum also sollte er einer wunderschönen Architektur, die so gut allein Bestand hatte, eine solche Verkleidung verpassen? Ich kenne kein besseres Beispiel für die kulturelle Macht, die der Fortschritt über uns ausübt, als diese Geschichte über Darwins eigenen ungelösten inneren Widerstreit, dieses Tauziehen zwischen der Logik seiner Theorie und den Notwendigkeiten der Gesellschaft. Wenn schon Darwin sich nicht von dieser tief eingewurzelten Grundannahme unserer gemeinsamen Kultur befreien konnte – und das, obwohl er mit seiner Theorie den Schlüssel zu diesem begrifflichen Schloß gefunden hatte –, warum sollte es uns dann besser ergehen?

Na gut. Wir können unsere Annahme, Evolution müsse Fortschritt beinhalten, als kulturell bedingtes Vorurteil entlarven, und wir können erkennen, daß es kein handfestes wissenschaftliches Argument für die Fortschrittserwartung gibt, in unserer Zeit ebensowenig wie in Darwins Tagen. Wir können auch einräumen, daß alle üblichen Versuche einschließlich Darwins eigenem im Sumpf steckenbleiben: Das Motiv ist gesellschaftliche Voreingenommenheit, die Logik der Argumentation ist schwach, und die Tatsachenbelege reichen nicht aus.

Und doch scheint eine grundlegende Tatsache in der Geschichte des Lebens – man könnte sogar sagen: *die* grundlegende Tatsache – unübersehbar (selbst für Nörgler wie mich) nach dem Fortschritt als zentralem Trend und definierendem Merkmal der Entwicklung des Lebens zu schreien. Die ältesten Fossilfunde aus etwa 3,5 Milliarden Jahre altem Gestein bestehen ausschließlich aus Bakterien, den einfachsten Formen, die als geologische Belege erhalten bleiben können. Und heute haben wir Eichen, Gottesanbeterinnen, Nilpferde und Menschen. Wie könnte man leugnen, daß eine solche geschichtliche Entwicklung mehr als von allem anderen vom Fortschritt geprägt ist?

Aber selbst scheinbar sichere Erkenntnisse bringen Zweifel hervor. Pferde, Petunien und Poesie, ja. Aber die Erde ist nach wie vor zum Bersten angefüllt mit Bakterien, und unter den vielzelligen Tieren dominieren die Insekten – mit etwa einer Million bekannten Arten im Gegensatz zu etwa viertausend bei den Säugetieren. Angeblich ist der Fortschritt ja so offensichtlich, aber wie sollen wir diesen schwer faßbaren Begriff definieren, wenn Ameisen uns das Picknick vergällen und Bakterien uns das Leben nehmen? Genau diese verwirrende Frage zieht sich durch das faszinierende Zwiegespräch zwischen den Enkeln Huxley und Darwin, aus dem ich am Anfang dieses Kapitels zitiert habe. Der moderne Darwin stellt genau wie sein Großvater die richtige Frage: Wie kann man »höher« in einer Welt definieren, in der die Evolution mit jedem angeblichen Fortschritt auch einen Parasiten hervorbringt? Der moderne Huxley gibt eine verworrene Antwort, die aber, ohne daß er es weiß, den Ansatz zur Lösung in sich trägt: »Ich meine einen höheren Organisationsgrad im allgemeinen, der sich an der erreichten Obergrenze zeigt.« Aber um diesen Ansatz zu begreifen und die Verwirrung zu beseitigen, müssen wir das ganze Thema in grundlegend neue Begriffe fassen – und zwar nach dem gleichen Prinzip, mit dem wir auch das Paradox des Trefferdurchschnitts 0,400 gelöst haben und das den Gegenstand dieses ganzen Buches bildet: Wir müssen den historischen Wandel als Zu- oder Abnahme der Variationsbreite in einem ganzen System betrachten (also als »volles Haus«) und nicht als »Ding«, das sich in irgendeiner Richtung bewegt.

Die Behauptung, es gebe einen Fortschritt, ist ein Paradebeispiel für die überkommene Denkweise, wonach ein Trend ein Gebilde ist, das sich bewegt. Aus der unendlichen Vielfalt des Lebendigen greifen wir ein »wesentliches« Maß heraus, beispielsweise die »durchschnittliche Komplexität« oder »das komplexeste Lebewesen«, und dann verfolgen wir, wie dieses Gebilde im Laufe der Zeit zunimmt (wie ich es in dem ersten Beispiel dieses Buches deutlich gemacht habe – siehe Abbildung 1). Diesen Trend zur Zunahme nennen wir »Fortschritt« – und damit sind wir in der Überzeugung gefangen, ein solcher Fortschritt müsse die entscheidende Triebkraft des gesamten Evolutionsprozesses sein.

In den restlichen Kapiteln werde ich die gleiche Strategie auf alle meine übrigen Beispiele anwenden: Ich werde versuchen, die Vielfalt in der Komplexität des Lebendigen als beherrschendes, nicht reduzierbares Element zu betrachten. Erst dann werde ich die zeitlichen Veränderungen der Vielfalt nachzeichnen. Nur auf diesem eher angemessenen Weg können wir die offenkundige Tatsache »früher nur Bakterien, heute auch Petunien und Menschen« richtig einschätzen – und dennoch verstehen, daß die Geschichte des Lebens nicht durch einen allgemeinen, vorhersagbaren Fortschrittsimpuls gekennzeichnet ist. Kurz gesagt, werden wir die tieferen Gründe dafür kennenlernen, daß Darwin recht hatte, als er seinen radikalen Geist über seine hergebrachten gesellschaftlichen Werte siegen ließ.

13. Kapitel **Ein vorläufiges Beispiel aus der Welt des Allerkleinsten, mit einigen allgemeinen Aussagen über die Evolution der Körpergröße**

Im Zusammenhang mit dem Trefferdurchschnitt 0,400 habe ich von einer Begrenzung oder »rechten Wand« der biomechanischen Leistungsfähigkeit eines Menschen gesprochen, und ich habe dargelegt, wie die Variationsbreite abnimmt, weil das volle Haus aller Batter sich in Richtung dieser Grenze bewegt. In diesem Kapitel geht es um die Zunahme der Komplexität in der Geschichte des Lebens, und jetzt möchte ich einen nahezu »spiegelbildlichen« Fall beschreiben: eine *Zunahme der gesamten Variationsbreite durch Ausweitung weg von einer unteren Grenze oder »linken Wand«* der einfachsten vorstellbaren Form. Auf den ersten Blick dürften die beiden Fälle ganz unterschiedlich aussehen: auf der einen Seite die Verbesserung im Baseball als Abnahme der Variationsbreite, die sich an einer rechten Wand der Maximalleistung zusammendrängt, und auf der anderen eine Zunahme der Variation durch Verbreiterung weg von einer linken Wand der Mindestkomplexität, ein Vorgang, der in der Geschichte des Lebens als Fortschritt mißdeutet wurde.

Auf einer entscheidenderen und eher grundsätzlichen Ebene ähneln sich die beiden Beispiele jedoch: In beiden Fällen wird ein Fehler des gleichen Typs auf die gleiche Weise korrigiert. Der Fehler besteht darin, daß ein vollständiges System der Variation fälschlicherweise als einzelnes »Ding« oder Gebilde dargestellt wird, wobei man entweder den Durchschnitts- oder den Spitzenwert des Systems zu diesem Zweck heranzieht. Deshalb haben wir versucht, die Fähigkeiten der Batter im zeitlichen Verlauf wiederzugeben, indem wir die historisch erreichten Bestleistungen als getrennte Gebilde (den Trefferdurchschnitt 0,400) verfolgten. Und da dieses »Ding« im Laufe der Zeit verschwunden ist, nehmen wir dann natürlich an, das gesamte Phänomen – die Schlagleistung im allgemeinen – habe sich in irgendeiner Form verschlechtert. Bei richtiger Betrachtung des vollen Hauses – der Glockenkurve für den Trefferdurchschnitt *aller* regulären Spieler – erkennt man jedoch, daß der Durchschnitt 0,400 (den man korrekterweise nicht als eigenständiges »Ding«, sondern als rechten Schwanz der Glockenkurve ansehen muß) verschwunden ist, weil die Variationsbreite um einen konstanten mittleren Trefferdurchschnitt herum abgenommen hat. Weiterhin habe ich dargelegt, warum man diese Abnahme der Variationsbreite als Hinweis auf eine allgemeine Verbesserung der Spielqualität deuten muß. Mit anderen Worten: Indem wir den Durchschnitt 0,400 isoliert herausgegriffen und getrennt verfolgt haben, wurde die ganze Geschichte völlig ins Gegenteil verkehrt. Die unvollständige Geschichte des »Dings« allein schien auf eine Verschlechterung der Schlagleistung hinzudeuten; bei richtiger Betrachtung der ganzen Variationsbreite dagegen wird deutlich, daß das Verschwinden des Durchschnitts 0,400 eine allgemeine Verbesserung des Spiels widerspiegelt.

Den gleichen Fehler machen wir seit eh und je, wenn wir scheinbare Trends zu mehr Komplexität und Fortschritt in der Geschichte des Lebens untersuchen – und deshalb müssen wir jetzt die gleiche Korrektur anbringen. Auch hier haben wir die gesamte, höchst komplexe Variationsbreite des Lebendigen als »Ding« betrachtet – entweder indem wir irgendein Maß für die durchschnittliche Komplexität in einer Abstammungslinie betrachtet haben oder (häufiger) indem wir einen Einzelfall als »das Beste« (das Komplexeste, das mit dem größten Gehirn) bezeichnen –, und dann haben wir uns mit der historischen Entwicklung dieses »Dings« befaßt. Und dieses von uns ausgewählte »Ding« ist im Laufe der Zeit immer komplexer geworden (erst Bakterien, dann Trilobiten, jetzt Menschen) – wie können wir da noch leugnen, daß Fortschritt das Kennzeichen und die zentrale Triebkraft der Evolution darstellt?

Solche Vorstellungen werde ich in diesem Kapitel auf die gleiche Weise zu korrigieren versuchen. Ich werde darlegen, daß wir die Komplexität des Lebendigen und ihre historische Entwicklung als Veränderung des *gesamten Systems der Variation* betrachten müssen. Nach dieser zu Recht erweiterten Sichtweise können wir im Fortschritt weder eine entscheidende Triebkraft noch einen kennzeichnenden Trend sehen – denn das Leben begann mit einer bakteriellen Form, die nahe an der linken Wand der minimalen Komplexität stand, und heute, fast vier Milliarden Jahre später, ist die gleiche Form an der gleichen Stelle immer noch vorhanden. Die komplexesten Lebewesen mögen im Laufe der Zeit immer raffinierter werden, aber dieser winzige rechte Schwanz des vollen Hauses stellt wohl kaum eine zutreffende Definition für das Leben als Ganzes dar. Wir dürfen ein Tröpfeln an einem Ende nicht mit der reichen Fülle des Gesamtheit verwechseln – auch wenn wir dieses Ende besonders schätzen, weil es unsere eigene sonderbare Heimat ist.

Bevor ich die Argumentation für das Leben als Ganzes entwickle, muß ich erklären, warum ein Tröpfeln in einer Richtung nicht unbedingt einen gerichteten Kausalitätsimpuls des gesamten Systems widerspiegeln muß, sondern sich auch aus der *völlig zufälligen Bewegung* aller Einzelelemente des Systems ergeben kann. Wie ich dann im nächsten Kapitel nachweisen werde, kommt der scheinbare Fortschritt in der Geschichte des Lebens durch genau die gleiche Verfälschung zustande – vermutlich gibt es nämlich in den einzelnen Abstammungslinien überhaupt keine durchschnittliche Tendenz zum Fortschritt.

Zunächst möchte ich die Argumentation in abstrakter Form darlegen, und dazu bediene ich mich einer klassischen didaktischen Metapher, die Lehrer gern im Zusammenhang mit der Wahrscheinlichkeitsrechnung verwenden. Anschließend werde ich den spannenden aktuellen Fall einer Fossilien-Abstammungslinie vorstellen, bei der wir über ungewöhnlich gute, vollständige Daten verfügen. Da wir in einer fraktalen Welt der »Selbstähnlichkeit« leben, in der lokale, begrenzte Einzelfälle oft die gleiche Struktur haben wie Beispiele im großen Maßstab, werde ich dann erläutern, daß dieser Einzelfall der kleinsten Fossilien überhaupt – es sind Einzeller aus dem Meeresplankton – in Struktur und Erklärung mit der gesamten Geschichte des Lebens übereinstimmt. Diese kaum bekannten Planktonlebewesen können wir ohne die starke Voreingenommenheit betrachten, die unsere Überlegungen zur gesamten Geschichte des Lebens vernebelt, und deshalb gehen wir am besten erst dann zum Allgemeinen über, wenn wir das selbstähnliche Beispiel der meeresbewohnenden Einzeller begriffen haben.

Daß manche zufälligen Bewegungen insgesamt eine Richtung haben – was vielfach paradox erscheint –, läßt sich am besten mit einem Beispiel deutlich machen, das unter dem Namen »Weg des Betrunkenen« bekannt ist. Ein Mann stolpert völlig betrunken aus einer Bar. Nun steht er auf dem Bürgersteig vor dem Lokal, auf der einen Seite die Hauswand, auf der anderen den Rinnstein. Wenn er den Rinnstein erreicht, fällt er um und bleibt liegen – dann ist die Geschichte zu Ende. Nehmen wir einmal an, der Bürgersteig sei neun Meter breit, und unser Betrunkener stolpert nach dem Zufallsprinzip hin und her, wobei er durchschnittlich immer 1,50 Meter weit die gleiche Richtung beibehält (siehe Abbildung 21; der Einfachheit halber – das Ganze ist ein abstraktes Modell und nicht die Wirklichkeit – nehmen wir an, daß der Betrunkene nur auf einer geraden Linie stolpert, entweder zur Hauswand oder in Richtung des Rinnsteins. Im rechten Winkel dazu, parallel zu Mauer und Gosse, bewegt er sich auf dem Bürgersteig nicht weiter).

Wo landet der Betrunkene schließlich, wenn wir ihn lange genug und rein zufällig herumstolpern lassen? Natürlich in der Gosse – ausnahmslos jedesmal, und das aus folgendem Grund: Jedes Stolpern geht mit fünfzigprozentiger Wahrscheinlichkeit in die eine oder andere Richtung. Die Wand der Bar auf der einen Seite ist ein »reflektierender Rand«.* Stößt der Betrunkene daran, bleibt er einfach dort, bis ein nachfolgender Stolperschritt ihn wieder in die andere Richtung befördert. Mit anderen Worten: Für den weiteren Weg steht nur noch eine Richtung offen – nämlich die zum Rinnstein. Man kann sogar ausrechnen, wieviel Zeit

* In komplizierteren Fällen mit mehreren Elementen gibt es auch den »absorbierenden Rand«, der jedes Objekt, das ihn berührt, zerstört. Das spielt keine Rolle (solange genügend Elemente für den Fortgang des Spiels übrigbleiben – was in der Geschichte des Lebens sicher der Fall ist). Entscheidend ist, daß kein Element die Wand durchdringen und sich in dieser Richtung weiterbewegen kann; ob es abprallt oder umgebracht wird, spielt dagegen keine Rolle.

im Durchschnitt zum Erreichen der Gosse notwendig ist. (Viele Leser haben jetzt sicher erkannt, daß dieses Beispiel nur eine andere Darstellungsform für den Münzwurf und seine wahrscheinlichsten Ergebnisse ist. Daß der Betrunkene von der Wand aus in geradem, ununterbrochenem Weg in die Gosse fällt, ist ebenso wahrscheinlich wie eine Münzwurfserie, bei der sechsmal hintereinander die Zahl oben liegt [eins zu 64] – 1,50 Meter bei jedem Stolpern, und nach neun Metern ist der Rinnstein erreicht. Beginnt man an einer anderen Stelle, ändert sich die Wahrscheinlichkeit entsprechend. Steht der Betrunkene anfangs beispielsweise in der Mitte, 4,50 Meter von der Wand entfernt, landet er nach drei Stolperschritten [Wahrscheinlichkeit für den geraden Weg: eins zu acht] in der Gosse. Jeder Schritt ist von allen anderen unabhängig; die Vorgeschichte ist also ohne Bedeutung, und man muß für die Berechnung nur die Anfangsposition kennen.)

Ich führe dieses alte Beispiel an, um einen springenden Punkt zu verdeutlichen: In einem System geradliniger Bewegungen, die aus Gründen der Struktur auf einer Seite eingeschränkt sind, führt zufällige Bewegung ohne jede Bevorzugung einer Richtung zwangsläufig dazu, daß sich die durchschnittliche Position von dem Ausgangspunkt an der Wand entfernt. Der Betrunkene fällt jedesmal in die Gosse, obwohl

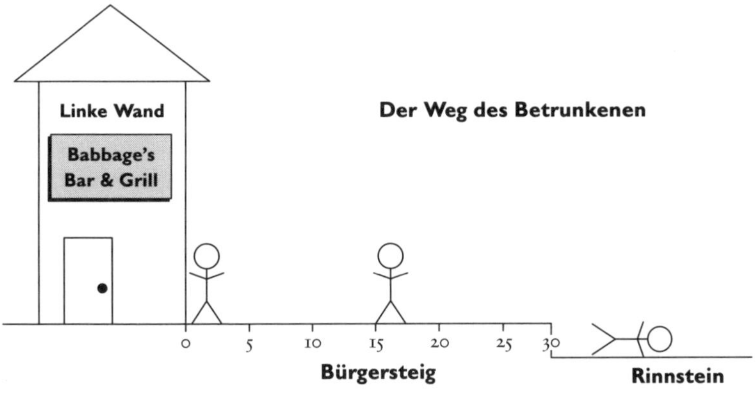

Abbildung 21: Der Weg des Betrunkenen.

seine Bewegungen keinerlei Trend in Richtung dieses Schicksals aufweisen. Ganz ähnlich verhält es sich auch mit irgendeinem Durchschnitts- oder Extremwert in der Geschichte des Lebens: Er kann sich in einer bestimmten Richtung bewegen, auch wenn kein Evolutionsvorteil und kein innerer Trend diesen Verlauf begünstigt.

Wenden wir uns nun einem ähnlichen Beispiel aus der Geschichte des Lebens zu: Foraminiferen sind einzellige Protozoen, die um sich herum oder in ihrem Protoplasma ein Kalkskelett aufbauen und deshalb in den Fossilfunden sehr häufig vorkommen. (Da sie so verbreitet und in manchen Meeressedimenten sogar allgegenwärtig sind, gehören sie zu den besten Markierungen, wenn man zeitlichen Verlauf und Umweltbedingungen in der Erdgeschichte nachvollziehen will. Die Öffentlichkeit hört zwar fast nie etwas von ihnen, aber viele Paläontologen widmen ihr ganzes Berufsleben ihrer Erforschung.) Die meisten marinen Foraminiferen leben am Meeresboden und werden deshalb *benthisch* genannt. Einige Arten lassen sich aber auch dicht unter der Oberfläche im Wasser treiben, das heißt, sie gehören zum *Plankton.* Diese Planktonformen sind von besonderer Bededeutung für die Datierung von Sedimenten und für die Rekonstruktion früherer Umweltbedingungen und Wasserbewegungen im Känozoikum (der Zeit seit dem Aussterben der Dinosaurier vor 65 Millionen Jahren). Die Planktonorganismen sind wegen ihrer Beweglichkeit über große Gebiete der Erde verbreitet und stellen deshalb ein gutes Hilfsmittel dar, wenn man Sedimente von weit entfernten Fundstellen vergleichen will. (Die meisten benthischen Arten haben viel kleinere Verbreitungsgebiete und sind deshalb weniger nützlich.)

Die Evolutionsgeschichte der heutigen Plankton-Foraminiferen ist in ihren Grundzügen schon seit langem bekannt. Sie entstanden in der Kreidezeit (der letzten Periode des Mesozoikums, als die Dinosaurier in den Ökosystemen an Land vorherrschten) und sind bis heute höchst lebendig geblieben. Ihre Evolution wurde durch zwei Episoden des Massenaussterbens unterbrochen, bei denen die meisten Arten verschwanden, so daß die Abstammungslinien nur von wenigen Überlebenden weitergeführt wurden. Die erste fand am Ende der Kreidezeit statt (es war eines der fünf großen Massensterben in der Geschichte des Lebens – damals starben die Dinosaurier aus, und die Ursache war mit ziemlicher Sicherheit der Einschlag eines großen Himmelskörpers), und die zweite war das größte Aussterbeereignis des Känozoikums. Die Evolution der Planktonformen ist also ein Drama in drei weitgehend unabhängigen Akten (zwischen denen es nur wenige Verbindungen gibt): Der erste spielt in der Kreidezeit, der zweite im frühen Känozoikum (auch Paläogän genannt) und der dritte im späten Känozoikum.

Der herkömmlichen Weisheit und allen Lehrbüchern zufolge spielten sich alle drei Akte nach dem gleichen Muster ab; deshalb ist die Geschichte in Fachkreisen so berühmt – die Paläontologen sehnen sich nach unabhängigen Wiederholungen, weil sie die Gewähr für vorhersagbare Ergebnisse bieten (näher kann ein Historiker dem Ideal, einem unter Laborbedingungen wiederholbaren Experiment, nicht kommen). Die Abstammungslinien, von denen die dreimalige Vermehrung der Artenvielfalt ausging, waren klein, was die Körpergröße betrifft – die dann (so erzählt man uns jedenfalls) im Verlauf jeder der drei Diversifikationen zunahm. Wenn die Ergebnisse sich in allen drei Fällen gleichen, handelt es sich wahrscheinlich um ein allgemeines Prinzip der Evolution. Tatsächlich schätzen die Paläontologen diesen Fall als die beste Verdeutlichung einer anständigen entwicklungsgeschichtlichen »Regel«, die scheinbar durch üppige Fossilfunde belegt ist.

Die Versuche, solche allgemeinen »Regeln« für die gesamten geologischen Zeiträume der Evolution aufzustellen, beanspruchten in früheren Generationen viel Aufmerksamkeit. Das Vorhaben verlief aber fast völlig im Sande, weil nur wenige der vorgeschlagenen »Regeln« unter dem Gewicht der Ausnahmen in unserer komplexen, ungewissen Welt des entwicklungsgeschichtlichen Wandels bestehenblieben. Eine dieser überlebenden allgemeinen Gesetzmäßigkeiten, die offenbar auch angesichts immer neuer Belege Bestand hat, ist unter der Bezeichnung »Copesches Gesetz« bekannt (nach dem scharfsinnigen, streitlustigen Wirbeltierpaläontologen, der im 19. Jahrhundert in Amerika lebte). Es besagt, daß die Körpergröße in den meisten Abstammungslinien während ihrer Entwicklungsgeschichte zunimmt. (Wie alle Gesetzmäßigkeiten in der Evolution, so bezeichnet auch das »Copesche Gesetz« eine besonders große Häufigkeit, aber es macht keine absolute Aussage. Viele Abstammungslinien zeichnen sich durch abnehmende Körpergröße aus. Eine Größenzunahme in 70 Prozent der Linien, wenn man aufgrund des Zufalls mit einem Verhältnis von 50 zu 50 rechnet, ist in unserer Branche mehr als genug für ein »Gesetz«.)

Die Befunde scheinen in ihrer üblichen Darstellung tatsächlich das Copesche Gesetz für Planktonformen zu bestätigen. Abbildung 22 zeigt die Zunahme der Körpergröße für die größten Formen und den Durchschnitt aller Arten im ersten Akt, der Kreidezeit (Diagramme für die Akte Nummer 2 und 3 lassen das gleiche Prinzip erkennen). Diesen Beleg für die Zunahme bei den größten und durchschnittlichen Arten während der einzelnen Akte leugne ich nicht. Aber das vorliegende Buch möchte eine umfassendere Sichtweise – und damit auch eine andere, oftmals genau entgegengesetzte Deutung – gerade für diesen Fall liefern: »Trends« werden kurzsichtig als »Dinge« betrachtet, die sich irgendwohin bewegen, und nicht als Veränderung in der Variationsbreite ganzer Systeme (des »vollen Hauses«).

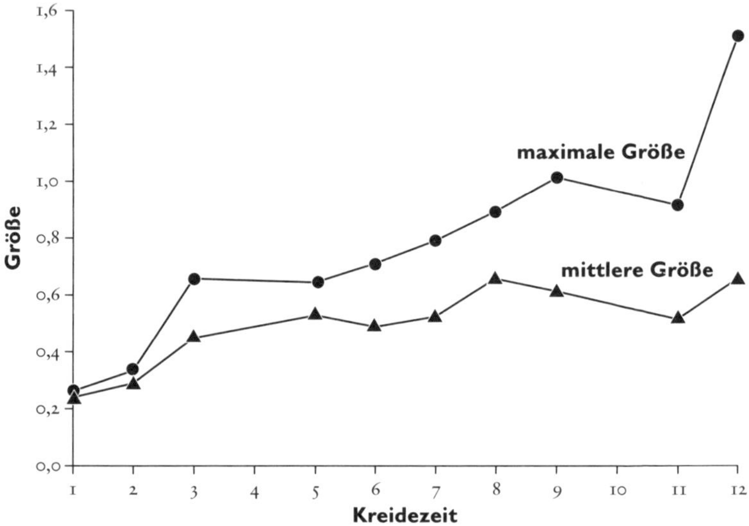

Abbildung 22: Falsche Verwendung von Mittel- oder Extremwerten zum Nachweis eines Trends zur Größenzunahme; betrachtet man die gesamte Variationsbreite, findet man keinen Trend.

Verfahren wir also so, wie ich es schon mehrmals vorgeschlagen habe, und betrachten wir das ganze Spektrum der Variation während der gesamten drei Akte (Abbildung 23 gründet sich auf Befunde über das erstmalige Auftreten von 377 Arten; sie wurde mir von Richard Norris von der Woods Hole Oceanographic Institution zur Verfügung gestellt, und ich habe sie bereits 1988 in einem Fachartikel benutzt). Genau wie den Durchschnitt 0,400, der kein eigenständiges »Ding« ist, sondern der rechte Schwanz einer Glockenkurve für Trefferdurchschnitte, so müssen wir auch die größten Foraminiferen als Extremformen einer ganzen Häufigkeitsverteilung betrachten und nicht als eigenständiges Gebilde. Und wenn wir auf diese Weise das ganze System einbeziehen, müssen wir auch neue Interpretationsmöglichkeiten in Erwägung ziehen.

Alle herkömmlichen Deutungen des Copeschen Gesetzes bewegen sich im Rahmen eines angeblichen Evolutionsvorteils für einen größeren Körper. Wie sollte es auch sonst einen Fortschritt geben? Die Körpergröße nimmt ganz allgemein eindeutig zu, also müssen wir herausfinden, warum ein größerer Körper ein besserer Körper ist. Ein Artikel aus neuerer Zeit über das Copesche Gesetz formulierte diese »offensichtliche« Aussage klar und prägnant (Hallam, 1990, Seite 264):

> Da die stammesgeschichtliche Größenzunahme im Tierreich ein so weit verbreiteter Trend ist, muß ein größerer Körper eindeutig einen oder mehrere Selektionsvorteile bieten.

Im weiteren Verlauf der herkömmlichen Erklärungsweise wird dann (oft als Spekulation oder zumindest ohne daß man Alternativen in Erwägung zieht) eine kurze Liste von Vorteilen angeführt, die dazu führen sollen, daß die natürliche Selektion in den meisten Fällen einen großen Körper begünstigt (wobei die Gründe auf große Tiere eher zutreffen als auf Foraminiferen):

> Zu diesen Vorschlägen gehören eine bessere Fähigkeit, Beute zu fangen oder Verfolger abzuwehren; größerer Fortpflanzungserfolg; verbesserte Regulierung des inneren Milieus; und eine bessere Temperaturregelung je Volumeneinheit.

Ein anderer Artikel aus jüngerer Zeit mit dem Titel »Body size, ecological dominance, and Cope's rule« (»Körpergröße, ökologische Vor-

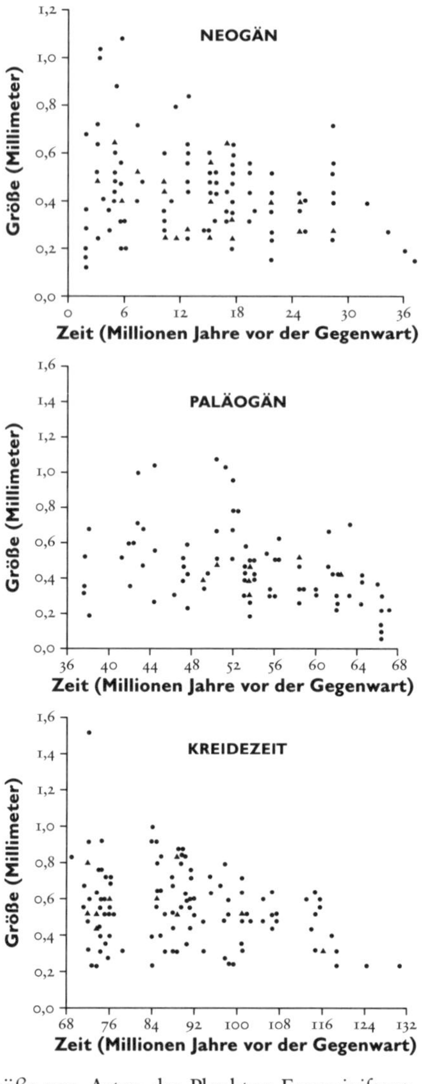

Abbildung 23: Größe von Arten der Plankton-Foraminiferen, die während der drei Evolutionsphasen der Artbildung zum erstenmal auftauchen. Am Anfang (rechte Seite der Diagramme) stehen in jeder Phase kleine Arten – und viele Arten bleiben klein, aber die Variationsbreite wird größer.

herrschaft und das Copesche Gesetz«, Brown und Maurer, 1986, Seite 250) vertritt die Ansicht, ein Nutzeffekt sei der wichtigste von allen: »Der ökologische Vorteil, das Monopol über die Ressourcen zu gewinnen, erzeugt vermutlich den Selektionsdruck, der die Evolution eines größeren Körpers begünstigt. Größere Individuen sind in der … natürlichen Selektion im Vorteil, weil sie über die Nutzung der Ressourcen bestimmen können und deshalb mehr Nachkommen hinterlassen als ihre kleineren Verwandten.«

Ich gestehe, daß mich sehr ungute Gefühle beschleichen, wenn ich Wörter wie »eindeutig« oder auch nur »vermutlich« im Zusammenhang mit Schlußfolgerungen lese, die ohne überzeugende logische oder faktische Begründung gezogen werden (oder bei denen auch eine andere Deutung möglich ist, die aber nicht in den begrifflichen Rahmen des Urhebers paßt). Es erinnert mich an die bedrückende Zeile, die Wilson (wie im ersten Kapitel zitiert) Peirce zuschrieb: »Wir sollten nicht so tun, als leugneten wir in unserer Philosophie etwas, von dem wir in unserem Innersten wissen, daß es stimmt.« Eine solche Bekräftigung des »Offensichtlichen« legt das Denken lahm; nur allzuoft stimmt das Nichtoffensichtliche – und wenn es stimmt, ist es in der Regel ungeheuer interessant (und sei es nur wegen seiner Macht, alte Vorurteile zu durchbrechen). Abbildung 22 ist ein kurzsichtig-irreführendes Bild mit zwei »eindeutigen« Merkmalen, die nicht unbedingt stimmen müssen: einem »offensichtlichen« Evolutionstrend zu zunehmender Körpergröße und der »zwangsläufigen« Folgerung, daß der Selektionsvorteil dieser Zunahme die Ursache des Trends sein müsse.

Das gesamte Spektrum in Abbildung 23 zeigt im Laufe der Zeit eine Größenzunahme bei den größten Arten, aber keinen allgemeinen Trend für die ganze Abstammungslinie. Kleinere Arten leben weiter und gedeihen auch gut (Abbildung 24 zeigt die Entwicklung der kleinsten und größten Arten in jedem Akt in demselben Diagramm). Müssen wir, wenn wir überhaupt von einem »Trend« reden wollen, nicht eher die zunehmende *Variationsbreite* der Körpergröße in den einzelnen Akten bemerken und betonen? Bei jedem Neuanfang geht die Evolution von wenigen überlebenden Linien und geringer Körpergröße aus, und später wird das Spektrum immer breiter. Kleine Formen gedeihen weiterhin

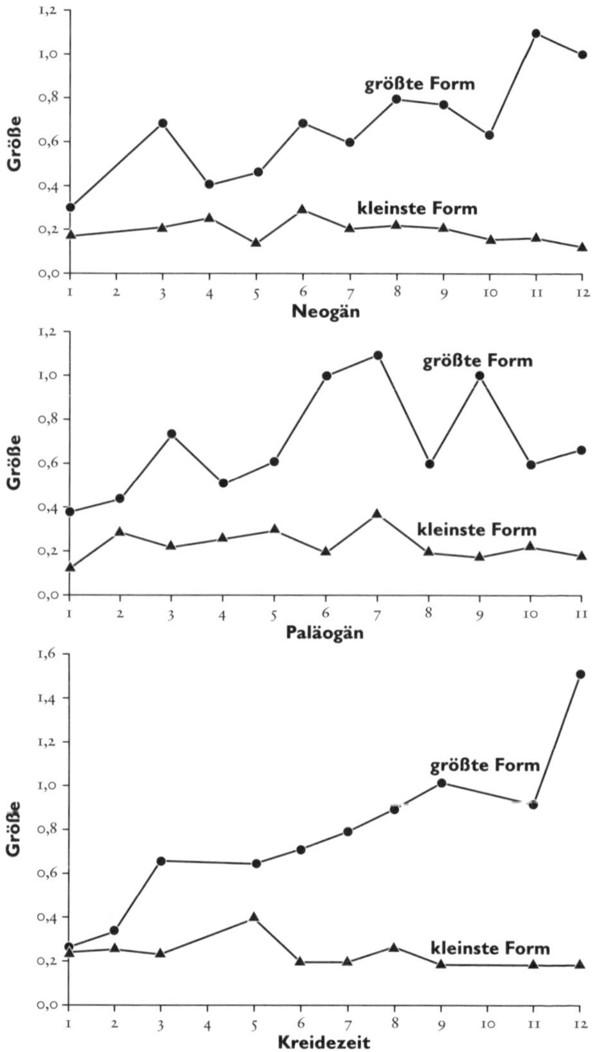

Abbildung 24: Die Größe der größten Foraminiferenarten nimmt während jeder der drei Artbildungsphasen zu, aber die der kleinsten Formen bleibt gleich oder nimmt sogar ab. Der Trend geht also in Richtung einer größeren Variationsbreite, er ist aber keine gezielte Bewegung.

(und stellen immer den größten Anteil aller Arten dar), während die Größenpalette für alle Arten sich insgesamt erweitert. Wie kann man behaupten, mehr Körpergröße biete einen absoluten Vorteil, wenn die meisten Arten klein bleiben?

Ein Vertreter der herkömmlichen Sichtweise für das Copesche Gesetz könnte nun erwidern: »Ja, ich erkenne, was der Fortbestand kleiner Arten Ihrer Meinung nach bedeutet. Aber manche Arten werden größer, während keine von den anfänglichen Linien sich verkleinert. Also muß es (zumindest statistisch) einen Vorteil der zunehmenden Körpergröße geben.« Gut und schön, bis auf einen entscheidenden Punkt, der das Hauptthema dieses Buches bildet: die Wände.

Denken wir noch einmal an die Hauswand und den Weg des Betrunkenen. Seine zufällige Bewegung kann sich nur in einer Richtung summieren, weil er von der Wand ausgeht, die er nicht durchstoßen kann. Oder denken wir an den Durchschnitt 0,400. Auch der beste Batter kann die Wand der allgemeinen menschlichen Grenzen nicht durchdringen – also muß er stehenbleiben, die Hände an der Wand, und der Durchschnittsspieler kommt ihm immer näher, so daß der Trefferdurchschnitt trotz gleichbleibender Leistung sinkt. Kann man bei der Evolution der Plankton-Foraminiferen von einer ähnlichen Wand reden?

Jetzt kommen wir zu dem seltsamen Punkt, der dieses Beispiel so überzeugend macht – denn eine eindeutigere Wand als die Untergrenze für die Körpergröße dieser Kleinstlebewesen kann man sich nicht vorstellen. Ich sage das mit einem gewissen Zynismus, denn diese Wand ist ganz und gar ein Kunstprodukt einer willkürlichen Entscheidung der Menschen und keineswegs eine natürliche Zwangsläufigkeit. Und was könnte klarer zu definieren sein als eine willkürliche, künstliche Entscheidung?

Foraminiferen sind fast (oder tatsächlich) mikroskopisch klein. Man kann sie nicht sammeln, indem man mit bloßem Auge danach sucht. In den Sedimenten der Meere kommt eine Fülle von Plankton-Foraminiferen vor. Um sie zu gewinnen und zu untersuchen, löst man die Sedimente auf, und dann wäscht man sie in einer Reihe von Sieben, die von oben nach unten immer feinmaschiger werden. Die größten Teilchen bleiben also im obersten Sieb hängen, und solche, die kleiner sind als die

Maschen des untersten Siebs, werden in den Abfluß gespült. Die Praxis sieht zwar in den einzelnen Labors ein wenig unterschiedlich aus, aber im allgemeinen hat das feinste Sieb eine Maschenweite von etwa 150 Mikrometern. Wenn es Foraminiferen mit einem Durchmesser von weniger als 150 Mikrometern gibt (und die existieren tatsächlich), landen sie im Abfluß, und in unseren Diagrammen tauchen sie nicht auf. Die Größe von 150 Mikrometern ist also eine echte linke Wand für die Mindestabmessungen in der Evolution der Foraminiferen. Wenn die Gründerlinien in der Nähe dieser linken Wand beginnen (und das ist in allen drei Akten der Fall), kann im weiteren Verlauf keine Art mehr kleiner werden.

Die Tatsache, daß es diese linke Wand gibt, zwingt uns zu einer ganz neuen Beurteilung der gesamten Frage. Brauchen wir außer dieser Wand und dem Beginn der einzelnen Akte in ihrer Nähe überhaupt noch etwas zu postulieren, um den ganzen scheinbaren Trend zuwege zu bringen? Brauchen wir überhaupt etwas über die vermutlichen Vorteile eines größeren Körpers zu sagen? Für Veränderungen steht nur eine Richtung offen. Foraminiferen können nicht kleiner werden, als sie am Anfang waren, aber viele Arten behalten diese ursprüngliche Größe bei und gedeihen prächtig. Andere nehmen den einzigen verfügbaren Spielraum in Anspruch.

Nur weil ein paar Arten klein bleiben, sollten wir den Hang zu mehr Größe nicht leugnen; vielleicht behalten nur wenige Nachzügler die anfänglichen Ausmaße bei, während die meisten das Copesche Gesetz des »größer ist besser« befolgen. Aber gegen diese Möglichkeit, daß das Drama der Planktonformen eine Geschichte des wiederholten Nutzens für größere Arten ist, sprechen noch zwei andere aufschlußreiche Indizien.

Betrachten wir die Größenentwicklung in den einzelnen Akten zunächst mit dem am besten geeigneten Maßstab einer »durchschnittlichen« Art – wenn dieser »Durchschnitt« wächst, können wir die Größenzunahmen vielleicht als Eigenschaft des Ganzen betrachten. Im Kapitel 4 habe ich drei wichtige statistische Größen für den Durchschnitt beschrieben – den Mittelwert, den Median und den Modus –, und ich habe Fälle genannt, in denen der eine oder andere davon nicht angemessen ist. Insbesondere der Median und der Mittelwert können bei stark asymmetrischer Verteilung einen falschen Eindruck vermitteln, denn beide verschieben sich stark in Richtung der Schiefe einer Kurve (und zwar der Mittelwert noch stärker als der Median), auch wenn nur sehr wenige Einzelwerte im langen Schwanz der asymmetrischen Verteilung liegen. Wem diese allgemeine Aussage zu abstrakt erscheint, der braucht sich nur an die Erörterung der Glockenkurve für Einkommen erinnern: Sie ist stark nach rechts verschoben, denn Bill Gates macht eine Milliarde Kröten im Jahr, und an der linken Wand steht das Einkommen Null. Zwischen dieser linken Wand und dem durchschnittlichen Haushaltseinkommen von etwa 30000 Dollar im Jahr drängen sich also eine Menge Menschen – während der rechte Schwanz sich fast unendlich bis zu Gates und seinen (sehr wenigen) Kollegen zieht.

In einer derart asymmetrischen Verteilung ist der Mittelwert ein schrecklich schlechtes Maß für jede allgemeine Vorstellung von einem »Durchschnitt« oder einer »zentralen Tendenz«, denn schon ein einziger Bill Gates zieht ihn weit nach rechts – seine Milliarde Dollar zählt ebensoviel wie 100000 Menschen links vom Mittelwert, die jeweils 10000 Dollar verdienen. Der Mittelwert einer solchen verschobenen Verteilung bewegt sich also vom Gipfel des häufigsten Wertes weg – er landet an der Flanke der Glockenkurve in Richtung der Verschiebung (eine graphische Darstellung und genauere Erörterung dieses Prinzips finden sich in Abbildung 7). Der Median verschiebt sich nicht so stark wie der Mittelwert, aber auch er liegt am Ende weit weg vom Scheitelpunkt der Glockenkurve auf der langgezogenen Seite der Verteilung (siehe wiederum Abbildung 7 und den zugehörigen Text).

Dieser künstliche Effekt verzerrt unsere Interpretation der Abbildung 22 stark, denn aus dem dort erkennbaren stetigen Anstieg der Mittelwerte wollten wir ja (nach dem Copeschen Gesetz) ein sicheres Anzeichen für eine allgemeine Größenzunahme in der gesamten Gruppe der Plankton-Foraminiferen herauslesen – obwohl der Anstieg auch bedeuten könnte, daß eine Glockenkurve bei unverändertem Höchstwert immer stärker rechtslastig geworden ist. Bei stark verschobenen Verteilungen bevorzugt man deshalb in der Regel den dritten wichtigen Maßstab für zentrale Tendenzen: den Modus oder häufigsten Wert (das heißt, den Scheitelpunkt der Glockenkurve).

Deshalb habe ich die gesamte Variationsbreite innerhalb der einzelnen Akte in zehn gleiche Abschnitte unterteilt und das mit den meisten Arten besetzte Intervall (das ich »modale Dekade« nannte) in jedem der drei Akte für zwölf gleiche Zeitabschnitte eingetragen. Das Ergebnis zeigt Abbildung 25. Mit dem passenden Maßstab des Modus findet man innerhalb der Akte keinerlei Tendenz zu allgemeiner Größenzunahme. (In der Kreidezeit nimmt die Größe in den ersten drei Intervallen tatsächlich ein wenig zu, aber dann bleibt sie gleich; im Paläogän findet

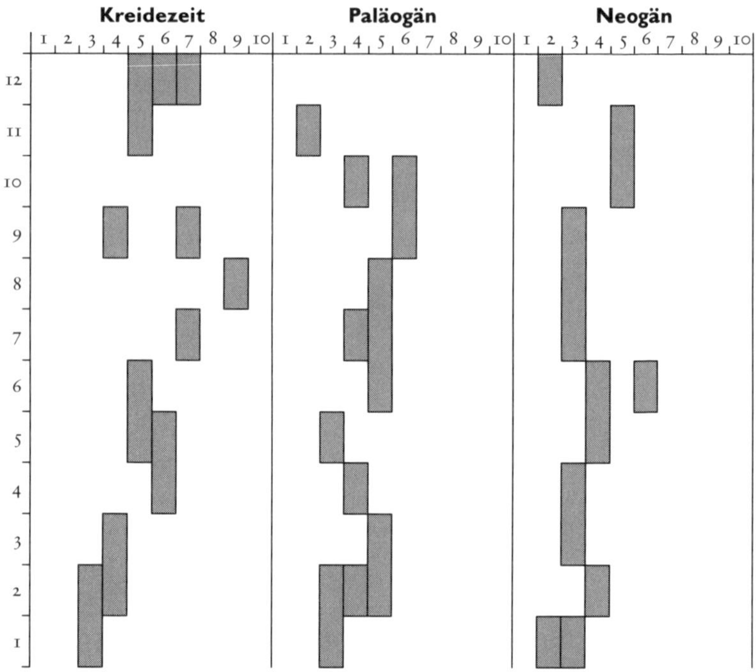

Abbildung 25: Veränderungen der am häufigsten anzutreffenden Größe (links: kleiner; rechts: größer) während der drei Artbildungsphasen bei den Plankton-Foraminiferen von der ältesten (unten) bis zur neuesten (oben) Zeit. Mehrere graue Bereiche zur gleichen Zeit weisen auf gleiche Häufigkeit verschiedener Größenklassen hin. Mit Ausnahme einer anfänglichen Größenzunahme in der Kreidezeit nimmt die Größe der häufigsten Größenklasse in allen drei Phasen nicht zu.

man in den letzten modalen Dekaden eine Größenabnahme, und im Neogän bleibt der Wert völlig gleich.) Mit anderen Worten: Die am häufigsten vorkommende Größe ändert sich in jeder der drei Evolutionsphasen der Plankton-Foraminiferen nicht nennenswert – weder nach oben noch nach unten.

Als zweites zwingendes Indiz hätte ich sehr gern eine weitere Tabelle gehabt, die mir 1988 für meine Studien nicht zur Verfügung stand, weil ich die tatsächliche Abfolge von Vorfahren und unmittelbaren Nachkommen nicht kannte. Wir hätten gern gewußt, ob es eine allgemeine Tendenz gibt, der zufolge neue Arten bei ihrer Entstehung größer sind als ihre unmittelbaren Vorläufer: Wenn eine Größenabnahme bei solchen entwicklungsgeschichtlichen Übergängen ebensohäufig vorkommt wie eine Größenzunahme, können wir sicherlich nicht sinnvoll über eine »Triebkraft« oder einen »Trend« zur Größenzunahme sprechen, selbst wenn die größte Art oder der ungeeignete Mittelwert größer wird, weil die Verteilung sich im Laufe der Zeit immer stärker nach rechts ausweitet.

Mittlerweile hat mein Kollege Anthony J. Arnold von der Florida State University zusammen mit seinen Mitarbeitern D. C. Kelly und W. C. Parker die fehlenden Informationen geliefert. Anhand einer bemerkenswerten Datensammlung über bekannte Paare von Vorgängern und Nachfolgern bei 342 Foraminiferenarten aus dem Plankton des Känozoikums erstellten sie die Glockenkurve für die Größenunterschiede zwischen nachfolgenden Arten und ihren unmittelbaren Vorläufern. Ein Wert von 0 in Abbildung 26 bedeutet, daß die neue Art die gleiche Größe hatte wie ihr Vorgänger; negative Werte entsprechen kleineren Nachfolgern, positive einer größeren neuen Art. Die symmetrische, nicht verschobene Glockenkurve in Abbildung 26 beweist, daß es bei der Entstehung neuer Arten von Plankton-Foraminiferen keine Tendenz zu einer Größenzu- oder -abnahme gibt. Die neuen Arten sind mit gleich großer Wahrscheinlichkeit größer oder kleiner als ihre Vorgänger. Arnold, Kelly und Parker (1995, Seite 206) formulieren ihre eindeutige Schlußfolgerung so: »Es gibt keine erkennbare ... Tendenz, welche die Größenzunahme begünstigt; es gibt keine stichhaltigen Hinweise auf eine größenabhängige Lebensdauer, und es gibt kein Indiz für eine Größenabhängigkeit der Artbildungs- oder Aussterberaten.«

Und doch nehmen sowohl die Größe der größten Art als auch der Mittelwert in jedem Akt zu. Wie können wir dieses Phänomen deuten, wenn wir – wie es eine angemessene Untersuchung der Variationsbreite in einem vollständigen System zwingend verlangt – eine Gesamttendenz oder einen allgemeinen Vorteil der Größenzunahme leugnen müssen? Ironischerweise brauchen wir dazu offenbar eine Erklärung, die eine genaue Umkehrung der üblichen Behauptung darstellt (also der »eindeutigen« und »offenkundigen« Überlegenheit eines größeren Körpers, die wir jetzt widerlegt haben). Das gesamte Phänomen ergibt sich aus drei Faktoren: Erstens gibt es eine linke Wand, eine echte Untergrenze für die Größe, die in diesem Fall künstlich durch die kleinste Maschenweite der Siebe in den Laboruntersuchungen gesetzt wird. Zweitens überlebten nach jeder Episode des Massenaussterbens nur kleine Arten (in der Nähe der Mindestgröße), so daß der nächste Akt jeweils ausschließlich mit Arten am unteren Ende des Größenspektrums begann. Und drittens kam es in jedem Akt zur Diversifikation und Neu-

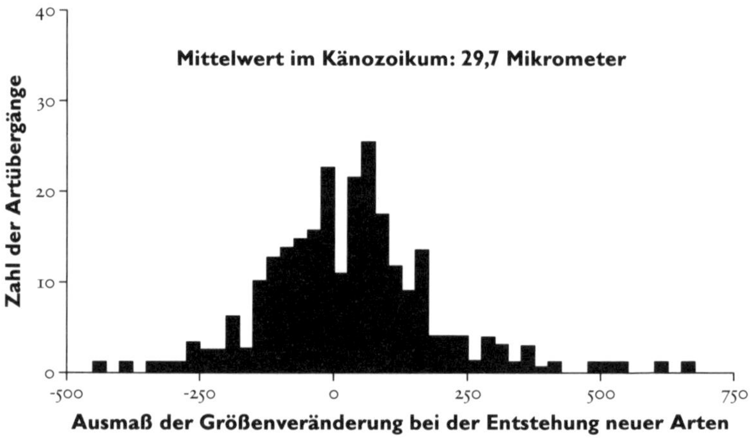

Abbildung 26: Der Beleg, daß es in der Evolution der Foraminiferen bei der Artbildung keinen Trend zur Größenzunahme gibt. Auf der horizontalen Achse stehen Werte über 0 für eine Größenzunahme, solche unter 0 weisen auf eine Größenabnahme hin. Die Normalverteilung zeigt keine Vorliebe für eine der beiden Richtungen.

bildung zahlreicher Arten, so daß die Artenvielfalt insgesamt jedesmal wieder zunahm.

Geht man von diesen drei Voraussetzungen aus, bemerkt man bei der größten Art nur deshalb eine Größenzunahme, weil die Ausgangsarten an der linken Wand stehen, so daß das Größenspektrum sich nur in einer Richtung erweitern kann. Die am häufigsten vorkommende Größe (die modale Dekade) ändert sich nie, und die Nachkommen zeigen keine Vorliebe dafür, größer zu werden als ihre Vorgänger. Aber während jedes Aktes erweitert sich das Größenspektrum in der einzig möglichen Richtung, weil die Artenzahl steigt, wobei einige wenige (und zwar wirklich nur wenige) größer werden (während keine einzige die linke Wand durchdringen und kleiner werden kann). Was das Copesche Gesetz angeht, können wir nur eines sagen: Wenn Grenzen bestehen wie in den drei oben genannten Fällen, werden sich Extremwerte der Körpergröße von den Ausgangswerten an der linken Wand entfernen. Mit anderen Worten: Das Wachstum ist in Wirklichkeit *keine gerichtete Evolution in Richtung einer Größenzunahme, sondern zufällige Evolution, die von geringer Größe ausgeht.*

Um es deutlich zu sagen: Ich schließe nicht aus, daß diese Geschichte sehr interessant und wichtig ist, und ich leugne auch nicht, daß die Größe der größten Art im Laufe der Zeit zunimmt. Aber wenn wir, wie es richtig ist, die zunehmende Variationsbreite des ganzen Systems betrachten, statt uns kurzsichtig auf Mittel- oder Extremwerte zu konzentrieren (»Dinge, die sich irgendwohin bewegen«), sind wir gezwungen, das Ganze genau entgegen der üblichen Lesart zu interpretieren. Nach der herkömmlichen Sichtweise fragen wir, warum die Selektion eine Zunahme der Körpergröße begünstigt. Nach der neuen Deutung müssen wir wissen (und wir wissen es nicht), warum Arten mit kleinem Körper in den Episoden des Massenaussterbens besser überlebten, so daß jede neue Evolutionsphase mit wenigen Arten fast an der Größenuntergrenze begann. Alles andere ergibt sich einfach aus diesem eingeschränkten Anfangszustand und dem wachsenden Erfolg der Artengruppe.

Da eine solche umgekehrte Interpretation in diesem Fall notwendig (und faszinierend) ist, kann man davon ausgehen, daß es sich lohnt, das

Copesche Gesetz – eine der ältesten »anerkannten Wahrheiten« der Paläontologie und Evolutionstheorie – neu zu überdenken. Ich habe keinen Zweifel, daß manche Fälle sich tatsächlich am besten unter der alten Überschrift »Dinge, die sich irgendwohin bewegen« erklären lassen, das heißt, als allgemeine Größenzunahme bei allen oder den meisten Abstammungslinien in einer Gruppe aufgrund eines Selektionsvorteils für einen größeren Körper (und nicht als Ausweitung der Variationsbreite in einem ganzen System, die als Trend der Extremwerte mißdeutet wird).

Aber wenn man sämtliche Fälle betrachtet, wird die frühere sichere Überzeugung sich ändern, und wir werden lernen, daß man statt abstrakter Mittel- oder Extremwerte besser das volle Haus betrachtet, wenn man aus Fossilfunden die Phänomene und Kausalitätsbeziehungen des entwicklungsgeschichtlichen Wandels ablesen will. Zunächst einmal sind einige bedeutende Beispiele für das Copesche Gesetz reine Artefakte, die durch eine kurzsichtige Fixierung auf Extremwerte entstehen. Mein Kollege David Jablonski von der Universität Chicago untersuchte zum Beispiel in den Küstenniederungen der amerikanischen Golf- und Atlantikküste in Sedimenten aus der späten Kreidezeit die Größenveränderungen bei allen Muschelgattungen, deren Fossilien sich über mehr als vier Millionen Jahre erstrecken. Nach seinen Feststellungen folgen 33 von 85 Gattungen in einem von ihm so genannten »weiten« (ich würde sagen: unzutreffenden) Sinn dem Copeschen Gesetz, weil der größte Vertreter aus späterer Zeit größer war als sein größter Vorläufer aus älteren Schichten. Dann aber stellte er fest, daß die Größe der kleinsten Art in 22 dieser 33 Gattungen ebenfalls abnahm oder gleichblieb. Bei mindestens zwei Dritteln der untersuchten Gattungen gibt also der Begriff »allgemeine Größenzunahme« nur unsere Neigung wieder, die obere Grenze anstelle des ganzen Spektrums zu untersuchen. Jablonski gelangte zu dem Schluß (1987, Seite 714): »Das Copesche Gesetz beruht auf einer Zunahme der Variationsbreite und nicht auf einem einfachen, gerichteten Trend bei der Körpergröße.«

In anderen anerkannten Fällen, wie dem der Plankton-Foraminiferen, kommt es zu einem Anstieg der Extrem- oder Mittelwerte, weil die Linien nahe an der linken Wand eines möglichen Größenspektrums beginnen und dann mit zunehmender Artenzahl den verfügbaren Spielraum ausfüllen – mit anderen Worten: Mittel- und Extremwerte bewegen sich *von geringer Größe fort*, aber die Linien *entwickeln sich nicht in Richtung zunehmender Größe* (und wie ich erläutert habe, kann eine solche Bewegung sich aus zufälligen Größenveränderungen für jede einzelne Linie ergeben – nach dem Modell des »Weges des Betrunkenen«).

Diese wichtige Argumentation vertrat mein Kollege Steven Stanley von der Johns Hopkins University 1973 in einem ausgezeichneten und heute sehr angesehenen Artikel. Wie er zeigen konnte (siehe Abbildung 27, die seinem Aufsatz entnommen ist), nimmt die mittlere oder extreme Größe in Gruppen, die von geringer Größe ausgehen und in der Nähe dieses Ausgangspunktes durch eine linke Wand begrenzt sind, durch zufällige Evolution innerhalb der einzelnen Arten zu. Außerdem sprach er sich dafür aus, man solle seine Ideen überprüfen, indem man in ganzen Systemen nach rechtsschiefen Größenverteilungen sucht, statt Mittel- oder Extremwerte zu verfolgen, die solche Systeme in falscher Abstraktion in Form einzelner Zahlen wiedergeben. Ich schlug 1988 in einem Fachartikel vor, man solle vom »Stanleyschen Gesetz« sprechen, wenn sich ein solcher Zuwachs der mittleren oder extremen Größe am besten mit ungerichteter Evolution von einem Ausgangspunkt in der Nähe der linken Wand aus erklären läßt. Ich würde sogar die Vermutung wagen (und auf diesen Vorschlag eine ganze Menge Geld verwetten), daß sich die Zunahme der mittleren oder extremen Körpergröße (Copesches Gesetz im weiten Sinn) bei der großen Mehrzahl der Abstammungslinien richtiger mit dem Stanleyschen Gesetz der zufälligen Evolution von geringer Größe aus erklären läßt als mit der herkömmlichen Begründung, es handele sich um gezielte Evolution in Richtung einer vorteilhaften Größenzunahme.

In diesem Zusammenhang – und damit möchte ich das Kapitel beschließen – war ich entzückt über die Entdeckung (die ich machte, als ich bei der Vorbereitung dieses Buchabschnitts Copes Originalarbeit las), daß schon Cope selbst diese bessere Erklärung »durch eine dunkle Linse« begriffen hatte. Cope schrieb eine Menge über das Phänomen, das später »Copesche Regel« oder sogar »Copesches Gesetz« genannt

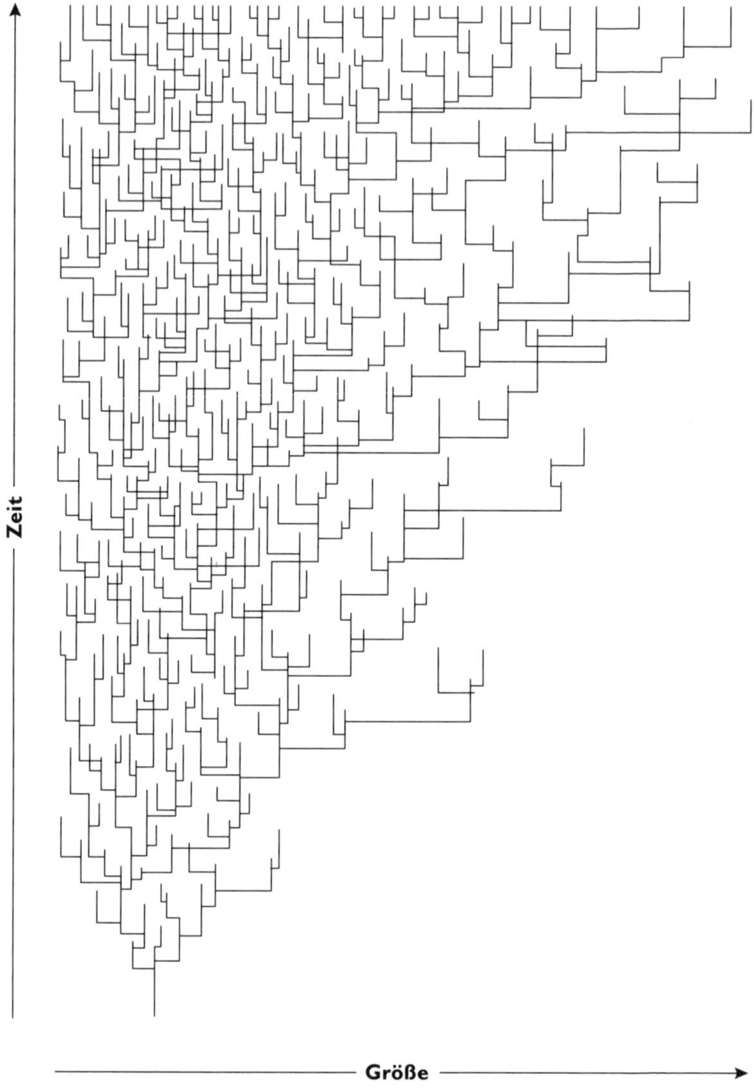

Abbildung 27: Die Zunahme der Mittel- und Extremwerte für die Größe in einem verzweigten Evolutionsstammbaum ergibt sich in diesem Fall nur, weil es für die Körpergröße eine Untergrenze oder »linke Wand« gibt.

wurde. Mehr Beachtung schenkte er jedoch einem anderen angeblichen Gesetz, das er offensichtlich für viel wichtiger hielt – dem »Gesetz des Unspezialisierten« (Cope, 1896, Seite 172–174).

Dieses Gesetz besagt, daß die Gründungsmitglieder sehr erfolgreicher Abstammungslinien in der Regel »unspezialisiert« sind, das heißt, sie vertragen ein breites Spektrum von Lebensräumen und Klimabedingungen, und sie besitzen keine komplexen, hochspezifischen Anpassungen an eine ganz bestimmte Verhaltens- oder Lebensweise (wie der Pfau mit seinem Schwanz oder der Koala, der nur die Blätter ganz bestimmter Eukalyptusarten fressen kann). Mit der Einschränkung, daß solche Evolutionsgesetze in unserer komplexen, teilweise vom Zufall bestimmten Welt nicht absolut, sondern immer nur für eine Mehrheit gelten, hat Copes Gesetz des Unspezialisierten sich weitgehend bestätigt, und die heutigen Evolutionsbiologen würden es bekräftigen.

Cope selbst erkannte – und das nicht nur als beiläufige Beobachtung, denn er wiederholte die entscheidende Aussage mehrmals –, daß solche unspezialisierten Linien in der Regel von geringer Körpergröße gekennzeichnet sind (und er begriff sogar, daß die geringe Größe den unspezialisierten Zustand begünstigt). Aber den Zusammenhang, der im Licht des Hauptthemas dieses Buches so offensichtlich wird, stellte er nie in vollem Umfang her: Vielleicht entstand Copes heute bekannteres Gesetz der zunehmenden Körpergröße als nicht zwangsläufiger Nebeneffekt aus Copes Gesetz des Unspezialisierten. Die Begründer wichtiger Abstammungslinien sind in der Regel Arten, deren Verhalten und Anatomie nicht spezialisiert sind. Und unspezialisierte Arten sind in der Regel auch klein. Das Copesche Gesetz der Größenzunahme ist also ein Artefakt, das sich aus der geringen Körpergröße der Gründerarten und ihrer Stellung an der linken Wand ergibt. Cope stellte nie alle Verbindungen her, aber wir sollten seine Worte in ehrendem Andenken halten:

> Die »Doktrin des Unspezialisierten« … beschreibt die Tatsache, daß die hochentwickelten, spezialisierten Typen einer geologischen Epoche nicht die Eltern der Typen in den nachfolgenden Perioden waren, sondern daß die Abstammung von den weniger spezialisierten Formen früherer Zeiten ausgegangen ist … Daß dieses Gesetz gilt, liegt daran, daß im allgemeinen die

spezialisierten Typen zu allen Zeiten nicht zur Anpassung an die veränderten Bedingungen in der Lage waren, die den Beginn neuer Perioden kennzeichneten … Solche Veränderungen hatten auf Arten mit großem Körper, die Nahrung in großen Mengen brauchten, oft besonders schwere Auswirkungen … Tiere, die sich als Allesfresser ernährten, konnten überleben, wo andere, die besondere Nahrung brauchten, sterben mußten. Arten mit geringer Körpergröße überlebten eine Nahrungsknappheit, während große zugrunde gingen. Es stimmt …, daß die Abstammungslinien der Säugetiere von Formen mit geringer Körpergröße ausgingen oder durch sie erhalten blieben. Das gleiche gilt auch für alle anderen Wirbeltiere.

14. Kapitel Die Macht der bakteriellen Form oder warum der Schwanz nicht mit dem Hund wedeln kann

Die Argumentation in Kurzform

Ich glaube, die meisten, die sich fachkundig mit der Geschichte des Lebens befaßt haben, haben es immer gespürt: Die Fossilfunde liefern nicht das, was das Abendland sich bequemlichkeitshalber immer gewünscht hat – ein eindeutiges Zeichen des Fortschritts, gemessen als irgendeine Form der stetig zunehmenden Komplexität für das Leben als Ganzes. Die Befunde als solche können diese Vorstellung nicht stützen, denn in den meisten Lebensräumen herrschen die einfachen Formen heute ebenso vor wie zu allen früheren Zeiten. Angesichts dieser unbestreitbaren Tatsache haben die Fürsprecher des Fortschritts (das heißt fast alle, die jemals ernsthaft über Evolution nachgedacht haben) die Kriterien verändert und schließlich nach jedem Strohhalm gegriffen. (Den Greifenden kamen die veränderten Kriterien vielleicht gar nicht als so dünnes Rohr vor, denn um ihre Schwächen zu erkennen, muß man sich zunächst die Argumentation dieses Buches zu eigen machen und Trends nicht mehr als Bewegung eines Dings in einer Richtung betrachten, sondern als Veränderung der Variationsbreite.) Kurz gesagt, diejenigen, die auf Fortschritt aus waren, befaßten sich ausschließlich mit der Entwicklung der komplexesten Lebewesen – eine kurzsichtige Betrachtung von Extremwerten –, und die zunehmende Komplexität dieser Arten diente dann als falscher Ersatz für den Fortschritt des Ganzen (ein überzeugender Fall ist wiederum das erste Beispiel in diesem Buch mit der Abbildung 1). Aber eine solche Argumentation ist unlogisch und hat kritische Betrachter immer gestört.

James Dwight Dana zum Beispiel, der größte amerikanische Naturforscher zu Darwins Zeit (jedenfalls nachdem Agassiz gestorben war), der Darwin auch durch seine bemerkenswert ähnliche Laufbahn geistesverwandt war (beide unternahmen in ihrer Jugend lange Seereisen, und beide waren fasziniert von Korallenriffen und der Taxonomie der Krebstiere), bediente sich dieser Argumentation, als er sich Mitte der siebziger Jahre des 19. Jahrhunderts zur Evolutionstheorie bekehrt hatte. Dana behielt seine Entschlossenheit, den Fortschritt als Definition für die Organisation des Lebendigen zu betrachten, während seiner gesamten Berufslaufbahn bei, und sie kennzeichnete auch sein Umschwenken vom Kreationismus zur Evolutionstheorie. Aber Dana konnte den Fortschritt nur nachweisen, indem er die Geschichte der Extreme betrachtete – »die großartige Tatsache, daß das System des Lebendigen bei den einfaches Meerespflanzen und niederen Tieren beginnt und beim Menschen endet« (Dana, 1876, Seite 593). Julian Huxley, der Enkel von Thomas Henry, hatte dabei ebenfalls ein ungutes Gefühl, konnte sich aber 1959 kein anderes Kriterium vorstellen (siehe das Zitat am Anfang von Kapitel 12). Als Darwins Enkel ihn aufforderte, den Fortschritt angesichts so vieler gut angepaßter, aber anatomisch stark vereinfachter Parasiten zu belegen, erwiderte Huxley: »Ich meine einen höheren Organisationsgrad im allgemeinen, der sich an der erreichten Obergrenze zeigt.« Aber die »erreichte Obergrenze« (die Extremform im rechten Schwanz) ist kein Maß für einen »höheren Organisationsgrad im allgemeinen« – Huxleys Gegenargument ist unlogisch.

Indem ich dieses konventionelle Argument für den Fortschritt in der Geschichte des Lebens entlarve, bin ich bei der entscheidenden Aussage meines Buches angelangt. (Allerdings möchte ich niemanden herabsetzen, der Baseball als ebensowichtig für die Geschichte des Lebens betrachtet und deshalb der richtigen Interpretation des Trefferdurchschnitts 0,400 einen höheren Stellenwert für das Leben der Amerikaner einräumt als dem Verständnis der wichtigsten Themen von 3,5 Milliarden Jahren biologischer Zeitrechnung!) Meine Argumentation, die sich gegen den Fortschritt in der Geschichte des Lebens richtet, kann ich auf wenigen Seiten und in sieben kurzen Aussagen zusammenfassen. Ich möchte mit dieser Kurzfassung weder hochnäsig noch respektlos erscheinen. Wenn ich meine Aufgabe in diesem Buch bis hierher erfüllt habe, sind Hintergrund und Argumentation bereits hinreichend gründlich vorbereitet, so daß diese gezielte Anwendung auf die umfassendsten Systeme sehr schnell und mit wenigen Erinnerungen und Anhaltspunkten für den neuen Zusammenhang erfolgen kann.

Die Behauptung, daß die komplexesten Lebewesen im Laufe der Zeit immer komplizierter geworden sind, stelle ich nicht in Frage; ich leugne aber sehr nachdrücklich, daß diese beschränkte kleine Tatsache ein Argument dafür ist, den allgemeinen Fortschritt als entscheidende Triebkraft in der Geschichte des Lebens zu betrachten. Diese hochtrabende Behauptung ist ein geradezu lächerlicher Fall eines Schwanzes, der mit dem Hund wedelt – man erhebt eine kleine, nebensächliche Wirkung unberechtigterweise in den Rang einer wichtigen, entscheidenden Ursache.

Im folgenden möchte ich mit sieben Argumenten meine Überlegungen so überzeugend wie möglich darlegen, und dabei gehe ich von der historischen Erweiterung der Variationsbreite weg von einer anfänglichen linken Wand aus. Anschließend gebe ich ausführliche Erläuterungen zu drei entscheidenden Aussagen, die am häufigsten mißverstanden oder falsch eingeschätzt werden. Dabei gilt es zu beachten, daß die ganze Abfolge meiner Aussagen genau der gleichen Logik folgt und die gleichen Ursachen postuliert wie zuvor meine Geschichte (im kleinen Maßstab) über die Evolution der Plankton-Foraminiferen.

1. Leben muss zwangsläufig an der linken Wand beginnen. Die Erde ist etwa 4,5 Milliarden Jahre alt. Das Leben, wie es sich in den Fossilfunden zeigt, entstand vor ungefähr 3,5 Milliarden Jahren; viel älter kann es vermutlich nicht sein, denn am Anfang war die Erde in einem schmelzflüssigen Zustand, und diese Phase endete erst vor etwa 3,8 Milliarden Jahren (so alt sind die ältesten Gesteine). Vermutlich begann das Leben in den Urozeanen als Folge chemischer Reaktionsketten, an denen die ersten Bestandteile der Atmosphäre und der Ozeane beteiligt waren; reguliert wurden sie von den physikalischen Gesetzmäßigkeiten für selbstorganisierende Systeme. (Die Ozeane, die vor dem Beginn des Lebens voller organischer Verbindungen waren, belegt man schon seit langem mit dem Schlagwort »Ursuppe«.) Jedenfalls

können wir die Mindestkomplexität des Lebens unter diesen Bedingungen der spontanen Entstehung als »linke Wand« ansehen. (Als Paläontologe stelle ich mir unter dieser linken Wand gern die Untergrenze der »denkbaren, erhaltungsfähigen Komplexität« vor.) Das Leben mußte aus chemischen und physikalischen Gründen in der Nähe der linken Wand minimaler Komplexität beginnen – als mikroskopisch kleiner Klumpen. Aus der Ursuppe kann nicht sofort ein Löwe entspringen.

2. Zeitliche Stabilität der ursprünglichen bakteriellen Form. Wenn wir mit unserer Vorliebe für vielzellige Lebewesen besonders engstirnig sind, ziehen wir die entscheidende Grenze in der Lebenswelt zwischen Pflanzen und Tieren (wie es schon das Erste Buch Mose in den Schöpfungsmythen der Kapitel 1 und 2 tut). Sind wir großzügiger, unterscheiden wir in der Regel zwischen ein- und vielzelligen Formen. Aber die meisten Biologen würden behaupten, daß der tiefgreifendste Bruch sich durch die Welt der Einzeller zieht: Er trennt die Prokaryonten (das sind Zellen ohne Organellen – ohne Zellkern, ohne Chromosomen, ohne Mitochondrien und Chloroplasten) von den Eukaryonten (Lebewesen wie Amöben und Pantoffeltierchen mit allen komplizierten Einzelteilen, die man auch in den Zellen der vielzelligen Arten findet). Zu den Prokaryonten gehören die atemberaubend vielfältigen Gruppen, die man zusammenfassend als »Bakterien« bezeichnet, und die sogenannten »blaugrünen Algen«, eigentlich ebenfalls Bakterien, die sich der Photosynthese bedienen und heute allgemein Cyanobakterien genannt werden.

Die ältesten fossilen Lebensformen sind ausnahmslos Prokaryonten – oder, locker gesagt, »Bakterien«. In Wirklichkeit ist mehr als die Hälfte der Geschichte des Lebens ausschließlich eine Geschichte der Bakterien. Was anatomische Strukturen angeht, die als Fossilien erhalten bleiben können, stehen die Bakterien nahe an der linken Wand der geringsten vorstellbaren Komplexität. Das Leben begann also mit der bakteriellen Form (siehe Abbildung 28). Und an der gleichen Stelle hat sich die bakterielle Form des Lebens bis heute erhalten (siehe Kapitel 13). So war es am Anfang, so ist es heute, und so wird es immer sein – zumindest bis die Sonne explodiert und unseren Planeten vernichtet. Wie können wir nun, wenn wir das richtige Kriterium der Variationsbreite im vollen Haus des Lebens heranziehen, den Fortschritt als entscheidende Triebkraft der Evolution bezeichnen, wo sich doch der Modus der Komplexität nie verändert hat? (Die *mittlere* Komplexität des Lebendigen mag größer geworden sein, aber wie ich in Kapitel 4 dargelegt habe, ist nicht der Mittelwert, sondern der Modus in einer stark asymmetrischen Verteilung das geeignete Maß für die zentrale Tendenz.) Die bakterielle Form aus dem Titel dieses Kapitels war immer das Musterbeispiel für den Erfolg des Lebendigen.

3. Damit das Leben sich ausbreiten konnte, musste sich eine immer stärker rechtsschiefe Verteilung ausbilden. Das Leben mußte an der linken Wand der geringstmöglichen Komplexität beginnen (siehe Aussage 1). Als seine Formenvielfalt zunahm, stand für diese Erweiterung nur eine Richtung offen. Weiter nach links hin war keine Bewegung möglich, weil zwischen der anfänglichen bakteriellen Form und der linken Wand kein Platz mehr war. Die bakterielle Form selbst hat ihre Anfangsposition beibehalten und ist als Modus immer höher geworden (siehe Abbildung 29). Da von der linken Wand weg, in Richtung größerer Komplexität, nach wie vor Spielraum zur Verfügung steht, wandern gelegentlich neue Arten in diesen zuvor nicht besetzten Bereich, so daß die Glockenkurve für alle Arten rechtsschief wird, wobei es sein kann, daß die Rechtsschiefe im Laufe der Zeit zunimmt.

4. Eine Gesamtverteilung durch einen Extremwert in einem Schwanz zu charakterisieren, ist kurzsichtig. Be-

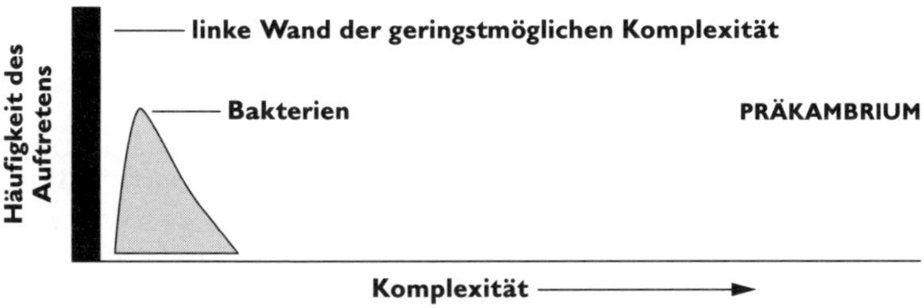

Abbildung 28: Das Leben muß zwangsläufig an der linken Wand der geringstmöglichen Komplexität beginnen; dort entwickelt sich schon bald die bakterielle Form als Modus.

trachtet man das volle Haus des Lebendigen in Abbildung 29, kann man sich nur noch ein Argument für den allgemeinen Fortschritt vorstellen: Man muß postulieren, der länger werdende rechte Schwanz weise auf eine vorhersagbare Aufwärtstendenz des Ganzen hin. Aber eine solche Behauptung verkörpert nur das unsinnige Schauspiel eines kleinen Schwanzes, der mit einem großen Hund wedelt. (Wie absurd das ist, begreifen wir meist nicht, weil wir den Hund nicht richtig bildlich dargestellt haben; statt dessen tun wir etwas, das an die Cheshire-Katze im Wunderland erinnert, die nur an ihrem Lächeln zu erkennen war: Wir charakterisieren den ganzen Hund ausschließlich anhand seines Schwanzes.)

Allein aufgrund des rechten Schwanzes zu behaupten, es gebe einen allgemeinen Fortschritt, ist aus zwei Gründen absurd. Erstens ist der Schwanz klein und nur von einem winzigen Prozentsatz aller Arten besetzt. (Über 80 Prozent aller vielzelligen Arten sind Gliederfüßer, und in der Regel gelten alle Angehörigen dieses Stammes als primitiv und

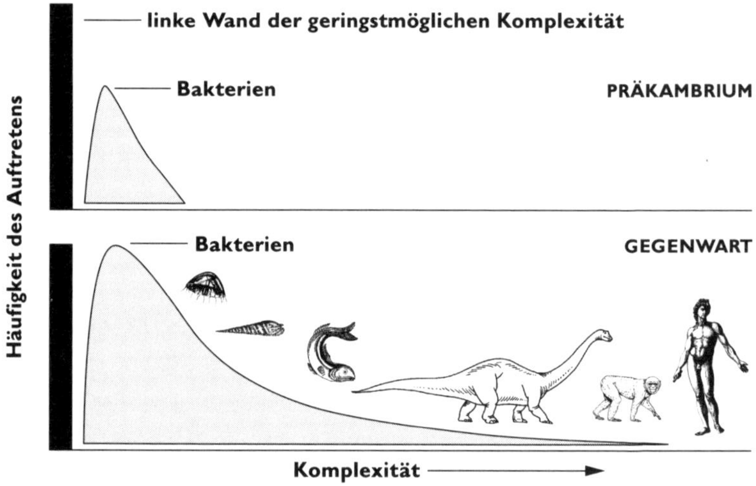

Abbildung 29: Die Häufigkeitsverteilung für die Komplexität der Lebewesen wird im Laufe der Zeit immer stärker rechtsschief, aber der Modus – die bakterielle Form – ändert sich nie.

nicht sehr weit fortgeschritten.) Und zweitens bilden die Formen, die im Laufe der Zeit den äußersten rechten Schwanz besetzten, keine ununterbrochene Evolutionsfolge, sondern es handelt sich um eine buntscheckige Reihe sehr unterschiedlicher Formen, die eine nach der anderen in diese Position gestolpert sind. Diese zeitliche Abfolge kann ungefähr so aussehen: Bakterium, Eukaryontenzelle, Meeresalge, Qualle, Trilobit, Nautiloid, Panzerfisch, Dinosaurier, Säbelzahntiger und *Homo sapiens.* Von den beiden ersten Übergängen abgesehen, kann keine Form in dieser Reihe ein unmittelbarer Vorläufer der nächsten sein.

5. Kausalität liegt an der Wand und in der Ausweitung der Variationsbreite; der rechte Schwanz ist nicht Ursache, sondern Wirkung. Die Entwicklung der Glokkenkurve für die Komplexität des Lebendigen (Abbildung 28 und 29) ist kein ganz und gar zufälliges Phänomen (allerdings spielen Zufallselemente eine wichtige Rolle). Über die Form der Kurve und ihre Veränderungen bestimmen zwei wichtige kausale Einflüsse – aber keiner davon beinhaltet eine Aussage über Fortschritt im herkömmlichen Sinn. Diese beiden Hauptursachen sind erstens der zwangsläufige Beginn an der linken Wand der geringstmöglichen Komplexität und zweitens die Zunahme der Individuen- und Artenzahl mit der vorhersagbaren Entwicklung einer rechtsschiefen Verteilung. Da der Ausgangspunkt an der Wand liegt und da die Variationsbreite später zunahm, mußte der rechte Schwanz sich fast zwangsläufig entwickeln und immer länger werden. Aber diese Ausdehnung des rechten Schwanzes – der einzige Anlaß für alle (kurzsichtigen) Behauptungen über einen Fortschritt – ist ein untergeordnetes Phänomen, ein Nebeneffekt der beiden genannten Ursachen und kein grundlegender Impuls, der durch die Überlegenheit komplexerer Formen in der natürlichen Selektion entsteht. Wie das Beispiel mit dem Weg des Betrunkenen zeigt, kommt es zu der Erweiterung des rechten Schwanzes sogar durch rein zufällige Bewegungen jedes Elements, vorausgesetzt, das System nimmt an einer Wand seinen Anfang. Der Weg des Betrunkenen belegt es also in der Theorie, und die Evolution der Plankton-Foraminiferen bestätigt es in der Praxis: Der immer länger werdende rechte Schwanz in der Komplexität des Lebens

dürfte durch zufällige Bewegungen in allen Abstammungslinien entstehen. Der angebliche Fortschritt des Lebendigen ist in Wirklichkeit *eine zufällige Bewegung von einem einfachen Ausgangspunkt aus* und *kein gerichteter Impuls zu einer von sich aus vorteilhaften Komplexität.*

6. Der einzige erfolgversprechende Weg, den Fortschritt wieder einzuschmuggeln, ist logisch möglich, aber empirisch höchstwahrscheinlich falsch. Meine Argumentation für das ganze System ist hieb- und stichfest: Von einem Anfang, der zwangsläufig an der Wand liegt, kommt es in einem wachsenden System durch zufällige Bewegung aller Elemente zu einer immer stärker rechtsschiefen Verteilung. Daraus ergibt sich eine auffällige Ironie: Der angesehenste Beleg für allgemeinen Fortschritt – die zunehmende Komplexität des Komplexesten – wird zur passiven Folge des Wachstums in einem System, dessen Bestandteile keinerlei Vorliebe für eine bestimmte Richtung haben.

Ein (allerdings stark abgeschwächtes) Argument für den allgemeinen Fortschritt bleibt aber noch. Dem ganzen System steht von dem Ausgangspunkt an der linken Wand aus nur die Richtung der größeren Komplexität für Veränderungen offen. Wie steht es aber mit einer einzelnen Abstammungslinie, die in einer mittleren Position beginnt, so daß es ihr freisteht, sich in *beide* Richtungen weiterzuentwickeln (das erste Lebewesen steht an der linken Wand, aber das erste Säugetier, die erste Blütenpflanze oder die erste Muschel geht von der Mitte aus, und die Nachkommen können sich in Richtung beider Schwänze bewegen). Wenn man alle Linien untersucht, die sich in beide Richtungen verändern können, würde man vielleicht eine deutliche Vorliebe für eine Gesamtbewegung nach rechts finden, also in Richtung größerer Komplexität. Könnte man eine solche Vorliebe nachweisen, wäre es gerechtfertigt, von einem allgemeinen Trend zu mehr Komplexität in der Evolution der Abstammungslinien zu sprechen. (Diese ausgefeiltere Ansicht erklärt aber immer noch nicht die allgemeine Gesetzmäßigkeit in Abbildung 29, die sich aus der zufälligen Bewegung in einem wachsenden, anfangs durch die linke Wand begrenzten System ergibt. Aber eine Vorliebe für die rechte Seite in einzelnen Linien würde die allgemeine Entstehung der Rechtsschiefe verstärken oder unterstützen. Dann hätte das ganze System zwei Bestandteile: zufällige Bewegung weg von der linken Wand und eine bevorzugte Bewegung nach rechts in einzelnen Abstammungslinien – und der zweite Bestandteil wäre ein Argument zugunsten eines allgemeinen Fortschritts.)

Logisch ist diese Argumentation in Ordnung, aber zwei schwerwiegende Gründe legen die Vermutung nahe (die Belege sind allerdings noch nicht lückenlos), daß die Annahme empirisch falsch ist. (Ich werde die beiden Gründe hier zusammenfassen und im dritten Teil dieses Kapitels weitere Einzelheiten erörtern.) Erstens kenne ich keine nachgewiesene Vorliebe für eine Bewegung nach rechts unter dem Einfluß der natürlichen Selektion – also eines Mechanismus, der nicht für allgemeinen Fortschritt, sondern nur für lokale Anpassung an eine sich wandelnde Umwelt sorgt –, aber man kann mit gutem Grund eine bevorzugte Bewegung nach links unterstellen, denn Parasitismus ist eine sehr verbreitete Evolutionsstrategie, und Parasiten sind anatomisch in der Regel einfacher gebaut als ihre selbständig lebenden Vorfahren. (Das ganze System mit seiner insgesamt zunehmenden Rechtsschiefe könnte also in einzelnen Linien sogar einen Trend zu *abnehmender* Komplexität beinhalten!) Und zweitens untersuchen manche Paläontologen diese Frage mittlerweile direkt: Sie versuchen, den unscharfen Fortschrittsbegriff quantitativ zu erfassen und dann die Verbreitung dieser meßbaren Größe in einzelnen Linien nachzuzeichnen. Bisher sind nur wenige derartige Studien fertig, aber vorläufig zeigen die Ergebnisse keine nach rechts gerichtete Vorliebe und damit auch keine Tendenz zum Fortschritt in einzelnen Abstammungslinien.

7. Selbst die engstirnige Entscheidung, sich nur auf den rechten Schwanz zu konzentrieren, liefert nicht die am stärksten ersehnte Schlussfolgerung, die den psychologischen Hintergrund unserer Fortschrittssehnsucht bildet – nämlich die vorhersagbare, sinnvolle Evolution der Vorherrschaft eines Wesens, das wie wir Menschen mit Bewusstsein begabt ist. Nun könnten wir eine andere Haltung einnehmen: Wir könnten uns von der Vorstellung eines allgemeinen Fortschritts verabschieden und nur noch das Bollwerk dessen verteidigen, was uns wirklich wichtig ist. Das heißt, wir

könnten sagen: »Na gut, du hast gewonnen. Ich verstehe, was du sagen willst – der angebliche Beleg für den Fortschritt, die Rechtsschiefe der Glockenkurve, ist nur ein Epiphänomen, ein Schwanz, der nicht mit dem ganzen Hund wedeln kann, und der ganze Hund, das volle Haus des Lebens, hat seine Position als Modus nie verändert. Aber ich darf ruhig engstirnig sein. Vielleicht ist der rechte Schwanz ein kleines, untergeordnetes Phänomen, aber ich liebe ihn nun einmal, weil ich an seinem Ende zu Hause bin – und ich möchte mich auf dieses kleine Epiphänomen konzentrieren, weil nur der rechte Schwanz mir etwas bedeutet. Selbst du hast zugegeben, daß der rechte Schwanz entstehen mußte, einfach weil das Leben sich ausweitete. Also mußte der rechte Schwanz sich entwickeln und wachsen – und als seinen Endpunkt mußte er so etwas wie mich hervorbringen. Deshalb bin ich immer noch die moderne Entsprechung zu Gottes Augapfel: das absehbar komplexeste Lebewesen, das es jemals gab.«

Aber auch diese erbärmlich eingeschränkte Behauptung ist falsch (nachdem ich immerhin ein erstes Argument für die intrinsische Gerichtetheit der grundlegenden kausalen Schubkraft jeglicher Evolution geliefert habe). Den rechten Schwanz muß es geben, aber was für Lebewesen dort tatsächlich stehen, läßt sich überhaupt nicht vorhersagen; es wird teilweise vom Zufall bestimmt und ist völlig ungewiß, das heißt, es ist keineswegs durch die Mechanismen der Evolution vorherbestimmt. Könnten wir das Spiel des Lebens immer wieder spielen, wobei wir jedesmal an der linken Wand beginnen und die Formenvielfalt dann erweitern, würden wir fast immer einen rechten Schwanz beobachten, aber die Bewohner dieses Bereiches größter Komplexität wären in jedem Durchlauf völlig unterschiedlich und nicht vorhersagbar – und bei der großen Mehrzahl dieser Wiederholungen würde nie (im begrenzten Zeitraum der Lebensdauer eines Planeten) ein Geschöpf mit einem Bewußtsein entstehen. Die Menschen verdanken ihre Existenz einem glücklichen Zufall, aber nicht einer zwangsläufigen Richtung des Lebens oder der Evolutionsmechanismen.

Kleiner Schwanz, kein Schwanz oder beliebige Bewohner im Schwanz – das herausragende Merkmal in der Geschichte des Lebens war die Stabilität der bakteriellen Form über Jahrmilliarden hinweg!

Die Mannigfaltigkeit der bakteriellen Form

Mein Interesse an der Paläontologie hat seinen Ursprung in einer kindlichen Begeisterung für Dinosaurier. Einen erheblichen Teil meiner Jugend verbrachte ich damit, die bescheidene Literatur über die Geschichte des Lebens zu lesen, die es damals für Kinder gab. Ich erinnere mich noch gut an das immer gleiche Schema, nach dem man die Fossilien in eine Reihe von »Zeitaltern« einteilte, die den angeblichen Fortschritt im Evolutionsverlauf darstellen sollten: zuerst das »Zeitalter der Wirbellosen«, dann die Zeitalter der Fische, Reptilien und Säugetiere und schließlich, mit aller Engstirnigkeit der damals üblichen Sprache, das »Zeitalter des Menschen«.

In den letzten 40 Jahren habe ich mehrere Reformen dieses Systems miterlebt. (Wie in Kapitel 2 erwähnt, ist das alte Schema aber immer noch in Gebrauch.) Heute würde man statt vom »Zeitalter des Menschen« vielleicht auch vom »Zeitalter des Bewußtseins« sprechen. Unsere Großzügigkeit würde aber noch weiter reichen: Wir haben erkannt, daß eine einzige Säugetierart trotz ihres grenzenlosen Erfolges nicht angemessen für das Ganze sprechen kann. Manche aufgeklärten Leute räumen sogar ein, daß ein »Zeitalter der Säugetiere« dem Gleichheitsanspruch nicht gerecht wird, insbesondere weil die Säugetiere nur eine kleine Gruppe mit 4000 Arten sind, während insgesamt fast eine Million Arten vielzelliger Tiere einen offiziellen biologischen Namen tragen. Da es sich bei über 80 Prozent dieser Million um Gliederfüßer handelt und da die allermeisten Gliederfüßer Insekten sind, bezeichnen dieselben aufgeklärten Leute die Jetztzeit auch gern als »Zeitalter der Gliederfüßer«.

Das ist nur fair, wenn die vielzelligen Lebewesen zu ihrem Recht kommen sollen, aber damit sind wir immer noch nicht frei von der Engstirnigkeit unseres eigenen Größenmaßstabes. Wenn wir ein Ganzes durch einen repräsentativen Teil charakterisieren müssen, sollten wir sicher die konstante Form des Lebendigen berücksichtigen. Wir leben heute im »Zeitalter der Bakterien«. Die Erde war immer im »Zeitalter der Bakterien«, seit die ältesten Fossilien – natürlich Bakterien – vor über dreieinhalb Milliarden Jahren im Gestein eingeschlossen wurden.

Nach allen möglichen vernünftigen und fairen Kriterien sind Bakterien die vorherrschende Lebensform auf der Erde – und sie waren es auch immer. Daß wir diese offenkundigste biologische Tatsache nicht begreifen, liegt zu einem großen Teil an unserer blinden Arroganz, aber in erheblichem Maße ist es auch eine Frage des Maßstabs. Wir sind daran gewöhnt, Phänomene mit unseren Maßstäben zu messen – Größen in Meter und Zentimeter, Zeiträume in Jahrzehnten – und sie dann als typisch für die Natur zu betrachten. Einzelne Bakterien liegen jenseits unseres Sehvermögens und leben vielleicht nur so lange, wie ich für ein Mittagessen brauche oder wie mein Großvater an einer Zigarre paffte. Aber dann – wer weiß? Einem Bakterium dürfte der menschliche Körper als weitläufiger, eigentlich ewiger (oder zumindest erdgeschichtlicher) riesiger Berg erscheinen, den man auf alle möglichen Arten ausbeuten kann und der wenig Gefahren birgt, es sei denn, ein Klumpen aus importiertem Penicillin kommt über ein paar dieser garstigen Kollegen.

Überlegen wir einmal, nach welchen Kriterien die Bakterien vorherrschen:

ZEIT: Daß die Vorherrschaft der Bakterien sehr dauerhaft ist, habe ich bereits erwähnt. Die Fossilien von Lebewesen beginnen vor etwa 3,5 bis 3,6 Milliarden Jahren mit Bakterien. Erst nachdem die Geschichte des Lebens bereits zur Hälfte vorüber war – nach den besten derzeitigen Befunden vor 1,8 bis 1,9 Milliarden Jahren –, tauchen in den Fossilfunden die ersten Eukaryontenzellen auf. Bald darauf erscheinen auch die ersten vielzelligen Gebilde – Meeresalgen – auf der Bildfläche, aber diese Lebewesen haben keine stammesgeschichtliche Verwandtschaft mit dem, was uns (zugegebenermaßen aus Engstirnigkeit) in diesem Buch am meisten interessiert: mit der Geschichte der Tiere. Die ersten vielzelligen Tiere findet man erst vor 580 Millionen Jahren in den Fossilien – das heißt, nachdem fünf Sechstel der Geschichte des Lebens bereits vorüber waren. Die konstante Größe und die Bewahrer in der Geschichte des Lebens sind die Bakterien.

Außerdem haben Bakterien die Spuren ihrer Vorherrschaft im Präkambrium nicht nur als kaum sichtbare Pünktchen im Gestein hinterlassen. Sie haben ihre Umwelt geformt und sich in den Sedimenten sehr auffällig bemerkbar gemacht – auch wenn es damals noch keine vielzelligen Tiere gab, die diesen Effekt hätten bemerken können. Die Fossilien dieser alten Bakterien haben die Form der Stromatolithen, kompliziert gebauter Gebilde aus vielen konzentrischen Schichten, die im Querschnitt oft wie ein Kohlkopf aussehen (Abbildung 30). Diese ansehnlichen Strukturen sind selbst keine Bakterien, sondern sie bestehen aus Sedimentschichten, die von Bakterienmatten eingefangen und festgehalten wurden. Meist bilden sich Stromatolithen in der Nähe der Gezeitengrenzen, so daß sie durch die Schwankungen des Meeresspiegels

Abbildung 30: Stromatolithen: geschichtete Sedimente, die von Prokaryontenzellen eingefangen und festgehalten werden.

ständig austrocknen und wieder überflutet werden – das führte zu großen, senkrechten Stapeln wellenförmiger Schichten. Stromatolithen gibt es auch heute noch, aber sie entstehen nur unter ungewöhnlichen Umweltbedingungen ohne die vielzelligen Tiere, die sich gern von solchen Lebewesen ernähren und deshalb ihr Wachstum an den meisten Orten verhindern. Aber in jener Frühzeit und während des größten Teils der Evolution gab es keine Freßfeinde, so daß die Stromatolithen damals wahrscheinlich alle geeigneten Lebensräume auf der Erde besiedelten.

UNZERSTÖRBARKEIT: Sehen wir uns nun einmal rasch die Kehrseite dieser langen Vorherrschaft an – die Zukunftsaussichten, die einer derart glorreichen, dauerhaften Vergangenheit ebenbürtig sind. Die Bakterien haben die Formen des Lebendigen von Anfang an beherrscht, und ich kann mir keine Änderung dieses Zustandes vorstellen, nicht einmal unter irgendeiner denkbaren Macht, welche die Menschen mit ihrem Erfindungsreichtum vielleicht irgendwann einmal über die Erde ausüben. Bakterien gibt es in derart überwältigender Zahl und Formenvielfalt; sie leben unter so unglaublich unterschiedlichen Lebensbedingungen und bedienen sich vieler Stoffwechselwege, die nicht ihresgleichen haben. Unsere Verrücktheiten – nukleare und andere – können ohne weiteres in absehbarer Zukunft zu unserer eigenen Zerstörung führen. Dabei nehmen wir wahrscheinlich die meisten großen Landwirbeltiere mit – höchstens ein paar tausend Arten. Mit Sicherheit können wir nicht 500 000 Käferarten ausrotten, aber auch unter ihnen könnten wir eine beträchtliche Lücke reißen. Aber daß wir die Vielfalt der Bakterien auch nur merklich antasten könnten, bezweifle ich. Diese Lebewesen lassen sich nicht in die Vergessenheit bomben, und auch kein anderes vorstellbares Verbrechen würde sie nennenswert beeinflussen.

TAXONOMIE: Die Geschichte der Klassifikation grundlegender Gruppen von Lebewesen ist ein langer Bericht über abnehmende Engstirnigkeit und die wachsende Erkenntnis, daß Einzeller und andere »niedere« Lebensformen vielgestaltig und wichtig sind. Während des größten Teils der abendländischen Geschichte bevorzugte man die biblische Zweiteilung in Pflanzen und Tiere (mit einem dritten Bereich für alles Anorganische – was in so beliebten Spielen wie »Twenty Questions« zu der alten Taxonomie »tierisch, pflanzlich, mineralisch«

führte). Aus der Zweiteilung ergab sich eine Fülle praktischer Folgerungen, beispielsweise die Gliederung der biologischen Forschung in zwei akademische Disziplinen und Traditionen: Zoologie und Botanik. Nach diesem System mußten alle Einzeller zu einem der beiden Lager gehören, so unangenehm es auch war und sosehr man sie mit Gewalt hineinpressen mußte. So wurden Pantoffeltierchen und Amöben zu Tieren, weil sie sich bewegen und Nahrung aufnehmen. Einzeller, die photosynthetisch aktiv waren, machte man natürlich zu Pflanzen. Aber wie steht es mit beweglichen Lebewesen, die zur Photosynthese fähig sind? Und vor allem: Wohin gehören die prokaryontischen Bakterien, die kein entscheidendes Merkmal für die eine oder andere Zuordnung tragen? Aber da Bakterien eine kräftige Zellwand besitzen und da viele ihrer Arten photosynthetisch aktiv sind, ordnete man die Bakterien in den Bereich der Botanik ein. Bis heute reden wir von der Bakterien»flora« in unserem Darm.

Mitte der fünfziger Jahre, als ich auf die High-School kam, waren die Erweiterung des Wissens und die Aufklärung schon weiter fortgeschritten, und man wußte, daß einzellige Lebewesen sich nicht nach den gleichen Kriterien einteilen lassen wie die Welt der Vielzeller, sondern vermutlich ein eigenes Organismenreich bilden, das man nun meist Protista nannte.

Zwölf Jahre später – ich war gerade mit der Magisterprüfung fertig – hatte der wachsende Respekt vor den Einzellern zu weiterer Aufteilung am »niederen« Ende geführt. Jetzt war ein System der »fünf Organismenreiche« im Schwange (das seither zum Lehrbuchwissen geworden ist). Es umfaßt die drei Reiche der Vielzeller – Pflanzen, Pilze und Tiere – in der obersten Etage, die eukaryontischen Einzeller (Reich Protista) in der Mitte und die prokaryontischen Einzeller (Reich Monera) mit Bakterien und »blaugrünen Algen« auf der untersten Sprosse. Die meisten Anhänger dieses Systems sehen in dem Unterschied zwischen pro- und eukaryontischer Organisation – das heißt, im Übergang von den Monera zu den Protista – eine grundlegende Unterteilung des Lebendigen; damit erhielten die Bakterien endlich das ihnen zustehende eigenständige Ansehen – wenn auch nur als unterste Stufe.

Wiederum zehn Jahre später, also ungefähr seit Mitte der siebziger

Jahre, bot sich mit den neu entwickelten Methoden zur Sequenzanalyse des genetischen Codes erstmals die Möglichkeit, entwicklungsgeschichtliche Verwandtschaftsbeziehungen zwischen den Abstammungslinien der Bakterien zu untersuchen. (Wie wir die Stammbäume der vertrauteren vielzelligen Lebewesen aufstellen können, wissen wir – um hier die großen entwicklungsgeschichtlichen Gruppen zu erkennen, nutzen wir anatomische Eigenschaften, beispielsweise das Innenskelett der Wirbeltiere, den äußeren Panzer der Gliederfüßer und die aus vielen Platten bestehende Schale sowie die Radialsymmetrie der Stachelhäuter. Von der Welt der Bakterien dagegen wissen wir so wenig, daß wir die richtigen stammesgeschichtlichen Beziehungen nicht erkennen konnten – und deshalb warfen wir alle Bakterien in einen Topf: kleine, einzellige Klumpen, Stäbchen und Spiralen. In Wirklichkeit hätten wir mit großen Unterschieden rechnen müssen – und sei es nur deshalb, weil Bakterien schon so lange auf der Erde leben.)

Als man immer mehr Nucleotidsequenzen aus entscheidenden Abschnitten der Bakteriengenome kennenlernte, kristallisierte sich eine faszinierende, unerwartete Gesetzmäßigkeit heraus, die mit jedem Jahr und jedem neuen Beleg deutlicher wurde. Diese Gruppe der sogenannten primitiven Lebensformen, die man früher wegen ihrer geringen erkennbaren anatomischen Vielfalt alle in einen kleinen Topf geworfen hatte, umfaßt in Wirklichkeit zwei große Bereiche, und in jedem davon ist die Variationsbreite (unter dem Gesichtspunkt der Unterschiede und Vielfalt der Genome) größer als in den drei Reichen der Vielzeller (Pflanzen, Tiere und Pilze) zusammen! Und damit nicht genug: In einer dieser Gruppen sind offenbar in einer großen Sippe die meisten Bakterien versammelt, die unter seltsamen, extremen Umweltbedingungen leben und einen ungewöhnlichen Stoffwechsel besitzen – vielfach kommen sie ohne Sauerstoff aus; diese Lebewesen waren wahrscheinlich in der Erdfrühzeit weit verbreitet: Methanogene (Methanproduzenten); Halophile, die hohe Salzkonzentrationen vertragen; und Thermophile, die sich ungefähr bei der Temperatur kochenden Wassers am wohlsten fühlen.

Die ersten genauen Stammbaumdiagramme führten zu der offenbar unausweichlichen Erkenntnis, daß man das bisherige Organismenreich der Monera in zwei große Reiche oder Domänen aufteilen muß: Als Bacteria bezeichnete man nun die eher herkömmlichen Formen, die einem einfallen, wenn man an diese Gruppe denkt – photosynthetisch aktive blaugrüne Algen, Darmbakterien und die Krankheitserreger, die in unserer Umgangssprache zu »Keimen« wurden; und Archaea nannte man die neu abgegrenzte Gruppe der Kuriositäten. Alle Eukaryonten dagegen, sowohl die drei Reiche der Vielzeller als auch die einzelligen Arten, gehören zu einer dritten großen Evolutionsdomäne, die man Eucarya nannte.

Das zugehörige Diagramm (Abbildung 31) aus einer Arbeit von Carl Woese, dem größten Pionier dieser neuen Aufteilung des Lebendigen, sagt mit dem verblüffenden Mittel eines revolutionären Bildes eigentlich alles. Jetzt haben wir ein System mit drei entwicklungsgeschichtlichen Domänen – Bacteria, Archaea und Eucarya –, und zwei davon umfassen ausschließlich Prokaryonten oder umgangssprachlich »Bakterien«, die Bewohner des Modus in der Artenvielfalt des Lebendigen. Wenn wir zwei Drittel der Artenvielfalt dem Modus zuordnen, fällt es uns viel leichter, seine zentrale Stellung und die ständige Vormachtstellung der Bakterien zu begreifen. So enthält zum Beispiel die Domäne der Bakterien, wie sie heute definiert wird, elf große Untergruppen, und der ge-

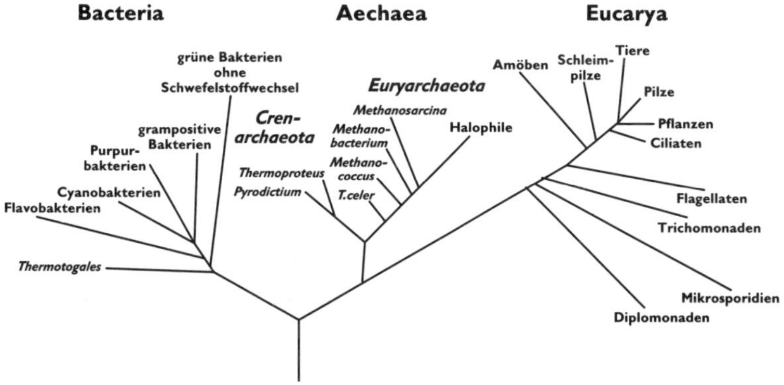

Abbildung 31: Der Evolutionsstammbaum der Lebewesen; man erkennt zwei prokaryontische Domänen, aber nur eine eukaryontische; Pflanzen, Tiere und Pilze sind kleine Zweige ganz außen in der eukaryontischen Domäne.

netische Abstand zwischen zwei beliebigen derartigen Gruppen ist mindestens ebenso groß wie die durchschnittliche Kluft zwischen den Eukaryontenreichen der Tiere und Pflanzen (Fuhrman, McCallum und Davis, 1992, Seite 1294).

Im Gegensatz dazu schließlich steht die beschränkte Domäne der drei Reiche von Vielzellern. In dem Verwandtschaftsdiagramm aller Lebensformen bilden die Reiche der Vielzeller winzige Zweige am Busch einer von drei großen Domänen. Eine ganz schön große Veränderung in einer Generation – vom Kenntnisstand meiner Eltern, wonach alles Lebendige Tier oder Pflanze sein mußte, zu dem Bild meiner Erwachsenenjahre: die Reiche Animalia und Plantae als winzige Zweige unter vielen anderen an drei Büschen – wobei die beiden anderen Büsche Bakterien hervorbringen und nur Bakterien, sonst nichts.

Allgegenwärtigkeit. Das taxonomische Kriterium (Abbildung 31) ist zwar eindrucksvoll, aber es besagt noch nicht, daß Bakterien vorherrschen müssen, und das aus einem ganz klaren Grund, der für alle Stammbäume gilt. Bakterien bilden die Wurzel des ganzen Lebensbaumes. In den ersten zwei Milliarden Jahren, also etwa während der Hälfte der gesamten Entwicklungsgeschichte, bestand der Stammbaum ausschließlich aus Bakterien. Alle Vielzeller waren Nachzügler, und deshalb können sie nur einige obere Äste besetzen; Wurzeln und Stamm müssen den Bakterien vorbehalten bleiben. Diese Geometrie ist allein noch kein Grund, unsere heutige Welt als »Zeitalter der Bakterien« zu bezeichnen, denn Wurzeln und Stamm könnten auch verkümmert sein, während nur noch die Äste mit den Vielzellern gedeihen. Wir müssen nicht nur zeigen, daß Bakterien den Baum des Lebens zum größten Teil aufbauen, sondern es muß nachgewiesen werden, daß diese bakteriellen Grundlagen auch heute noch kräftig, gesund und die einzige Stütze der kleinen darüberliegenden Struktur namens vielzelliges Leben sind. Die Bakterien haben ihre vorherrschende Stellung tatsächlich behalten und dominieren nicht nur wegen ihrer langen, glorreichen Vergangenheit, sondern auch aufgrund ihrer heutigen Stärke. Betrachten wir einmal zwei Aspekte dieser Allgegenwart:

1. Anzahl. Bakterien bewohnen praktisch alle Orte, die sich überhaupt für das Leben eignen. Schon unsere Mutter hat es uns gesagt: Die

»Keime« verlangen ständige Wachsamkeit, weil man sie in jedem Atemzug und jedem Mundvoll Essen bekämpfen muß; in Wirklichkeit sind Bakterien aber in ihrer großen Mehrzahl keine Krankheitserreger, sondern für uns gutartig oder bedeutungslos. Eine Tatsache möge genügen: Während eines Menschenlebens ist die Zahl der Kolibakterien im Darm weitaus größer als die Gesamtzahl aller Menschen, die heute auf der Erde leben und jemals gelebt haben. (Und das Kolibakterium ist nur eine von vielen Bakterienarten in der normalen Darm»flora« aller Menschen.)

Schätzungen von Zahlen, auch wenn sie ungenau sind, gehören zum Standardrepertoire aller populärwissenschaftlichen Beschreibungen von Bakterien. Wie wir aus der *Encyclopaedia Britannica* erfahren, leben Bakterien »zu Milliarden in jedem Gramm Blumenerde und zu Millionen in jedem Speicheltropfen«. Sagan und Margulis (1988, Seite 4) schreiben: »Menschliche Haut beherbergt auf jedem Quadratzentimeter etwa 100 000 Mikroorganismen« (zu den »Mikroorganismen« gehören auch nichtbakterielle Einzeller, aber bei ihrer überwältigenden Mehrheit handelt es sich um Bakterien); und »ein Teelöffel Mutterboden enthält ungefähr zehn Billionen Bakterien«. Besonders beeindruckte mich die folgende Aussage über unseren Status als Bakterienkolonie: »Volle zehn Prozent unseres Trockengewichts sind Bakterien, und manche davon sind so wichtig, daß wir nicht ohne sie leben können, auch wenn sie eigentlich nicht zu unserem Körper gehören.«

2. ORTE. Da das Spektrum von Temperaturverträglichkeit und Stoffwechselvorgängen bei Bakterien weitaus größer ist als bei allen anderen Lebewesen, bewohnen sie alle Lebensräume, die sich überhaupt für irgendeine Lebensform eignen, wobei die Grenzbereiche fast ausschließlich den Bakterien vorbehalten sind – von den kältesten Gletscherseen über die Geysire im Yellowstone-Park bis zu heißen Quellen am Meeresboden, wo das Wasser mit 250° C aus dem Erdinneren kommt (wobei es wegen des gewaltigen Drucks trotz der hohen Temperatur nicht siedet). Bei Temperaturen über 70° C gibt es nur noch bakterielles Leben. Auf neue Erkenntnisse über Bakterien in den Ozeanen und im Erdinneren werde ich im nächsten Abschnitt zurückkommen, aber meine Aussage wird schon durch herkömmliche Befunde aus Lebensräumen an Land belegt. *Thermophila acidophilum* gedeiht bei 60° C und einem

pH-Wert von 1 oder 2, dem Säuregrad konzentrierter Schwefelsäure. Diese Spezies, die auf der Oberfläche brennender Kohle und in den heißen Quellen des Yellowstone-Parks lebt, stirbt bei Temperaturen unter 37° C vor Kälte.

Nützlichkeit. Die Bedeutung für das Leben der Menschen ist sicher das engstirnigste Kriterium, wenn man die Rolle eines Lebewesens für die Geschichte und Struktur des Lebendigen beurteilen will – aber die übliche Denkweise geht bei den Bakterien genau in diese Richtung. Ich möchte mich deshalb ein wenig ausführlicher über ihren Nutzen (oder zumindest ihren »wesentlichen Gehalt«) für alle Lebensformen und sogar für die Erde äußern.

1. Historisches. Sauerstoff, für uns Menschen der unentbehrlichste Bestandteil der Atmosphäre, bleibt heute im wesentlichen von selbst erhalten, weil die vielzelligen Pflanzen ihn während der Photosynthese abgeben. Die Uratmosphäre der Erde enthielt jedoch wenig oder gar keinen freien Sauerstoff; dieses ansonsten eher seltene Element tauchte erst durch die Tätigkeit der Lebewesen auf, und seine Menge wird auch heute von ihnen konstant gehalten. Den größten Teil der Produktion liefern heute die Pflanzen, aber die Ansammlung von Sauerstoff in der Atmosphäre begann schon vor zwei Milliarden Jahren, lange vor der Evolution vielzelliger pflanzlicher Lebensformen. Der erste Sauerstoff in der Atmosphäre stammte tatsächlich aus der Photosynthese von Bakterien (die auch heute neben den vielzelligen Pflanzen einen beträchtlichen Teil des Nachschubs liefern).

Aber selbst wenn heute Pflanzen die größten Sauerstoffmengen abgeben, bleibt die Quelle, letztlich und entwicklungsgeschichtlich, bakteriell! Die Photosyntheseorganellen der Pflanzen – die Chloroplasten – sind von ihrer Abstammung her Bakterien, die zur Photosynthese fähig sind. Nach der eleganten und überzeugenden Endosymbiontentheorie für den Ursprung der Eukaryontenzelle entstanden mehrere Organellen der Eukaryonten durch Koordination und Integration einer ursprünglich symbiontischen Ansammlung von Prokaryontenzellen. So gesehen war die Eukaryontenzelle ursprünglich eine Bakterienkolonie, und auf diese Anfänge läßt sich auch jeder Baustein unseres eigenen Körpers zurückführen.

Überzeugend nachgewiesen wurde diese Vorstellung für die Mitochondrien (die »Kraftwerke« aller Zellen) und die Chloroplasten, in denen die Photosynthese stattfindet. Manche ihrer Vertreter weiten die Argumentation aber auch auf die Cilien (die von Bakterien aus der Gruppe der Spirochäten abstammen sollen) und andere Teile der Zellen aus. Bei Mitochondrien und Chloroplasten scheinen die Belege hieb- und stichfest zu sein: Beide Organellen sind ungefähr so groß wie Bakterien (Prokaryonten sind erheblich kleiner als Eukaryonten, so daß in einer Eukaryontenzelle ohne weiteres mehrere Bakterien Platz haben), sehen aus wie Bakterien, funktionieren wie Bakterien und haben ein eigenes DNA-Programm (allerdings nur ein kleines, denn zum größten Teil ist das genetische Material während der Evolution in den Zellkern gewandert) – alles Indizien für eine Abstammung von eigenständigen Lebewesen. Selbst heute ist der Sauerstoff in der Atmosphäre ein Produkt von Bakterien – er entsteht entweder unmittelbar durch bakterielle Photosynthese oder durch die Nachkommen von Bakterien in Eukaryontenzellen.

Die Symbiose von Bakterien – bei der sie nicht wie Mitochondrien und Chloroplasten vollständig in andere Zellen aufgenommen werden, sondern als eigenständige, taxonomisch unabhängige Lebewesen erhalten bleiben, auch wenn sie ökologisch abhängig sind – ist für viele Lebensvorgänge und das Gleichgewicht des Lebendigen häufig ein unentbehrliches, höchst bedeutsames Phänomen. Ohne Darm»flora« könnten wir die Nahrung nicht richtig verdauen und resorbieren. Pflanzenfresser wie die Rinder und ihre Verwandten sind auf Bakterien angewiesen, die in ihrem kompliziert gebauten, vierteiligen Magen während des Wiederkäuens das Gras abbauen. Das Methan in der Atmosphäre stammt zu etwa 30 Prozent von methanogenen Bakterien im Darm der Wiederkäuer, und in die Luft gelangt es – wie soll man es sonst ausdrücken – durch Rülpsen und Furzen. (Sogar G. Evelyn Hutchinson, eine höchst kultivierte, angesehene britische Ökologin, veröffentlichte einmal eine berühmte Berechnung über den großen Beitrag, den die Darmgase der Hausrinder zum Methangehalt der Atmosphäre leisten.) Sagan und Margulis (1988, Seite 113) vertreten die »halb ernst gemeinte Vorstellung, die großen Säugetiere hätten vor allem die Funktion, das Methan gleichmäßig in der Biosphäre zu verteilen«.

Eine andere Symbiose ist unentbehrlich für unsere Landwirtschaft: Der Stickstoff aus dem Boden ist für Pflanzen ein lebenswichtiger Nährstoff, aber den allgegenwärtigen freien Stickstoff aus der Atmosphäre können sie allein nicht nutzen. Er muß zunächst »fixiert«, das heißt in eine nutzbare chemische Form umgewandelt werden, und das besorgen Bakterien wie *Rhizobium*, die als Symbionten in den Wurzelknöllchen der Leguminosen leben.

Manche Symbiosen sind in ihrer Komplexität und tödlichen Präzision geradezu unheimlich. Nealson (1991) berichtet über einen Nematoden (einen winzigen Fadenwurm), der als Parasit von Insekten lebt – und möglicherweise für die biologische Schädlingsbekämpfung nützlich sein kann. Der Nematode dringt in Mund, After oder Tracheen (die Atmungsorgane) des Insekts ein und wandert dann ins Hämocoel (die blutgefüllte Körperhöhle). Dort setzt der Nematode aus seinem eigenen Darm mehrere Millionen symbiontische Bakterien in den Kreislauf des Insekts frei, und diese Bakterien, die für den Nematoden ungefährlich sind, töten das Insekt innerhalb weniger Stunden. (Die Bakterien brauchen ihrerseits den Nematoden, um sich von dem Insekt ernähren zu können – wenn sie allein eindringen, erreichen sie niemals das Hämocoel und können deshalb das Insekt auch nicht angreifen.) Das tote Insekt zeigt Biolumineszenz (auch das eine Wirkung der bakteriellen Tätigkeit) und verfärbt sich dunkel, aber es verwest nicht (vielleicht weil der Nematode auch Antibiotika abgibt, die andere Bakterien abtöten, die eigenen Symbionten aber ungeschoren lassen). Die Farbe und das Leuchten locken weitere Nematoden an, die sich an dem Insektenschmaus beteiligen. Die Würmer wachsen und pflanzen sich fort, indem sie das Insekt fressen, und nehmen die hilfreichen Bakterien als Symbionten auf. In einem einzigen Gramm infizierter Insekten können auf diese Weise bis zu 500 000 Nematoden entstehen.

Ein anderes verblüffendes Beispiel für die Notwendigkeit von Bakterien und ihre Symbiose sind die kürzlich entdeckten Lebensgemeinschaften an heißen Quellen in der Tiefsee, wo überhitztes, mit Mineralstoffen versetztes Wasser aus dem Erdinneren durch den Meeresboden quillt. Ein alter Lehrsatz der Biologie (der, wie ich mich noch gut erinnere, sogar eine Kapitelüberschrift in meinem ersten Biologiebuch auf der High-School bildete) behauptet: »Sämtliche Energie für alle Lebensvorgänge stammt letztlich von der Sonne.« (Ich weiß noch, welche Mühe sich die Lehrer gaben, selbst die indirektesten Pfade auf solare Quellen zurückzuführen – Würmer am Meeresboden fressen zersetzte tote Fische, die in seichtem Wasser andere Fische gefressen hatten; die kleinen Fische hatten Krebse gefressen, die Krebse hatten Kleinkrebse gefressen, die Kleinkrebse hatten Algenzellen gefressen, und die Algenzellen sind durch Photosynthese und damit durch Sonnenenergie herangewachsen.)

Die Lebensgemeinschaften an den heißen Quellen im Meer bilden die erste Ausnahme von dieser altehrwürdigen Regel, denn ihre Energie stammt letztlich aus der Wärme des Erdinneren (die das austretende Wasser aufheizt, die Löslichkeit der Mineralstoffe verbessert und so weiter). Die Grundlage dieser einzigartigen, unabhängigen Nahrungskette bilden Bakterien – vorwiegend schwefeloxidierende Formen, welche die Mineralstoffe aus dem hervorquellenden Wasser in eine für den Stoffwechsel nützliche Form umwandeln. Mit solchen Bakterien bilden manche Tiefseelebewesen verblüffende symbiontische Verbindungen. Das größte Tier in dieser Fauna, der Röhrenwurm *Riftia pachyla*, wird bis zu einem Meter lang, hat aber weder Mund noch Darm oder After. Dieses Geschöpf ist morphologisch so stark vereinfacht, daß die Taxonomen es bis heute biologisch nicht sicher einordnen können (derzeit bevorzugt man eine Stellung im Stamm der Pogonophora oder Bartwürmer, einer kleinen Gruppe von Meereswürmern). *Riftia* besitzt aber das Trophosom, ein großes, von vielen Gefäßen durchzogenes Organ voller spezialisierter Zellen (Bakteriocyten), die symbiontische Schwefelbakterien beherbergen. Bis zu 35 Prozent des Gewichtes eines Trophosoms bestehen aus diesen Bakterien (Vetter, 1991).

2. Heute. Bakterien haben also den Sauerstoff in unserer Atmosphäre erzeugt, fixieren den Stickstoff im Boden, erleichtern pflanzenfressenden Tieren das Wiederkäuen und bilden die Grundlage des einzigen nicht von der Sonne abhängigen Nahrungsnetzes auf der Erde. Man könnte auch eine lange Liste des eher beschränkten Nutzens für Bedürfnisse und Freuden der Menschen zusammenstellen: Aufbereitung von Abwasser zu Nährstoffen für das Pflanzenwachstum; mög-

licherweise die Auflösung von Ölteppichen auf dem Meer; Herstellung von Käse, Buttermilch und Joghurt durch Gärung (die meisten alkoholischen Getränke entstehen dagegen durch Gärung mit der eukaryontischen Hefe); bakterielle Herstellung von Essig aus Alkohol und von Natriumglutamat aus Zucker.

Allgemeiner betrachtet, sind Bakterien (neben den Pilzen) die wichtigsten Destruenten für abgestorbenes organisches Material; damit sind sie eines der beiden wichtigsten Verbindungsglieder im grundlegenden ökologischen Kreislauf von Produktion (pflanzliche Photosynthese und – nicht zu vergessen – auch die Photosynthese der Bakterien) und Abbau zu nützlichen Bausteinen für erneute Produktion. (Die ausschließlich fressenden Tiere sind nur ein kleiner Zusatz in diesem grundlegenden Kreislauf; die Biosphäre könnte gut ohne sie auskommen.) Sagan und Margulis schreiben abschließend (1988, Seite 4–5):

> Alle Elemente, die für das Leben weltweit entscheidend sind – Sauerstoff, Stickstoff, Phosphor, Schwefel, Kohlenstoff –, nehmen durch die Tätigkeit der Mikroorganismen wieder eine nutzbringende Form an … Die Ökologie beruht auf dem wiederherstellenden Abbau durch Mikroorganismen und Pilze; sie wirken auf abgestorbene Pflanzen und Tiere ein, um ihre wertvollen chemischen Bestandteile wieder dem Gesamtsystem des Lebens auf der Erde zuzuführen.

Neue Befunde über die Biomasse der Bakterien. Das breite Spektrum der Lebensräume und der notwendigen Tätigkeiten von Bakterien ist sicher ein gutes Argument für die Behauptung, daß die bakterielle Form das Lebendige beherrscht. Wirklich durchschlagend würde es aber durch eine Feststellung, die früher als höchst unwahrscheinlich galt, heute jedoch durchaus plausibel erscheint, auch wenn sie noch nicht bewiesen ist. Auch wenn wir den Bakterien alle bisher beschriebenen Eigenschaften einräumen, besteht die Hauptmasse der Lebewesen doch sicher aus Eukaryonten, insbesondere aus dem Holz in unseren Wäldern. Ein weiterer biologischer Gemeinplatz war lange Zeit die Behauptung, der größte Teil der weltweiten Biomasse – das heißt des reinen Gewichts organisch entstandener Materie – müsse im Holz der Pflanzen stecken. Bakterien mögen allgegenwärtig und in unvorstellbar großer Zahl vorhanden sein, aber sie sind entsetzlich leicht, und man braucht Zigtrillionen von ihnen, um auch nur einen kleinen Baum aufzuwiegen. Wie könnte also die Biomasse der Bakterien auch nur annähernd die der Eukaryonten erreichen oder gar übertreffen? Dennoch lassen neuere Entdeckungen im Meer und im Erdinneren es heute durchaus möglich erscheinen, daß Bakterien auch unter dem Gesichtspunkt der Biomasse vorherrschen.

Wie Ariel, der im *Sturm* seine Allgegenwart in allen Ausprägungsformen des Lebens verkündet – »Wo die Biene saugt, saug' ich/Lieg' in einem Blumenkelch« –, so bewohnen die Bakterien in unserer Welt praktisch jeden Fleck, der überhaupt irgendeine Lebensform ermöglicht. Und ihre Gesamtzahl haben wir unterschätzt, weil wir als Angehörige eines Organismenreiches mit viel stärker eingeschränktem Lebensraum nie ganz begriffen haben, wo wir überall suchen müssen.

Daß Bakterien auch in den Ozeanen allgegenwärtig sind und eine wichtige Rolle spielen, wurde zum Beispiel erst in den letzten 20 Jahren belegt. Mit den herkömmlichen Analysemethoden hatte man zuvor bis zu 99 Prozent dieser Lebewesen übersehen (Fuhrman, McCallum und Davis, 1992): Man konnte nur identifizieren, was sich aus einer Wasserprobe heranzüchten ließ – und die meisten Bakterienarten gedeihen auf den meisten Kulturmedien nicht. Heute können wir die taxonomische Vielfalt mit der Genomsequenzierung und anderen Methoden besser einschätzen, ohne daß wir von jeder Art eine große Reinkultur gewinnen müßten.

Daß die zur Photosynthese fähigen Cyanobakterien (die »blaugrünen Algen« der älteren Terminologie) im Meeresplankton eine große Rolle spielen, wußte man schon lange, aber daß dort auch eine Fülle heterotropher Bakterien lebt (die nicht zur Photosynthese fähig sind und Nahrung aus ihrer Umgebung aufnehmen), konnte man früher nicht einschätzen. In Küstengewässern machen diese heterotrophen Organismen 5 bis 20 Prozent der Biomasse aller Mikroorganismen aus; die Kohlenstoffmenge, die sie verbrauchen, entspricht 20 bis 60 Prozent der gesamten Primärproduktion (das ist das durch Photosynthese erzeugte organische Material), und damit nehmen sie eine wichtige Stellung am unteren Ende der Nahrungsketten im Meer ein. Aber dann untersuchten Jed A. Fuhrman und seine Kollegen die Biomasse der heterotrophen Bakterien im offenen Meer (das – man braucht es nicht zu betonen – natürlich der größte Lebensraum der Erde ist), und wie sich dabei herausstellte, sind sie in dieser Umgebung die beherrschende Lebensform. In der Sargassosee zum Beispiel (Fuhrman et al., 1989) tragen Bakterien 70 bis 80 Prozent zur mikrobiologischen Kohlenstoff- und Stickstoffproduktion bei, und sie stellen mehr als 90 Prozent aller biologischen Oberflächen.

Als ich Jed Fuhrman in seinem Labor an der University of Southern California besuchte, fragte ich ihn, ob er die gesamte Biomasse der Bakterien auf der Erde im Vergleich zu den Anteilen der anderen Organismenreiche abschätzen könne. Solche Berechnungen »auf der Rückseite eines Briefumschlags« haben in zwanglosen biologischen Diskussionen eine lange, ehrwürdige Geschichte – und niemand würde ihnen einen wissenschaftlich abgesicherten Rang einräumen. Sie müssen sich zwangsläufig auf viele Vermutungen und »bestmögliche Schätzungen« stützen und können mangels besserer Daten (zum Beispiel über die durchschnittliche Bakterienzahl je Milliliter Wasser für alle Weltmeere) ganz und gar falsch sein. Dennoch sind solche überschlägigen Berechnungen für die Eingrenzung von Größenordnungen durchaus nützlich. Fuhrman nahm auf meine Bitte hin seine bestmögliche Abschätzung vor und gelangte dabei für die Bakterien in den Ozeanen zu einer Biomasse, die etwa einem Fünfzigstel aller Landlebewesen einschließlich der Bäume entsprach. Das mag nach nicht besonders viel klingen, aber wenn man mit solchen Berechnungen um eine oder zwei Zehnerpotenzen in die Nähe einer entscheidenden Zahl kommt, ist schon eine Menge gewonnen. (Die Zehnerpotenz – das Vielfache von 10 – ist in solchen groben Berechnungen der übliche Maßstab. Der Wert von 1/50 liegt zwischen 1/10 und 1/100, also um eine bis zwei Zehnerpotenzen unter dem Wert für die Landlebewesen – und damit eindeutig in derselben Größenordnung.) Noch eindrucksvoller wird diese Zahl, wenn man sich dreierlei vor Augen führt: Erstens sprechen alle herkömmlichen Schätzungen von einer um mehrere Zehnerpotenzen größeren Biomasse der Vielzeller, weil die Biomasse des Holzes so riesig sein muß; zweitens bezog Fuhrman die landlebenden Bakterien in Boden, Darm, Wurzelknöllchen und so weiter nicht in seine Berechnung ein; und drittens wurde auch eine vielleicht noch größere Quelle von Biomasse in einer »neuen« Umwelt – dem Erdinneren – außer acht gelassen. Wenn wir uns jetzt den verblüffenden und umstrittenen Befunden über das Erdinnere zuwenden, werden wir wirklich eine Überraschung erleben.

Ich werde diese neuen Erkenntnisse stückchenweise und in chronologischer Reihenfolge beschreiben, denn das ist ein guter Weg, um die aufeinanderfolgenden Behauptungen über »innere« Bakterien darzustellen: zuerst die heißen Tiefseequellen, dann Öllagerstätten und schließlich das ganz normale Gestein; diese Befunde lassen nach einer extremen Deutung unsere Lebensräume an der Oberfläche als kümmerliche Ausnahme erscheinen und legen die Vermutung nahe, daß das bakterielle Leben im Inneren der Erde die übliche, allgemein verbreitete Lebensweise darstellt.

Ende der siebziger Jahre entdeckten Meeresbiologen die Bakterien, welche die Grundlage der Lebensgemeinschaften an den Tiefseequellen bilden – und man bemerkte, daß diese Lebensgemeinschaften ihre Energie als einzige nicht von der Sonne, sondern aus dem Erdinneren beziehen (siehe Seite 227). Zwei Arten von Tiefseequellen wurden beschrieben: einerseits Felsspalten und -risse, aus denen das Wasser mit Temperaturen von 5 bis 20° C austritt, und andererseits große, kegelförmige Hügel aus Sulfiden, die bis zu zehn Meter hoch werden und überhitztes Wasser mit 300° C und mehr ausspucken. Um die kleinen Risse der ersten Kategorie herum hatte man Bakterien nachgewiesen, aber wie nicht anders zu erwarten, »hatte man zuvor nicht gedacht, daß sie in dem überhitzten Wasser im Umfeld der Sulfidschlote existieren können« (Baross et al., 1982, Seite 366).

Anfang der achtziger Jahre entdeckten John Baross und seine Kollegen dann jedoch eine bakterielle Lebensgemeinschaft mit oxidierenden und anaeroben Arten, die in dem überhitzten Wasser aus den Sulfidhügeln (die man auch »Smoker« nennt) zu Hause war. Die Bakterien, die sie heranzüchteten, stammten aus Wasser von 340° C und vermehrten sich in Labor-Brutkammern bei 250° C und einem Druck von 265 Atmosphären sehr heftig. Bakterien können also tatsächlich bei hohem Druck und hoher Temperatur in Wasser unter der Erdoberfläche gedeihen (Baross et al., 1982; Baross und Deming, 1983).

Über diese Arbeiten schrieb A. E. Walsby (1983) in einem Kommentar für *Nature*, die führende britische Wissenschaftszeitschrift: »Ich muß es zugeben: Als ich das Manuskript von Baross und Deming las, das zufällig am 1. April eintraf, reagierte ich zunächst mit völligem Unglauben.« Zu Beginn seines Artikels wies Walsby darauf hin, daß diese Tiefseebakterien bei einer höheren Temperatur wachsen als der, die Ray Bradbury zum Titel seines berühmten Romans machte: *Fahrenheit 451* ist die Temperatur, bei der Papier sich entzündet (Gedanken lassen sich durch die radikale Zerstörung aller Literatur einfacher kontrollieren). Das Entscheidende an dieser eigentlich paradoxen Situation ist der Druck. Leben braucht Flüssigkeit, aber nicht unbedingt niedrige Temperaturen. Unter dem gewaltigen Druck am Meeresboden siedet das Wasser bei der Hitze, die diese Bakterien vertragen, noch nicht. Baross und Deming beschließen ihren Artikel mit einer, wie wir noch sehen werden, prophetischen Bemerkung (1983, Seite 425):

> Diese Befunde erhärten die Hypothese, daß das Wachstum von Mikroorganismen nicht durch die Temperatur beschränkt wird, sondern durch die Verfügbarkeit flüssigen Wassers, vorausgesetzt, alle anderen notwendigen Bedingungen für das Leben sind erfüllt. Damit wächst die Zahl der Umgebungen und Bedingungen, in denen Leben existieren kann, stark an, und zwar nicht nur auf der Erde, sondern auch im Universum.

Anfang der neunziger Jahre fanden dann mehrere Wissenschaftlergruppen auch Bakterien in Ölbohrkernen und anderen Umgebungen unter den Kontinenten und Meeren und kultivierten sie. Das deutete darauf hin, daß Bakterien vielleicht ganz allgemein im Erdinneren leben und nicht nur in den begrenzten Gebieten, wo überhitztes Wasser austritt: Man fand sie in vier Öllagerstätten drei Kilometer unter dem Boden der Nordsee und unter der Permafrostdecke an der Nordküste Alaskas (Stetter et al., 1993); in einem fast sechs Kilometer tiefen Bohrloch in Schweden (Szewzyk et al., 1994); und in vier etwa eineinhalb Kilometer tiefen Bohrungen im Ostpariser Becken in Frankreich (L'Haridon et al., 1995). Wasser wandert in großem Umfang durch die Spalten und Risse des unterirdischen Gesteins und sogar durch die Poren zwischen den Sedimentkörnern selbst (diese »Porosität«, eine sehr wichtige Eigenschaft des Gesteins, ist für die Ölindustrie unentbehrlich, denn sie führt auf natürliche Weise zur Anreicherung von Flüssigkeiten unter der Erde – und, wie es jetzt scheint, auch zur Anreicherung von Bakterien). Solche Befunde beweisen zwar nicht, daß die unterirdischen Lebensräume der Bakterien überall vorhanden und untereinander verbunden sind, aber wir müssen sicher die Möglichkeit in Erwägung ziehen, daß es auch in der Erde tief unter unseren Füßen von Mikroorganismen wimmelt.

Der nächstliegende und stichhaltigste Einwand gegen diese Befunde ergibt sich aus einer anderen allgemeinen Eigenschaft der Bakterien: Sie sind fast nicht auszurotten. Woher wissen wir, daß Bakterien, die aus den Proben von Tiefenwasser herangezüchtet werden, wirklich in einer solchen unterirdischen Umgebung zu Hause sind? Vielleicht sind sie erst durch die Maschinen, mit denen man die Lagerstätten anzapft und Bohrlöcher ins Gestein treibt, in das Tiefenwasser gelangt; vielleicht (und das sage ich mit noch mehr Zaudern) sind sie nur Verunreinigungen mit allgegenwärtigen, normalen Bakterien aus unserer »oberflächlichen« Umwelt, die sich trotz aller Bemühungen um Keimfreiheit hartnäckig in den Labors halten. (Man könnte ein faszinierendes, umfangreiches Buch über Behauptungen schreiben, es gebe Bakterien an seltsamen Orten – auf Meteoriten zum Beispiel oder in geologischem Schlaf in 400 Millionen Jahre alten Salzlagern –, die sich später als normale Verunreinigungen von der Oberfläche erwiesen. Ich erinnere mich noch gut an den ersten »Beweis« für außerirdisches Leben auf Meteoriten – später stellte sich heraus, daß es ganz gewöhnlicher Kreuzkrautpollen war. Hatschi!)

Diese altbekannte Möglichkeit jagt jedem Wissenschaftler, der in dem Bereich arbeitet, einen kalten Schauder über den Rücken. Ich bin kein Fachmann und kann keine allgemeine Feststellung treffen, aber ich habe keinen Zweifel (und die Autoren der Artikel haben ihn auch nicht), daß manche Berichte vielleicht nur von Verunreinigungen handeln. Immerhin wurden alle möglichen Vorsichtsmaßnahmen getroffen, und man bemühte sich nach allen Regeln der Kunst um Keimfreiheit. Am überzeugendsten ist vielleicht die Tatsache, daß es sich bei den Bakterien, die man aus unterirdischen Umgebungen isolierte, vielfach um anaerobe Hyperthermophile handelte (so der Fachausdruck für Bakterien, die ohne Sauerstoff und bei sehr hoher Temperatur leben); solche

Lebewesen gedeihen im Erdinneren, aber sie können keine Laborverunreinigungen sein, denn an der Oberfläche, unter den normalen Bedingungen mit »niedriger« Temperatur, geringem Druck und viel Sauerstoff, sterben sie ab.

In der *New York Times* vom 28. Dezember 1993 faßte William J. Broad das Thema sehr hübsch zusammen:

> Manche Wissenschaftler sagen, Mikroorganismen seien möglicherweise in den obersten Kilometern der Erdkruste allgegenwärtig: Sie bewohnen mit Flüssigkeit gefüllte Poren, Risse und Gesteinsspalten, und ihr Leben fristen sie mit der Wärme und den Chemikalien aus dem Erdinneren. Ihre wichtigsten Lebensräume liegen demnach in heißen, wasserführenden Schichten unter den Kontinenten und in den Spalten der Tiefsee, wo sie ständig die Nährstoffe erhalten, die der langsame Kreislauf von Flüssigkeiten wie Öl und tiefem Grundwasser herantransportiert.

Um die Annahme, Bakterien seien unter der Erde allgegenwärtig, weiter zu untermauern, kann man eine zusätzliche Frage stellen: Leben sie vielleicht nicht nur in der besonderen Umgebung der Tiefseequellen und Öllagerstätten, sondern auch ganz allgemein in normalen Gesteinen und Sedimenten (vorausgesetzt, durch Poren und Risse dringt ein wenig Wasser ein)? Auch diese allgemeine Frage wird durch neue Daten aus der Mitte der neunziger Jahre offenbar mit ja beantwortet.

R. J. Parkes et al. (1994) fanden in ganz gewöhnlichen Sedimenten an fünf Stellen im Pazifik und in Tiefen bis zu 540 Metern eine Fülle von Bakterien. Zur gleichen Zeit hatte Frank J. Wobber im Auftrag des US-Energieministeriums Tiefbohrungen vorgenommen, um die Verunreinigung des Grundwassers mit anorganischen Stoffen und möglicherweise auch mit Mikroorganismen zu untersuchen (vor allem wollte man wissen, ob Bakterien sich auf die Lagerung von Atommüll in unterirdischen Endlagern auswirken können!). Wobbers Gruppe gab sich besondere Mühe, eine Verunreinigung der Bohrlöcher mit Oberflächenbakterien zu vermeiden; dennoch fand sie Bakterienbesiedelung an mindestens sechs Stellen, unter anderem in Virginia in einer Tiefe von 2750 Metern!

Am 4. Oktober 1994 schrieb William J. Broad einen weiteren Artikel für die *New York Times*. Diesmal war er noch begeisterter, und das völlig zu Recht:

> Romanautoren haben Phantasien darüber angestellt. Bedeutende Wissenschaftler haben Theorien entwickelt. Experimente haben sich damit befaßt. Skeptiker haben sich darüber lustig gemacht. Aber jahrzehntelang hatte niemand eine so oder so geartete stichhaltige Antwort auf die Frage, ob die Tiefen des Erdgesteins etwas enthalten, das man als Teil des Schauspiels »Leben« betrachten könnte – bis jetzt … Tief im Inneren unseres Planeten wimmelt es von Mikroorganismen.

Kurz darauf beschrieben Stevens und McKinley (1995) umfangreiche bakterielle Lebensgemeinschaften, die in etwa 1000 Metern Tiefe im Basalt des Columbia River im Nordwesten der USA zu Hause sind. Diese Bakterien sind Anaerobier; ihre Energie beziehen sie offenbar aus Wasserstoff, der in chemischen Reaktionen zwischen den Mineralien im Basaltgestein und dem hindurchsickernden Wasser entsteht. Sie leben also wie die Lebensgemeinschaften an den Tiefseequellen von Energie aus dem Erdinneren, das heißt, sie sind völlig unabhängig von der Photosynthese und damit letztlich von der Sonnenenergie, auf die alle herkömmlichen Ökosysteme angewiesen sind. Um ihre Freilandbeobachtungen zu untermauern, mischten Stevens und McKinley gemahlenen Basalt mit Wasser, aus dem sie den gelösten Sauerstoff entfernt hatten. In dem Gemisch entstand tatsächlich Wasserstoff. Dann schlossen sie Basalt zusammen mit dem Grundwasser, das die Gesteinsbakterien enthielt, unter Luftabschluß ein. Unter diesen Laborbedingungen, die den Verhältnissen unter der Erde entsprachen, lebten die Bakterien bis zu einem Jahr lang.

Nach einer alten Wissenschaftlertradition konstruiert man häufig humorvolle Abkürzungen, die man sich leicht merken kann; Stevens und McKinley bezeichneten ihre unterirdische Bakterienflora, die von der Sonnenenergie unabhängig und vom Kontakt mit den Lebensgemeinschaften an der Oberfläche abgeschnitten ist, als SLiME (für »subsurface lithoautotrophic microbial Ecosystem« – »unterirdisches, lithoautotrophes Mikroben-Ökosystem«; das zweite Wort ist schlicht eine hergeholte Ausdrucksweise für die Tatsache, daß sie ihre Energie ausschließlich aus Gestein beziehen). Ein Kommentar, den Jocelyn Kaiser (1995) für die Wissenschaftszeitschrift *Science* zu den Arbeiten von Stevens und McKinley schrieb, trug die provozierende Überschrift: »Können

Tiefenbakterien ausschließlich von Steinen und Wasser leben?« Die Antwort lautet offensichtlich: ja.

Einer der vielleicht unkonventionellsten Wissenschaftler in den USA ist mein Kollege Tom Gold von der Cornell University. (Ein bekannter Biologe, der hier namenlos bleiben soll, sagte mir einmal, man solle Gold am besten mitsamt seinen ganzen mutmaßlichen Bakterien tief in der Erde begraben.) Aber es gibt niemanden, der ihn unterschätzt oder nicht ernst nimmt – dazu hatte er einfach schon zu oft recht (und nur Leuten, die wir fürchten, drohen wir, sie lebendig zu begraben).

In einem bemerkenswerten Aufsatz mit dem Titel »The deep, hot biosphere« (»Die tiefe, heiße Biosphäre«), der 1992 in der angesehenen Fachzeitschrift *Proceedings of the National Academy of Sciences* erschien, legte Gold die ganze Geschichte (die wahrhaftig allgemeingültig ist, zumindest potentiell) und damit die Bedeutung der unterirdischen bakteriellen Lebensgemeinschaften dar. (Wie es für ihn typisch ist, war das schon ein paar Jahre bevor es über die reichhaltigen Lebensgemeinschaften in normalem Gestein gesicherte Daten gab. Aber wieder einmal hatte er recht, zumindest mit seiner Tatsachenbehauptung, wenn auch vielleicht nicht mit allen Folgerungen. Zu Beginn seiner Argumentation fragte Gold: »Sind die Tiefseequellen die einzigen Vertreter [für bakterielles Leben in der Tiefe] oder sind sie nur das Beispiel, das als erstes entdeckt wurde?«)

Unter allen Lebewesen, die den Bereich des Lebendigen über die herkömmlichen Lebensräume an Land und im Meer hinaus ausweiten könnten, sind Bakterien die nächstliegenden Kandidaten. Sie sind so klein, daß sie fast überall hineinpassen, und sie vertragen ein viel breiteres Spektrum von Umweltbedingungen als alle anderen Organismen. Gold schreibt: »Unter allen heute bekannten Lebensformen sind Bakterien offenbar diejenigen, die am leichtesten Energie aus sehr vielfältigen chemischen Quellen gewinnen können.«

Dann stellt Gold eine entscheidende Schätzung – entscheidend zumindest für meine Argumentation über die Vorherrschaft der bakteriellen Form – über die mögliche Biomasse der Bakterien an, bei der er das stark erweiterte Verbreitungsgebiet in Gestein und Flüssigkeiten im Erdinneren mit einbezieht. Sein Unternehmen ist natürlich wieder einmal eine Berechnung »auf der Rückseite des Briefumschlags«, und man muß sie mit allen Vorbehalten betrachten, die in solchen Fällen notwendig sind (aber dabei muß man auch bedenken, daß solche Berechnungen manchmal nicht zu hoch gegriffen, sondern zu niedrig sind). Man muß dazu zahlreiche Vermutungen anstellen: Bis in welche Tiefen leben Bakterien? Bei welchen Temperaturen? Welchen Volumenanteil im Gestein machen die Hohlräume der Poren aus, in denen die Bakterien im durchsickernden Wasser leben könnten? Wie viele Bakterien kann dieses Wasser versorgen? Für alle diese entscheidenden Größen kennen wir die wirklichen Werte nicht, so daß wir auf »vernünftige« Schätzungen angewiesen sind. Wenn die tatsächlichen Werte stark von der Schätzung abweichen (was durchaus möglich ist), kann sich das Endergebnis als völlig falsch erweisen. (Ich nehme an, die meisten Nichtwissenschaftler unter meinen Lesern begreifen jetzt, warum wir uns mit ungefähren Schätzungen zufriedengeben, die möglicherweise um eine oder zwei Zehnerpotenzen »daneben«liegen.)

Jedenfalls ging Gold mit seiner Abschätzung der gesamten bakteriellen Biomasse von vernünftigen und sogar recht vorsichtigen Schätzungen für die entscheidenden Faktoren aus – wenn also die meisten wasserdurchlässigen Gesteine tatsächlich Bakterien enthalten, dürfte seine Zahl in der richtigen Größenordnung liegen. Gold nimmt eine Temperaturobergrenze von 110 bis 150° C und eine Tiefe von höchstens fünf bis zehn Kilometern an. (Wenn Bakterien in noch weiteren Tiefen leben, kann ihre Biomasse noch viel größer sein.) Um zu berechnen, wieviel Wasser den Bakterien zur Verfügung steht, geht er davon aus, daß die Poren drei Prozent des Gesteinsvolumens ausmachen. Und schließlich nimmt er an, daß die Masse der Bakterien einem Prozent des gesamten unterirdischen Wassers entspricht.

Aus allen diesen Schätzungen zusammen errechnet Gold für die unterirdischen Bakterien eine mögliche Gesamtmasse von 2×10^{14} Tonnen. Das, so schreibt er, entspräche einer 1,50 Meter dicken Schicht auf allen Landflächen der Erde – eine Biomasse, so Gold, die »tatsächlich größer wäre als die gesamte Flora und Fauna der Erdoberfläche«. Aus diesen Berechnungen zur Biomasse der Bakterien zieht Gold die vorsichtige Schlußfolgerung:

> Derzeit wissen wir nicht, wie wir die Masse des unterirdischen lebenden Materials realistisch abschätzen sollen; man kann nur eines sagen: Wir müssen die Möglichkeit in Betracht ziehen, daß sie mit der Gesamtmasse der Lebewesen auf der Oberfläche vergleichbar ist.

Wenn man bedenkt, wie tief verwurzelt das Dogma ist, der größte Teil der Biomasse befinde sich in den Bäumen der Wälder, stellt die Erkenntnis, daß unterirdische Bakterien vielleicht noch mehr wiegen, für die konventionelle Biologie eine erhebliche Umwälzung dar – und für die bakterielle Form einen beträchtlichen Auftrieb. Die Zahl der Bakterien auf der Erde ist nicht nur größer als die aller anderen Lebewesen zusammen (das ist bei ihrer geringen Größe und Masse kaum verwunderlich); Bakterien leben nicht nur an mehr Orten und verfügen über mehr Stoffwechselwege; Bakterien repräsentieren nicht nur ganz allein die erste Hälfte der Geschichte des Lebens, ohne daß ihre Vielfalt später geringer geworden wäre; sondern – und das ist die eigentliche Überraschung – die gesamte Biomasse der Bakterien dürfte (trotz des geringen Gewichts einer einzelnen Zelle) größer sein als die aller anderen Lebewesen zusammen einschließlich der Bäume, wenn wir die unterirdischen Populationen mit einbeziehen. Muß ich noch mehr sagen, um zu belegen, daß die bakterielle Form immer der Mittelpunkt des Lebendigen war mit maximalem Einfluß und von größter Bedeutung?

Aber Gold geht noch einen – ebenso verblüffenden – Schritt weiter. Wir sind uns heute ziemlich sicher, daß es Leben im üblichen Sinn sonst nirgendwo in unserem Sonnensystem gibt – keine andere Planetenoberfläche bietet die richtigen Temperaturverhältnisse und flüssiges Wasser. Auch insgesamt im Universum sind solche irdischen Bedingungen vermutlich selten, so daß Leben ein ungewöhnliches kosmisches Phänomen darstellen dürfte.

Aber die Umgebungsbedingungen in den obersten Schichten des Erdinneren – Flüssigkeit, die durch Risse und Poren im Gestein fließt – kommen vermutlich auf anderen Welten recht häufig vor, sowohl in unserem Sonnensystem als auch außerhalb davon (die gefrorene Oberfläche der äußeren Planeten macht Leben unmöglich, aber die Wärme in ihrem Inneren könnte in der Tiefe flüssiges Wasser entstehen lassen – und damit wäre eine mögliche Umwelt für bakterielles Leben vorhanden). Gold schätzt sogar, es gebe »in unserem Sonnensystem mindestens zehn andere planetare Körper [einschließlich mehrerer Monde der großen Planeten], auf denen eine ähnliche Chance für die Entstehung mikrobiologischen Lebens bestand«, denn »die Bedingungen im Inneren der meisten festen planetaren Körper dürften sich nicht allzusehr von denen einige Kilometer tief im Inneren unserer Erde unterscheiden«.

So müssen wir letztlich unsere hergebrachte Sichtweise vielleicht genau umkehren und die Möglichkeit in Betracht ziehen, daß das vertraute, auf Photosynthese basierende Leben an der Erdoberfläche eine sehr besondere oder gar bizarre Ausprägungsform eines im Universum weit verbreiteten Phänomens ist: des Lebens, das üblicherweise die Form von Bakterien in den obersten Schichten des Planeteninneren hat. Wenn man bedenkt, daß wir von der Existenz dieses Lebens im Erdinneren noch vor zehn Jahren nichts wußten, muß man den Übergang von »unbekannt« zu »möglicherweise universal« als eine der erstaunlichsten wissenschaftlichen Umwälzungen aller Zeiten ansehen! Gold schließt mit den Worten:

> Das Leben an der Erdoberfläche, das sich mit seiner gesamten Energieversorgung auf die Photosynthese stützt, ist vielleicht nur ein seltsamer Zweig des Lebendigen, eine gezielte Anpassung an einen Planeten, dessen Oberfläche zufällig diese seltenen, günstigen Bedingungen bot: eine angenehme Atmosphäre, einen geeigneten Abstand von dem lichtspendenden Stern, eine Mischung aus Wasser und Gestein an der Oberfläche und so weiter. Das Leben in der Tiefe jedoch, das sich chemisch versorgt, könnte im Universum sehr verbreitet sein.

Mit anderen Worten: Vielleicht herrscht die bakterielle Form nicht nur auf der Erde vor – und das sogar gewichtsmäßig; vielleicht ist sie auch die einzige verbreitete Form des Lebens im Universum.

Kein Antrieb in Richtung des rechten Schwanzes

Eine richtige Theorie der Moral ist darauf angewiesen, daß man Absichten von Folgen trennt. Als unbeabsichtigte Folge einer moralisch einwandfreien Handlung kann ein tragischer Todesfall eintreten – und zu Recht verachten wir den kaltblütigen Mörder, während wir für den barmherzigen Samariter Sympathie empfinden, selbst wenn die beiden grundlegend unterschiedlichen Absichten zu dem gleichen Ergebnis eines unnötigen Todesfalls führen (der Räuber, der auf den Ladeninhaber schießt, und der Polizist, der denselben Ladeninhaber tötet, weil er auf den Räuber geschossen und danebengetroffen hat).

Ganz ähnlich verhält es sich mit richtigen theoretischen Erklärungen in der Naturgeschichte: Auch hier müssen wir zwischen Ursachen und Folgen unterscheiden. Der Kernpunkt von Darwins Theorie besagt, daß die natürliche Selektion zu immer besserer Anpassung an eine sich wandelnde örtliche Umwelt führt. Deshalb entwickeln sich Eigenschaften, die unmittelbar von der natürlichen Selektion geschaffen werden – zum Beispiel das dicke Fell des Wollmammuts auf Seite 171 –, aufgrund einer genau erkennbaren Ursache und zum Zweck der Anpassung. Aber viele Eigenschaften, die für ihren Besitzer lebenswichtig werden, dürften auch ohne besonderen Grund (oder zumindest auf indirekten Wegen) entstehen, als »unbeabsichtigte« Folgeerscheinungen oder Nebeneffekte. So war beispielsweise unsere Fähigkeit zum Lesen und Schreiben eine Haupttriebkraft der zeitgenössischen Kultur. Aber niemand kann behaupten, die natürliche Selektion habe dafür gesorgt, daß unser Gehirn zu diesem Zweck größer wurde – denn das Gehirn des *Homo sapiens* entwickelte sich in seiner heutigen Größe schon Zehntausende von Jahren bevor jemand an Lesen oder Schreiben dachte. Die Selektion ließ unser Gehirn aus anderen Gründen größer werden; Lesen und Schreiben entstanden später als zufällige, unbeabsichtigte Folgen der größeren geistigen Fähigkeiten, die sich eigentlich zu anderen Zwecken entwikkelt hatten.

Die Intuition sagt uns – nach meiner Überzeugung in diesem Fall ganz zu Recht –, daß der Unterschied zwischen *unmittelbar verursachten Ergebnissen* und *zufällig erwachsenden Folgen* einerseits wichtig ist, wenn man in der Welt des Lebendigen ein bestimmtes Merkmal erklären will, und andererseits für jedes allgemeine Verständnis der Evolution eine grundlegende Bedeutung hat. Dabei geht es nicht in erster Linie um Vorhersagbarkeit – ein Phänomen kann vorhersagbar sein, ob es nun unmittelbar oder als Nebeneffekt aus einer Ursache erwächst. Die entscheidende Frage betrifft das Wesen und den Charakter der Erklärung. Der absichtlich tötende Mörder und der Polizist, der danebenschießt, verursachen das gleiche Ergebnis (und das mit der gleichen Vorhersagbarkeit in dem altmodischen Newtonschen Sinn, daß man das Ergebnis ableiten kann, wenn man die Ausgangspositionen aller Beteiligten, die Zielrichtung der Pistole, den zeitlichen Ablauf usw. kennt) – und doch legen wir beiden eine unterschiedliche Bedeutung bei, weil wir zwischen Absicht und Zufall unterscheiden.

Entsprechend sind die Verhältnisse auch bei dem rechten Schwanz zunehmender Komplexität in der Glockenkurve des Lebens: Er kann entweder entstehen (wie traditionell behauptet wurde), weil die Evolution das Leben von sich aus in Richtung immer höherer Komplexitätsebenen treibt, oder aber (so meine wichtigste Behauptung in diesem Buch) als zufälliger Nebeneffekt, weil das Leben zwangsläufig an der linken Wand der geringstmöglichen Komplexität entstehen mußte und sich dann erfolgreich ausgeweitet hat, wobei die bakterielle Form als Modus unverändert erhalten blieb. Unsere Intuition bemerkt einen grundlegenden Bedeutungsunterschied zwischen diesen beiden Wegen zu dem gleichen vorhersagbaren Ergebnis – und auch hier hat unsere Intuition recht. Die unterschiedlichen Bedeutungen sind uns zutiefst und zu Recht wichtig – denn im einen Fall ist die Zunahme der Komplexität Triebkraft und Daseinsberechtigung für die Geschichte des Lebens, im anderen dagegen stellt der lange rechte Schwanz eine passive Folge von Evolutionsprinzipien dar, deren Hauptergebnis etwas ganz anderes ist. Im einen Fall beherrscht und formt der Fortschritt als wichtigste Wirkung der grundlegenden Ursachen die Geschichte des Lebens, im anderen ist er eine sekundäre, seltene, zufällige Folge, und er entsteht, ohne daß eine Ursache gezielt in seinem Interesse arbeitet.

Die Frage nach unmittelbar verursachten Ergebnissen und zufälligen Folgen zieht sich durch die gesamte Geschichte der Evolutionstheorie. Eine umfangreiche naturwissenschaftliche und philosophische Literatur widmet sich der Untersuchung dieses entscheidenden Unterschiedes. Durch diese Debatte hat sich in der Fachliteratur eine einschüchternde, ein wenig nach Expertenjargon klingende Terminologie entwickelt (zu der ich, wie ich gestehen muß, ebenfalls beigetragen habe) – Adaptation und Exaptation, Anpassung und Gewölbezwickel, Selektion und Sortieren (siehe Sober, 1984; Gould und Lewontin, 1979; Gould und Vrba,

1982; Vrba und Eldredge, 1984). Ich möchte hier bei der Umgangssprache bleiben und ziehe die wichtige Trennlinie zwischen beabsichtigten Ergebnissen und zufälligen Folgen.

Die Hauptaussage dieses Buches lautet: Ich leugne nicht, daß die Komplexität in der Geschichte des Lebens zugenommen hat – aber ich versehe diese Erkenntnis mit zwei Einschränkungen, die ihre herkömmliche Vorrangstellung als definierendes Merkmal der Evolution untergraben. Erstens ist das Phänomen kein umfassendes Merkmal der meisten Abstammungslinien, sondern es existiert nur in dem jämmerlich beschränkten Sinn, daß wenige Arten den langen rechten Schwanz einer Glockenkurve bilden, deren Modus immer unverrückbar bei der Komplexität der Bakterien geblieben ist. Und zweitens erwächst dieses begrenzte Phänomen als zufällige Folge – nicht als beabsichtigtes Ergebnis, sondern als »Effekt« in der Terminologie von Williams (1966) und Vrba (1980) – aus Ursachen, zu deren Hauptwirkungen kein Mechanismus des Fortschritts oder der Komplexitätszunahme gehört.

Im besten Fall könnte man die Behauptung von Thomas (1993) vertreten, der zufolge »das fortschreitende Auftauchen immer größerer Komplexität langfristig der wichtigste Effekt der Evolution ist, der als solcher unsere Aufmerksamkeit fordert«. Mit anderen Worten: Thomas räumt ein, daß die Zunahme der Komplexität eine zufällige Folge ist, ein Effekt, aber keine Wirkung von Ursachen, die in ihrem Sinne tätig werden. Dennoch behauptet er, der Fortschritt fordere unsere Aufmerksamkeit als »wichtigster« Effekt unter allen zufälligen Folgen der Evolution. Aber mit welchem Kriterium kann man diese Behauptung untermauern, außer mit dem engstirnigen, subjektiven Wunsch, denjenigen Effekt als den wichtigsten zu bezeichnen, der zum Leben der Menschen führte und uns auf den Gipfel eines von uns selbst definierten Berges setzte? Nach meiner Überzeugung würde jedes wirklich dominante Bakterium sich vor Lachen ausschütten über diese Verklärung eines kleinen Schwanzes, der so weit vom Modus des Lebens, seinem Schwerpunkt und seiner Kontinuität entfernt ist. Mir ist zwar klar, daß Bakterien nicht lachen (oder denken) können – und daß man auf diesen Unterschied zwischen ihnen und uns philosophische Behauptungen über unsere größere Wichtigkeit gründen kann. Aber man sollte auch daran denken, daß wir nicht in der Lage sind, zehn Kilometer unter der Erdoberfläche von Wasser und Basalt zu leben, das Kernstück neuer Ökosysteme auf der Grundlage der Wärme aus dem Erdinneren zu bilden oder als mögliches Vorbild für das Leben in den meisten Sonnensystemen des Kosmos zu dienen.

Mit anderen Worten: Wenn der Fortschritt eine rein zufällige (und auf einen kleinen rechten Schwanz beschränkte) Folge ist, reicht er als Rechtfertigung für unsere überkommenen Hoffnungen auf eine besondere Bedeutung des Menschen nicht aus – für die Meinungsmache, die die Vollendung von Darwins Revolution im entscheidenden Freudschen Sinn des Sockelzerschmetterns verhindert (siehe Kapitel 2). Nach meiner Überzeugung muß jeder, der Evolution unter den Gesichtspunkten dieses Buches betrachtet (das heißt als Geschichte der Variation aller Lebensformen – des vollen Hauses – und nicht nur als Bericht über abstrakte Mittel- und Extremwerte), zu der Erkenntnis gelangen, daß das Auftauchen des Fortschritts als immer länger werdender rechter Schwanz eine zufällige Folge und nicht das Hauptergebnis ist.

Die alte Hoffnung auf einen inneren Fortschritt muß sich deshalb auf eine bescheidenere Position gründen – sie ist nicht annähernd so großartig wie die ursprüngliche Formulierung, bietet aber dennoch einen gewissen Trost. Selbst wenn wir einräumen müssen, daß der länger werdende rechte Schwanz eine zufällige Folge der Entstehung an der linken Wand und der späteren Ausweitung ist, könnten wir nicht doch dabei bleiben, daß auch andere Kräfte auf die Glockenkurve des Lebens einwirken – und daß vielleicht zu diesen anderen Kräften auch ein innerer, vorhersagbarer Impuls in Richtung Fortschritt gehört?

Wie ich in Punkt 6 meiner Kurzfassung erläutert habe (siehe Seite 212f.), könnte diese Argumentation in der folgenden empirisch überprüfbaren Form stimmen: Das Leben als Ganzes beginnt an der linken Wand, so daß ihm nur eine Richtung für die Ausdehnung offensteht. Deshalb können wir nicht das Leben als Ganzes nehmen, um nach einer Tendenz zum Fortschritt zu suchen, denn die Aufwärtsbewegung des Mittelwertes muß, zumindest teilweise, die Beschränkung durch die linke Wand widerspiegeln und nicht irgendeine mögliche Tendenz. Aber wenn man die Geschichte kleinerer Abstammungslinien untersuchen könnte, die schon bei ihrer Entstehung weit von der linken Wand entfernt sind, so daß sie sich in beide Richtungen bewegen können, hätte man eine klare Methode zum Nachweis des allgemeinen Fortschritts. Zeigen solche »frei beweglichen« Linien die Tendenz, daß die Zunahme der Komplexität häufiger oder in ihrer Wirkung stärker ist als die Abnahme? Wenn bei den meisten frei beweglichen Linien ein solcher Trend zu mehr Komplexität nachweisbar ist, könnte man ein allgemeines Prinzip unterstellen, dem zufolge der Fortschritt um seiner selbst willen ein Hauptergebnis ist. Das Phänomen des immer länger werdenden rechten Schwanzes würde dann durch zwei getrennte Vorgänge entstehen, die sich gegenseitig verstärken: Es wäre einerseits die zufällige Folge der Beschränkungen durch den Beginn an der linken Wand und andererseits das unmittelbare Ergebnis eines inneren Hanges zu höherer Komplexität bei Linien, die in beiden Richtungen variieren können.

Diese Überlegung ist logisch stichhaltig, aber empirisch nach allen bisher verfügbaren Indizien falsch. Ich möchte zwei Argumente gegen einen solchen inneren Fortschrittsdrang anführen – das erste kurz und subjektiv, das zweite länger und mit einigen überzeugenden Belegen aus jüngerer Zeit.

Erstens: Wäre ich zum Wetten aufgelegt, würde ich – falls es überhaupt ein allgemeines Ungleichgewicht gibt – eine anständige Summe (allerdings nicht mein ganzes Vermögen) auf ein geringes natürliches Übergewicht der *abnehmenden* Komplexität setzen und nicht auf die üblicherweise unterstellte Komplexitätszunahme. Diese überraschende Behauptung stelle ich auf, weil die natürliche Selektion in ihrer reinsten Form ausschließlich Anpassungen an eine sich wandelnde örtliche Umwelt hervorbringt. Diese Veränderungen dürften (im Hinblick auf den »Fortschritt«) im wesentlichen vom Zufall bestimmt sein, denn Klimaschwankungen zeigen über längere Zeit hinweg keinen Trend in eine Richtung. Ein Übergewicht der Komplexitätszu- oder -abnahme setzt also voraus, daß eine Richtung im darwinistischen Spiel des Lebens einen Vorteil bietet. Ich kann mir Gründe vorstellen, warum die Komplexitätsabnahme das Übergewicht haben könnte, aber eine entsprechende Neigung für zunehmende Komplexität kann ich nicht begründen. Deshalb würde ich darauf wetten, daß es in allen Abstammungslinien zusammen insgesamt ein geringfügiges Ungleichgewicht zugunsten der abnehmenden Komplexität geben könnte.

Die üblichen Begründungen, wonach zunehmende Komplexität im darwinistischen Spiel allgemeine Vorteile bieten soll – beispielsweise der angebliche Nutzen einer komplizierteren Körperform in der Konkurrenz um Ressourcen –, überzeugen mich schon lange nicht mehr. Warum sollen kompliziertere Strukturen grundsätzlich nützlicher sein? Eine solche Argumentation kann ich mir für das Gehirn der Säugetiere vorstellen – wenn die Komplexität sich in größere Flexibilität und »Rechenleistung« umsetzen läßt. Aber ich kann mir auch mindestens ebenso viele Situationen ausmalen, in denen eine verwickelte Form eher ein Hindernis ist – weil mehr Teile versagen können und weil alle Elemente genau zusammenwirken müssen, so daß die Flexibilität geringer wird.

Eine verbreitete Form des darwinistischen Erfolges (der lokalen Anpassung) geht aber ganz offensichtlich mit einer beträchtlichen Abnahme der Komplexität einher: die Lebensweise der Parasiten. Ich spreche hier nicht von einer biologischen Kuriosität, sondern von einer Lebensweise, die sich vermutlich bei Hunderttausenden von Arten entwickelt hat – also bei einem beträchtlichen Prozentsatz aller Lebensformen. Nicht alle Parasiten verschaffen sich durch Vereinfachung einen Vorteil, aber bei einer Artengruppe ist das mit Sicherheit der Fall: bei denen, die tief im Körperinneren ihres Wirts leben, ständig an diesen angeheftet sind und alle Nährstoffe aus seinem angezapften Blutkreislauf oder aus der vom Wirt verdauten Nahrung beziehen. Solche Arten brauchen weder Fortbewegungs- noch Verdauungsorgane, und deshalb begünstigt die natürliche Selektion deren Verschwinden. Für die besonderen Erfordernisse dieser Lebensweise entwickeln sich vielleicht auch ein paar neue Körperteile – beispielsweise Haken zum Festheften am Wirt oder Saugvorrichtungen zur Nahrungsbeschaffung –, aber diese Verfeinerungen werden durch den Verlust einer wesentlich größeren Zahl von Organen mehr als aufgewogen.

Solche unbeweglichen Parasiten sind oft eigentlich nur noch kleine Säckchen oder Röhren aus Fortpflanzungsgewebe – einfache Vermehrungsapparate, die in den inneren Organen ihrer Wirte hängen. *Saccu-*

lina, der berühmte Parasit der Ruderfußkrebse, Krabben und anderer Krebstiere, besteht aus einem formlosen, als Brutkammer dienenden Beutel, der am Hinterleib des Krebses hängt, und einem Stiel, der sich im Körper des Wirts zu einem Wurzelsystem verzweigt und Nährstoffe aus dem Blut des Krebses saugt. Ein sechs Meter langer Bandwurm im Darm eines Menschen besteht unter Umständen aus Hunderten von Abschnitten (Strobilae), die jeweils eigentlich nur ein Sack voller Nachkommen sind. Alle Angehörigen des Stammes der Zungenwürmer (Pentastomida) leben als Parasiten in den Atmungsorganen der Wirbeltiere; sie besitzen ein raffiniert gestaltetes Organ zum Blutsaugen, aber keine Körperteile für Fortbewegung, Atmung, Kreislauf oder Ausscheidung.

Wenn also die »normale« natürliche Selektion bei freilebenden Arten keine Richtung bevorzugt und wenn Parasiten in der Regel einfacher werden, weil bei ihnen kein Trend in Richtung größerer Komplexität ein Gegengewicht bildet, dürfte die Geschichte der meisten Linien insgesamt durch eine geringfügige Abnahme der Komplexität gekennzeichnet sein (weil ihre parasitischen Arten vereinfacht werden, während es bei den freilebenden Formen überhaupt keinen Trend gibt). Der rechte Schwanz der Glockenkurve wird im Laufe der Zeit dennoch länger – selbst wenn in den meisten Linien ein Übergewicht in Richtung geringerer Komplexität vorhanden ist, denn Linien, die sich nach links in Richtung geringerer Komplexität bewegen, gelangen in einen bereits besetzten Bereich, während die wenigen, die nach rechts wandern, dort in vielleicht noch unbesetzte Bereiche der Komplexität vordringen. Der Betrunkene landet auch dann im Rinnstein, wenn er sich aus irgendeinem Grund häufiger zur Wand hin als von ihr weg bewegt – denn an der Wand prallt er ab, aber irgendwann fällt er erschöpft (und für immer) in die Gosse. Ein ganzes System kann seine Extremwerte in einer Richtung immer weiter hinausschieben, auch wenn einzelne Linien mit Vorliebe in die andere Richtung laufen.

Ich kann mir aber auch ein Gegenargument gegen meine eigenen Behauptungen über die Parasiten vorstellen. Die ausgewachsenen Formen zeigen tatsächlich in der Evolution eine Neigung zur Vereinfachung, aber wenn wir nur die ausgewachsenen Tiere betrachten, erliegen wir einem anderen überkommenen Vorurteil (das zweifellos nicht so allgemeingültig oder umfassend ist wie unser Fortschrittsglaube; zu schwerwiegenden Verzerrungen und Beschränkungen kann es aber dennoch führen). Ein Mensch ist nicht als die nicht mehr wachsende Form des Erwachsenenalters definiert; auch Kinder sind Menschen. Die Evolution gestaltet nicht nur den ausgewachsenen Körper, sondern den gesamten Lebenszyklus. Der unbewegliche Parasit, der Blut oder Nährstoffe saugt, hat im Vergleich zu seinen freilebenden Vorfahren vielleicht einen einfacheren Körperbau entwickelt, aber der gesamte Lebenszyklus von Parasiten verändert sich oft auch in Richtung größerer Komplexität, einschließlich einer Anpassung an zwei oder drei Wirte, die ein Individuum während seines Lebens besiedelt.

Der ausgewachsene *Sacculina*-Parasit mag ein Klümpchen sein, das mit ein paar Wurzeln am Wirt befestigt ist, aber der Lebenszyklus seiner Larven ist bemerkenswert kompliziert (siehe Gould, 1996a): Auf mehrere freilebende Planktonstadien folgt eine Form, die sich an dem Krebs festsetzt und einen Fortsatz in seinen Körper hineinwachsen läßt; erst dann werden die wenigen Zellen in den Wirt geschleust, aus denen schließlich das erwachsene Klümpchen mit seinen Wurzeln heranwächst. Auch die Larven der Zungenwürmer bohren sich zunächst durch den Darm eines ersten Wirts. Wenn dieser von einem Wirbeltier gefressen wird, wandert der ausgewachsene Zungenwurm in die Atemwege – entweder indem er aus dem Magen durch die Speiseröhre kriecht und sich dann durchbohrt oder auf dem Weg durch die Darmwand und über das Blut. An seinem endgültigen Platz heftet sich der Pentastomier mit kompliziert gebauten, um seinen Mund angeordneten Haken fest.

Aus diesen Gründen habe ich wenig Hoffnung, daß wir aus allgemeingültigen Prinzipien ein eindeutiges Übergewicht in der einen oder anderen Richtung ableiten können. Aber aus Untersuchungen steht uns eine Fülle empirischer Daten zur Verfügung. Immerhin stehen die Gründerarten der meisten Linien von Vielzellern nicht an einer Wand – das heißt, der weiteren Evolution steht es frei, mehr oder weniger komplexe Arten hervorzubringen. Wenn wir uns auf ein Maß für die Komplexität einigen und eine ausreichende Zahl von Linien untersuchen können, müßte es möglich sein, zu einer allgemeinen Schlußfolgerung zu gelangen. Für dieses Thema interessieren sich die Paläontologen erst seit wenigen Jahren, und bisher hat man nicht annähernd so viele Fälle zusammengetragen, daß eine allgemeingültige Antwort möglich wäre. Die ersten Studien sind aber sehr vielversprechend, denn zumindest ist dieses entscheidende Thema jetzt der Forschung und Überprüfung zugänglich. Und die ersten Einzelfälle weisen alle in die gleiche radikale Richtung: Ein Übergewicht in Richtung zunehmender Komplexität ist nicht festzustellen.

Pionierarbeit auf diesem Gebiet leistete Dan McShea von der University of Michigan, der heute am Santa Fe Institute for the Study of Complexity arbeitet. Große Teile der Fachliteratur befassen sich zunächst einmal damit, eine eindeutige, quantitative Definition für einen sehr ungenauen umgangssprachlichen Begriff zu finden, der vielfältige, zum Teil sogar widersprüchliche Bedeutungen hat: für die Komplexität selbst. Was meinen wir eigentlich, wenn wir sagen, etwas sei komplexer als etwas anderes? Unserem normalen Sprachgefühl entsprechen je nach dem Zusammenhang mehrere Kriterien. Komplexität hat Struktur-, Entwicklungs- und Funktionsgesichtspunkte. Ein Abfallhaufen (um ein Lieblingsbeispiel von McShea und Thomas zu verwenden) mag morphologisch sehr komplex sein (weil er aus vielen höchst unterschiedlichen, eigenständigen Teilen besteht), aber seine Funktion ist sehr einfach (Schutt für die Müllkippe). Andererseits kann etwas, das für uns eine ganz simple Funktion hat, für andere Nutzer etwas höchst Komplexes sein – in diesem Fall für die Seemöwe, die all die kleinen Teile auf der Müllkippe unterscheiden muß bei ihrer Suche nach Futter.

Ich möchte mich mit diesem Fachthema in einem Buch für Laien nicht langwierig auseinandersetzen (interessante Erörterungen finden sich bei McShea 1992, 1993, 1994 und bei Thomas, 1993). Nach meiner Überzeugung gibt es keine allgemeingültige Lösung – denn »Komplexität« ist ein umgangssprachlicher Begriff mit mehreren unterschiedlichen, gleichermaßen berechtigten Bedeutungen, und wir können uns durchaus für alle interessieren. Für die Naturwissenschaft als »Kunst des Lösbaren« (so der glücklich gewählte Ausdruck von P. B. Medawar) – ein Unternehmen, das sich dem Stellen beantwortbarer Fragen widmet – müssen wir uns nur entschließen, die Komplexität streng quantifizierbar zu definieren, und wir müssen uns Klarheit darüber verschaffen, welche Aspekte der umgangssprachlichen Bedeutung wir untersuchen wollen und welche nicht. (In späteren Studien können sich dann andere oder auch wir selbst mit anderen Aspekten des Begriffs befassen.) Die Literatur hat in dieser Hinsicht viel geleistet und ist deshalb frei von der Verschwommenheit, die so viele wissenschaftliche Arbeiten begleitet.

McShea bevorzugt eine morphologische Definition – nicht weil diese Bedeutung in seinen Augen der umgangssprachlichen Norm näherstünde, sondern weil sie gut definierte Messungen und strenge Überprüfung ermöglicht. Er schreibt (1996): »Es geht darum, die Erforschung der biologischen Komplexität aus dem Sumpf gefühlsbeladener Bewertungen, von Vorurteilen geprägter Beispiele und theoretischer Spekulationen zu befreien und sie auf eine handfestere empirische Grundlage zu stellen.« Zur quantitativen Erfassung bedient McShea sich folgender Begriffe:

> Die Komplexität eines Systems ist nach allgemeiner Ansicht eine Funktion der Zahl seiner verschiedenen Teile und der Unregelmäßigkeit ihrer Anordnung. Heterogene, ungeordnete oder unregelmäßig aufgebaute Systeme wie Lebewesen, Autos, Komposthaufen oder Schrottplätze sind also komplex. Das Gegenteil von Komplexität ist Ordnung. Geordnete Systeme sind homogen, redundant oder regelmäßig wie zum Beispiel Palisadenzäune oder Backsteinmauern (1993, Seite 731).

In seiner großen Studie über das Rückgrat der Wirbeltiere macht McShea (1993) sich diese Definition zunutze, indem er Komplexität als Ausmaß der Unterschiede zwischen den einzelnen Wirbeln mißt. (In der weniger komplexen Wirbelsäule der Fische sind die 40 oder mehr Wirbel eigentlich einfache Scheiben von ähnlicher Größe; das komplexere Rückgrat der Säugetiere dagegen besteht aus weniger Wirbeln, die sich zur Formen- und Größenvielfalt der Hals- und Brustwirbel sowie der Kreuzbeinscheiben zur Stütze des Beckens differenziert haben.) In der Praxis (siehe Abbildung 32) mißt McShea an jedem Wirbel sechs Variablen (fünf Längen und einen Winkel), aus denen er dann die Unterschiede zwischen den Wirbeln errechnet. Die Komplexität als Abweichungen zwischen den Wirbeln stellt er auf dreierlei Weise fest: erstens als maximalen Unterschied zwischen zwei Wirbeln derselben Wirbelsäule, zweitens als durchschnittlichen Unterschied zwischen jedem einzelnen Wirbel und dem Mittelwert für alle Wirbel und drittens als durchschnittlichen Unterschied zwischen zwei benachbarten Wirbeln.

McSheas Untersuchungssystem paßt genau zu den Aussagen dieses Buches. Er geht davon aus, daß es zwei Formen von Trends mit grundlegend unterschiedlicher Ursache gibt. Diese Kategorien, die er *angetrieben* und *passiv* nennt, sind nach seiner Ansicht nicht nur bequeme Begriffe, die den Menschen das Verstehen erleichtern, sondern natür-

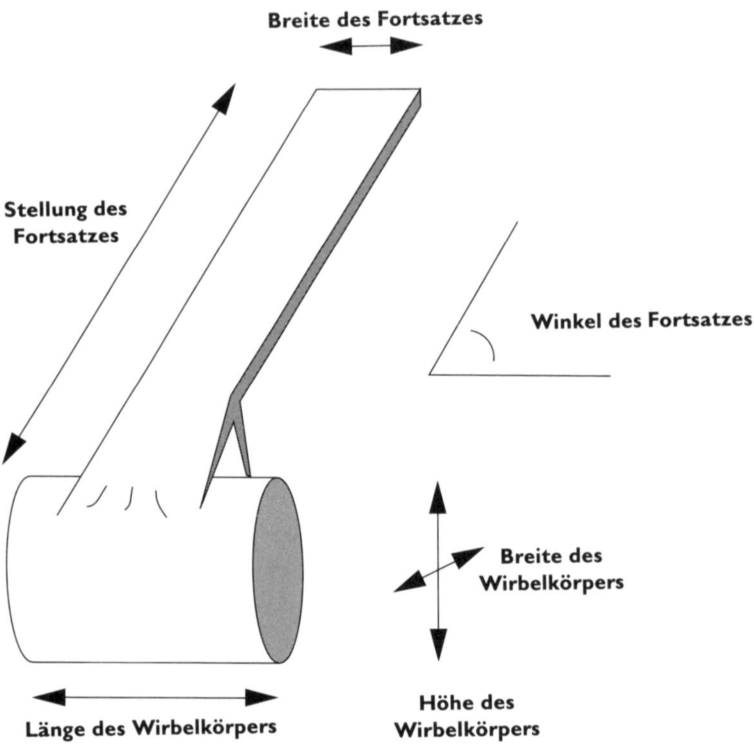

Abbildung 32: Messungen, mit denen McShea die Entwicklung der Komplexität von Wirbeln quantitativ erfaßte.

liche »Typen«. Er schreibt (1994, Seite 1762): »Diese Befunde lassen es möglich erscheinen, daß passive und angetriebene Mechanismen natürliche Kategorien darstellen, die unterschiedlichen, gut abgegrenzten Ursachen umfassender Trends entsprechen.«

Die angetriebenen Trends entsprechen dem herkömmlichen Bild einer Gesamtbewegung, die sich ergibt, weil jedes Element sich bevorzugt in einer bestimmten Richtung verändert. Ein angetriebener Trend zu mehr Komplexität würde sich ergeben, wenn die Evolution ganz allgemein komplexere Lebewesen begünstigt, so daß die Arten innerhalb der einzelnen Abstammungslinien sich vorwiegend in diesem Sinn verändern. (Mit anderen Worten: Die natürliche Selektion wirkt als Motor, der jedes Fahrzeug in eine Vorzugsrichtung bewegt.) Passive Trends dagegen (siehe Abbildung 33) entsprechen dem weniger vertrauten Modell, das ich im Zusammenhang mit der Komplexität auch in diesem Buch vertrete: Das Gesamtergebnis ist eine zufällige Folge, die sich ohne Vorzugsrichtung bei den einzelnen Arten ergibt. (McShea bezeich-

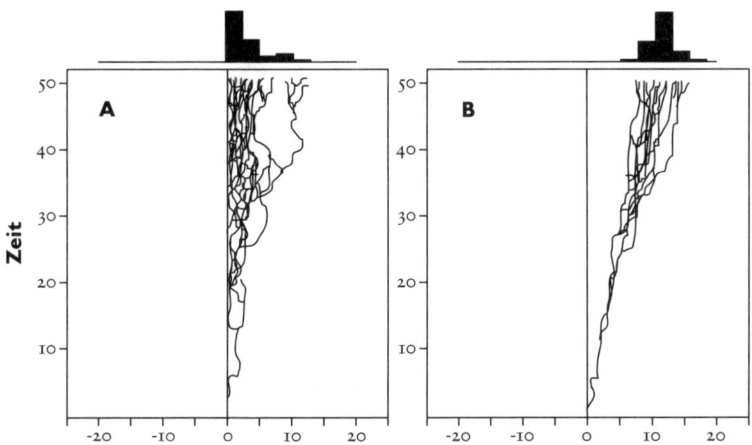

Abbildung 33: Passive und angetriebene Trends in McSheas Terminologie. Ein passiver Trend (A) beginnt an einer linken Wand, behält den Modus am Ausgangspunkt bei und erweitert sich in der einzig möglichen Richtung: nach rechts. Beim angetriebenen Trend dagegen (B) nehmen Minimal- und Maximalwert im Laufe der Zeit zu.

net einen solchen Trend als passiv, weil die Arten nicht von einer Triebkraft auf einen bevorzugten Weg gelenkt werden. Der allgemeine Trend ergibt sich auch dann, wenn die Evolution jeder einzelnen Art dem »Weg des Betrunkenen« mit seinen Zufallsbewegungen gleicht. Für passive Trends in der Komplexität postuliert McShea die gleichen Beschränkungen, die ich auch in diesem Buch immer wieder genannt habe: Der Ausgangspunkt liegt an einer linken Wand der geringstmöglichen Komplexität, so daß während der späteren Evolution nur eine Richtung für Neuentwicklungen offensteht.

Zur Unterscheidung von angetriebenen und passiven Trends schlägt McShea drei Tests vor:

1. Test auf das Minimum. In einem passiven System sollten einige Arten die geringstmögliche Komplexität beibehalten, auch wenn sich die Variationsbreite während der Entwicklung der Abstammungslinie erweitert, denn da größere Komplexität in der Evolution nicht bevorzugt wird, gedeihen manche Arten am besten, wenn sie weiterhin einfach gebaut sind. In angetriebenen Systemen dagegen sollten geringste und größte Komplexität im Laufe der Zeit zunehmen, weil höhere Komplexität ganz allgemeine Vorteile bietet, so daß die Evolution aller Arten bevorzugt in dieser Richtung verläuft. (Daß die bakterielle Form erhalten geblieben ist und sich ständig vermehrt, spricht stark dafür, daß das Leben als Ganzes ein passives System ist.)

Dieser Test liefert zwar Anhaltspunkte, kann aber allein nicht vollständig zwischen passiven und angetriebenen Trends unterscheiden, denn auch ein angetriebener Trend könnte zulassen, daß einige Arten beim Mindestwert bleiben. (Dieses Minimum muß durch den angetriebenen Trend nicht verschwinden, aber es sollte im Laufe der Zeit zumindest seltener werden.)

2. Test der Paare von Vorfahren und Nachkommen. Bei diesem sehr aussagekräftigen, naheliegenden Test nimmt man eine Art, von der eine sich erweiternde Abstammungslinie ausgeht, und untersucht dann bei allen aus ihr hervorgegangenen Arten, ob die Komplexität gestiegen, gesunken oder gleichgeblieben ist. In der Praxis kann man diesen Test nicht immer durchführen, weil die Fossilfunde zu unvollständig sind, und oft ist die Vorläuferart entweder unbekannt oder

sie hat nicht so viele Abkömmlinge, daß man die spätere Entwicklungsrichtung mit einem geeigneten Zufallstest untersuchen könnte.

3. Test auf Schiefe. Für das Leben als Ganzes kann sowohl der passive als auch der angetriebene Mechanismus zu der gleichen rechtsschiefen Verteilung mit einem langen Schwanz der maximalen Komplexität führen. Nach McSheas Ansicht können wir passive und angetriebene Trends unterscheiden, wenn wir die Schiefe für Abstammungslinien untersuchen, die weit von der Wand entfernt beginnen und deshalb in beide Richtungen verlaufen können (siehe Abbildung 34). In angetriebenen Systemen sollten solche einzelnen Linien ebenfalls eine rechtsschiefe Verteilung zeigen, weil alle Arten den Fortschritt als bevorzugte Richtung erleben, so daß sich mehr Arten in diese Vorzugsrichtung bewegen und die Verteilung sich insgesamt nach rechts verschiebt. In passiven Systemen dagegen sollten einzelne Linien keine schiefe Verteilung entwickeln, weil die Komplexität bei der gleichen Zahl von Arten zu- und abnimmt – das heißt, es sollten sich gleich viele Arten nach links zu weniger Komplexität und nach rechts zu größerer Raffiniertheit entwickeln.

In seiner großen Studie wandte McShea (1993, 1994) diese Tests auf die Evolution der Wirbelsäule an. Für die Wirbeltiere insgesamt gibt es ganz offensichtlich einen Trend: Die ersten Vertreter dieses Stammes

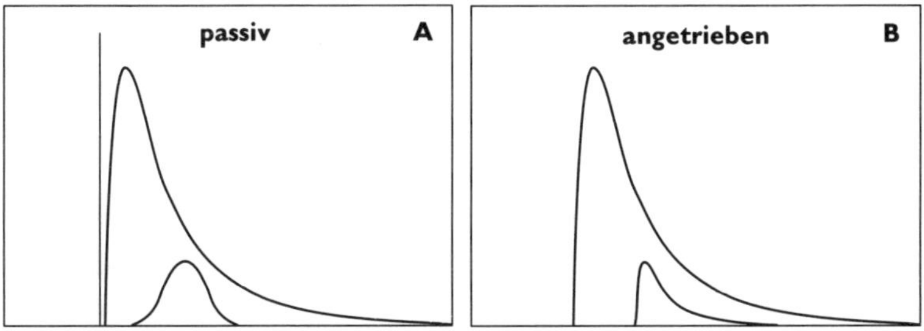

Abbildung 34: Ein Test zur Unterscheidung zwischen passiven und angetriebenen Trends. Beim passiven Trend sollte die Verteilung insgesamt rechtsschief sein, aber für einzelne Linien, die weit von der linken Wand entfernt beginnen, sollte sich eine Normalverteilung zeigen.

waren Fische, deren Rückgrat im wesentlichen aus gleichartigen Elementen besteht, und später, in der Wirbelsäule der Säugetiere, entwikkelten sich zwischen den einzelnen Wirbeln beträchtliche Unterschiede. Aber handelt es sich hier um einen passiven oder einen angetriebenen Trend? (Die Tradition sagt, er sei angetrieben, aber eine Tatsache läßt sicher auch »Spielraum« für einen passiven Trend: Ähnlich wie das erste Lebewesen, das an der linken Wand der geringstmöglichen Komplexität stand, oder wie die ersten Foraminiferenarten an der linken Wand der geringsten Maschenweite in den Sieben [siehe Seite 193ff.], so gingen auch die Wirbeltiere nach McSheas Messungen von einer theoretischen Mindestkomplexität aus. Da die Wirbelsäule der Fische aus gleichartigen Elementen besteht, liegt ihre gemessene Komplexität praktisch bei Null [McShea mißt die Komplexität als Unterschiede zwischen den Wirbeln]. Und von diesem Ausgangspunkt kann es wirklich nur aufwärts gehen!)

McSheas Untersuchung einzelner Linien innerhalb der Säugetiere liefert stichhaltige quantitative Anhaltspunkte für eine allgemeine, passive Zunahme der Komplexität – und damit untermauern sie die Aussage dieses Buches, wonach keine Begünstigung der Komplexität als Triebkraft hinter der Evolution des Lebendigen steht. McShea studierte fünf einzelne Linien, bei denen er die Ausgangsart kannte oder auf sie schließen konnte, so daß sich der besonders aussagekräftige zweite Test anwenden ließ: die Wiederkäuer (zu denen neben den Rindern auch Hirsche und andere gehören), die große Gruppe der Eichhörnchen (Familie Sciuridae), die gesamte Ordnung der Schuppentiere (eine Gruppe gepanzerter Ameisenfresser, die heute in Afrika und Asien mit der Gattung *Manis* vertreten ist), die Wale und die Kamele.

Alle Tests lieferten Belege, daß kein angetriebener, sondern ein passiver Trend zur Komplexität führt. In 24 Fällen fand McShea im Vergleich zwischen Vorfahren und heutigen Nachkommen eine deutliche Zu- oder Abnahme der Komplexität (bei insgesamt 90 Vergleichen aus fünf Säugetiergruppen, wobei jeweils sechs Variablen auf dreierlei Weise gemessen wurden; bei den anderen Vergleichen ergab sich kein nennenswerter Unterschied zwischen den Vorfahren und dem Durchschnitt der Nachkommen). Interessanterweise handelte es sich bei 13 dieser signifikanten Veränderungen um eine *Abnahme* der Komplexität und in neun Fällen um eine Zunahme. (Der Unterschied zwischen 13 und neun ist statistisch nicht signifikant, aber angesichts der traditionellen Erwartung des Gegenteils bin ich doch leicht amüsiert, daß sich in der Mehrzahl der Vergleiche eine Abnahme der Komplexität zeigt.)

Anschließend konnte McShea auch den dritten Test anwenden und die Schiefe der Verteilungskurve für drei Dimensionen der Wirbel in drei Abstammungslinien ermitteln. Die mittlere Schiefe für alle neun Verteilungen ist tatsächlich negativ (–0,19); das ist sicher nicht signifikant, aber doch nicht gerade schmeichelhaft für die herkömmliche Ansicht, der Trend zur Komplexität sei angetrieben – denn diese Behauptung setzt für die einzelnen Linien eine positive (nach rechts gerichtete) Schiefe voraus.

Zuletzt faßt McShea seine Untersuchungsergebnisse zusammen (1994, Seite 1761):

> Die geringstmögliche Komplexität der Wirbelsäulen änderte sich vermutlich nicht (der tatsächliche Mindestwert blieb offensichtlich sogar in der Nähe des theoretischen Minimums). Der Vergleich zwischen Vorläufern und Nachkommen in den Untergruppen der Säugetiere zeigte keine bevorzugte Aufspaltung, und die mittlere Schiefe für die Untergruppen war negativ; alles deutet also auf ein passives System hin.

Eine einzige Untersuchung ist für eine allgemeine Regel ebensowenig ein Beleg wie eine Schwalbe für den Sommer, aber wenn die ersten stichhaltigen Daten auf eine Schlußfolgerung hinweisen, die so stark von der herkömmlichen Ansicht abweicht, müssen wir innehalten und es zur Kenntnis nehmen, und dann müssen wir weitere Untersuchungen in Angriff nehmen. Auch die wenigen anderen verfügbaren Studien weisen nicht auf einen angetriebenen, sondern auf einen passiven Trend hin. In einem interessanten Vortrag, den McShea 1995 im paläontologischen Teil der Jahrestagung der Geological Society of America in New Orleans hielt, berichtete er über erste Befunde, wonach Komplexität etwas anderes bedeuten könnte; danach hat sie mehr mit Entwicklung als mit Morphologie zu tun, und sie ist definiert als die Zahl unabhängiger Wachstumsfaktoren, die in der Embryonalentwicklung eine Struktur entstehen lassen. (In der Praxis mißt man sie als Korrelationskoeffizienten zwischen Paaren von Messungen; eine vollständige positive Korrelation bedeutet, daß die Meßwerte nur eine Art des Wachstums darstellen; ist die Korrelation Null, spiegeln die beiden Messungen unterschiedliche Einflüsse auf die Entwicklung wider.)

In Zusammenarbeit mit Benedikt Hallgrimsson und Philip D. Gingerich wandte McShea seine Methode auch auf eine lange Reihe klassischer, hervorragender Meßwerte an fossilen Zähnen verschiedener Säugetier-Abstammungslinien an, die Gingerich über viele Jahre hinweg im Bighorn Basin in Wyoming zusammengetragen hatte. Sie fanden keinen Trend zu höherer Komplexität und gelangten zu dem Schluß: »Die Tests ergaben keine Vorzugsrichtung, keine Tendenz zu einer Zu- oder Abnahme der nichthierarchischen Komplexität in der Entwicklung.«

In der einzigen anderen umfassenden Studie wandten Boyajian und Lutz (1992 und persönliche Mitteilung) ein interessantes Maß für die Komplexität auf eine ganz andere Gruppe von Lebewesen an. Sie untersuchten ein klassisches Beispiel für einen Evolutionsverlauf, der angeblich in Richtung immer höherer Komplexität getrieben wird – und fanden wiederum nur Belege für einen passiven Trend!

Ammoniten sind ausgestorbene Verwandte des heutigen Nautilus – diese Tiere, die in einem Gehäuse mit vielen Kammern leben, sind Kopffüßer, das heißt, sie gehören zur gleichen Familie wie die Tintenfische. Die inneren Trennwände des Gehäuses sind mit der äußeren Schale an einer sogenannten »Nahtlinie« oder »Sutur« verbunden. Bei den Nautilus-Arten ist die Nahtlinie in der Regel gerade oder nur leicht gewellt, aber bei den Ammoniten entwickelten sich immer mehr raffinierte Windungen und Biegungen. In dem alltäglichen Sinn, daß mäanderförmige Biegungen komplizierter aussehen als gerade oder leicht gewellte Linien, wurden die Nahtlinien der Ammoniten also immer komplexer, und so behauptet es auch die alte Lehre der Paläontologie. Seit den Anfangstagen dieser Wissenschaft gehörte die zunehmende Komplexität der Suturen bei den Ammoniten zu den zwei oder drei klassischen »Trends« in den Fossilien der Wirbellosen, die »einfach jeder kennt«.

Boyajian und Lutz maßen die Komplexität der Nahtlinien bei den Ammoniten mit einem klugen Maß für die »fraktale Dimension«. (Zuvor hatte man den Trend nicht quantitativ nachgewiesen, sondern nur subjektiv beurteilt, weil niemand ein strenges Meßverfahren für die Komplexität einer solchen gewundenen Linie entwickelt hatte.) Fraktale sind in der Kultur ganz allgemein zu einem viel beachteten Thema geworden, aber wissenschaftlich betrachtet sind sie Kurven und Oberflächen zwischen normalen Dimensionen. Da eine gerade Linie eine fraktale Dimension von eins und eine Ebene die Dimension zwei hat, müssen gewundene Linien zwischen den Dimensionen eins und zwei liegen – das heißt zwischen dem Minimum von 1 für eine gerade Linie zwischen zwei Punkten und dem unerreichbaren Maximum von 2 für eine Linie, die so stark gewunden ist, daß sie die ganze Ebene zwischen zwei Punkten an deren gegenüberliegenden Kanten ausfüllt. Je höher die fraktale Dimension ist, desto »komplexer« ist die Linie in unserem intuitiven, traditionellen Sinn, daß die am stärksten gewundenen Linien auch die kompliziertesten sind. Boyajian und Lutz maßen die fraktale Dimension der Nahtlinien bei 615 Ammonitengattungen, welche die gesamte Entwicklungsgeschichte dieser Gruppe abdeckten. Das gemessene Spektrum der fraktalen Dimensionen reichte von knapp über 1,0 (sehr einfache, fast gerade Nahtlinien) bis über 1,6 für die kompliziertesten Gebilde.

Alle frühen Ammoniten erzeugten recht einfache Nahtlinien, manche davon in der Nähe des theoretischen Minimums von 1,0 für die gerade Linie. Es war also wie bei den von McShea untersuchten Wirbeln: Wo die Gründer die geringstmögliche Komplexität besaßen, konnte jede Bewegung, die sich von den Anfangswerten entfernte, nur aufwärts führen! Dieser Ursprung an einer echten linken Wand setzte den angeblich angetriebenen Trend zu zunehmender Komplexität in Gang – denn viele spätere Ammoniten besitzen sehr komplizierte Nahtlinien, und mit wissenschaftlicher Phantasie kann man sich immer einen Grund ausdenken, warum komplizierte Linien eine bessere Anpassung darstellen, so daß sie von der natürlichen Selektion begünstigt wurden (beliebt waren zum Beispiel die größere Widerstandskraft der Schale gegen den Wasserdruck oder die größere Fläche zur Befestigung der Muskeln).

Aber Boyajian und Lutz fanden kein Indiz für einen angetriebenen Trend; allen Daten zufolge ist der Trend passiv – ein Nebeneffekt des einfachen Ursprungs an der linken Wand und ohne jegliche Bevorzugung der zunehmenden Komplexität in den späteren Abstammungslinien. Die meisten Linien der Ammoniten umfaßten während ihrer gesamten Entwicklungsgeschichte auch Arten mit geringer Komplexität (ein Beispiel zeigt Abbildung 35). Und was am wichtigsten war: Boyajian und Lutz entdeckten bei allen nachgewiesenen Paaren aus Vorgängern und Nachkommen keinerlei Bevorzugung einer höheren Komplexität (interessanterweise ein ganz ähnlicher Befund wie der von Arnold et al. bei Vorgänger-Nachkommen-Paaren der Foraminiferen – siehe Seite 197). Und schließlich: Wenn Komplexität tatsächlich etwas so Gutes ist, müßten Gattungen mit komplexen Suturen länger erhalten bleiben.

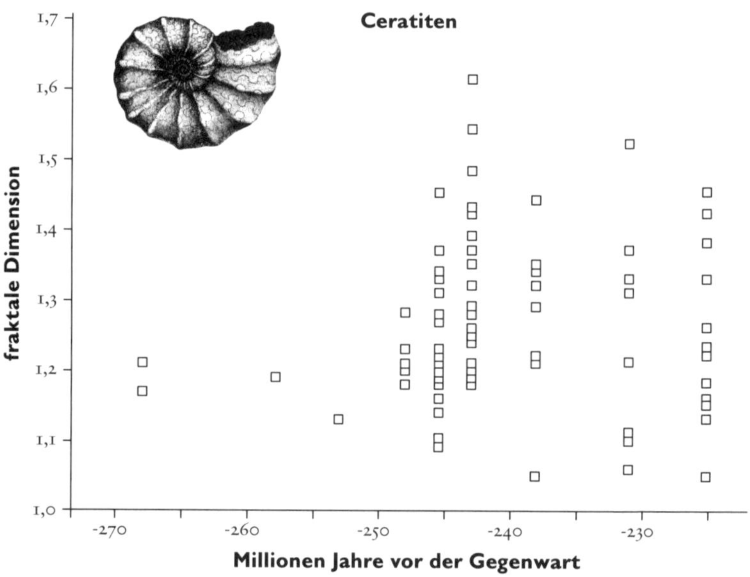

Abbildung 35: Die Evolution der Komplexität, gemessen als fraktale Dimension in einer Gruppe von Ammoniten (den Ceratiten). Die Nahtlinien der ersten Arten sind einfach und stehen in der Nähe der linken Wand. Während der weiteren Entwicklung der Gruppe bleiben die niedrigen Werte erhalten und nehmen sogar ab, aber außerdem nimmt die Variationsbreite in Richtung der einzigen offenen Richtung – der höheren fraktalen Dimension – zu.

Aber Boyajian und Lutz fanden keinen Zusammenhang zwischen der Komplexität der Nahtlinien und der erdgeschichtlichen Lebensdauer (siehe Abbildung 36).

In der Presse wird nur über einen winzigen Bruchteil wissenschaftlicher Untersuchungen berichtet, und für welche man sich dabei entscheidet, hat oft wenig mit ihrer Bedeutung für die Fachleute zu tun. Einen stärkeren Zusammenhang beobachtet man zwischen der Entscheidung, darüber zu berichten, und dem Ausmaß, in dem eine neue Erkenntnis hergebrachte Vorstellungen (die oft falsch sind) über das Wesen der Dinge durcheinanderbringt. Für Experten sind die Arbei-

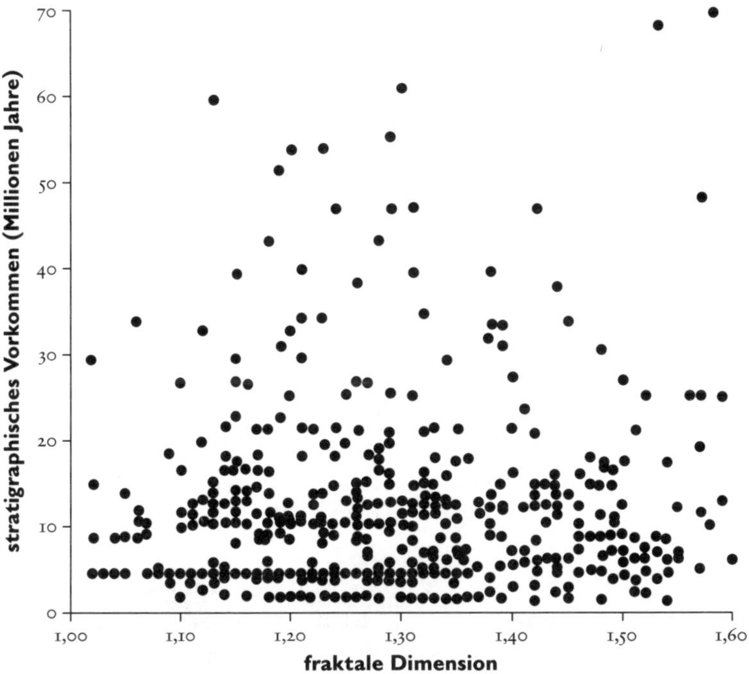

Abbildung 36: Lebensdauer (Millionen Jahre) der Ammonitengattungen (senkrechte Achse) und ihre fraktale Dimension (waagerechte Achse). Zwischen der Komplexität und dem Evolutionserfolg (als Lebensdauer gemessen) besteht kein Zusammenhang.

ten von Boyajian und Lutz wichtig, aber über ihre Untersuchungen wurde auch in der Tagespresse in seltener Ausführlichkeit berichtet, denn sie stellten etwas in Frage, das »jeder weiß« – und das sich jetzt wahrscheinlich als falsch erweist: den angeblichen Antrieb in Richtung größerer Komplexität als definierendes Merkmal der Evolution. Betrachten wir nur einmal die Einleitungen der beiden wichtigsten Presseberichte. Carol K. Yoon schrieb in der *New York Times* (30. März 1993):

> Angesichts der reichhaltigen Folge von Lebewesen von den ersten Einzellern in der Ursuppe bis zu der Artenvielfalt, zu der sie sich entwickelt haben, haben die Evolutionsbiologen stets über die immer komplexeren Geschöpfe gestaunt, die unseren Planeten zieren. Die Evolution eines größeren Gehirns, eines wirksameren Stoffwechsels und verfeinerter Sozialsysteme schienen die herkömmliche Lehre zu unterstützen, wonach die Komplexität während der Evolution zunahm. Dieser Trend ist so eindeutig, daß manche Biologen sogar annehmen, der Evolutionsprozeß selbst treibe die Komplexitätszunahme an ... Aber in den beiden ersten Studien, mit denen man diesen Trend messen wollte – sie beschäftigen sich mit dem Rückgrat der Säugetiere und fossilen Gehäuseformen –, konnten die Wissenschaftler eigenen Angaben zufolge keine Hinweise auf eine Evolutionstriebkraft in Richtung größerer Komplexität nachweisen.

Und Lori Owenstein in *Discover* (Juni 1993):

> Jeder weiß, daß die Lebewesen während der Evolution besser werden. Sie werden fortschrittlicher, moderner und weniger primitiv. Und, so Dan McShea (der einen Aufsatz mit dem Titel »Complexity and Evolution: What Everybody Knows« [»Komplexität und Evolution: was jeder weiß«] geschrieben hat), jeder weiß auch, daß Lebewesen in der Evolution immer komplexer werden. Von der ersten Zelle, die in der Ursuppe auftauchte, bis zu den großartigen Verfeinerungen des *Homo sapiens* war die Evolution ein langer Weg zu immer mehr Komplexität. Dieses allgemeine Wissen hat nur ein Problem ... es gibt keine Belege, daß es stimmt.

Kaum eine geistige Tyrannei kann so hartnäckig sein wie die Wahrheiten, die jeder kennt und die fast niemand mit anständigen Daten untermauern kann (denn wer braucht schon einen Beweis für etwas so Offensichtliches?). Und kaum eine geistige Tätigkeit ist so heilsam wie die Untersuchung der Frage, ob diese uralten Felsen nicht unter dem leisesten Schlag des Informationshammers zu Staub zerfallen. Mir gefällt der seltsame Wahlspruch der Gesellschaft für Paläontologie (der sowohl wörtlich als auch im übertragenen Sinn gemeint ist, denn der Hammer ist in unserer Branche das wichtigste Werkzeug): *Frango ut patefaciam* – ich zerschlage, um zu offenbaren.

Eine Bemerkung über die tödliche Schwäche des letzten Strohhalms

Wenn man angegriffen wird und sich hoffnungslos überfordert fühlt, tut man oft das Gegenteil von dem, was eigentlich richtig wäre: Man verschanzt sich, wo Umstellung angebracht wäre. Ein solches Verhalten bezeichnen wir als »Bunkermentalität«. Davy Crockett, Jim Bowie und Co. erwarben sich mit ihrer Standhaftigkeit am Alamo posthume Unsterblichkeit, aber eine ehrenvolle Kapitulation (angesichts ihrer aussichtslosen Lage und der sicheren Aussicht auf ein Gemetzel, wenn sie den Kampf fortsetzten) hätte ihnen ein eher irdisches Privileg verschafft: Sie hätten 20 Jahre später in einer Bar in Texas bei einem Bier gute Kriegsgeschichten erzählen können (denn die Unabhängigkeit von Mexiko wäre so oder so erreicht worden).

Nach meiner Überzeugung müssen die Argumente, die gegen den Fortschritt als Triebkraft der Evolution sprechen, und die aufschlußreichen Daten über die bakterielle Form und den passiven Charakter der Trends im rechten Schwanz ebenfalls eine Bunkermentalität erzeugen, wenn man die Sonderstellung und die Vorherrschaft des menschlichen Lebens auf der Erde mit der Evolution rechtfertigen will. Was kann den Vertretern dieser Ansicht noch als natürlicher Trost dienen? Wir müssen anerkennen, daß Bakterien nach allen vernünftigen Kriterien die vorherrschende Lebensform sind. Den rechten Schwanz gibt es zwar, aber er ist nur ein kleines Anhängsel, das nicht mit dem Hund – dem vollen Haus des Lebens – wedeln kann. Außerdem ist dieser rechte Schwanz als zufälliges Nebenprodukt entstanden, durch einen passiven Trend und aufgrund der Beschränkungen, die aus dem Ursprung des Lebens an der linken Wand erwachsen. Einen Grund oder ein Übergewicht zugunsten einer von Natur aus guten Komplexitätszunahme, die als Triebkraft der Evolution wirken könnte, gibt es nicht.

Und nun müssen die bedrängten Vertreter der traditionellen Ansicht ihre Stellung im rechten Schwanz halten. Sie müssen eine Bunkermentalität annehmen und sich eingraben, um ihre beschränkte Domäne zu verteidigen. Der rechte Schwanz, das müssen sie jetzt einräumen, ist klein und nur eine nebensächliche Folge. Aber, so flehen sie, laßt uns doch den letzten Hort natürlicher Tröstung: »Kann ich nicht wenigstens in meiner eigenen kleinen Burg der König sein? Früher habe ich geglaubt, meine Herrschaft erstrecke sich über die gesamte Natur und man müsse in allem anderen die zielgerichtete Vorbereitung meines Erscheinens sehen. Jetzt bin ich bereit einzusehen, wie vermessen und falsch diese Ansicht war. Ich lebe in einem kleinen, zufällig entstandenen Schwanz. Aber immerhin bin ich doch in diesem Schwanz das Wesen mit der höchsten Komplexität (nach der ›richtigen‹ Definition des verfeinerten Nervensystems), und deshalb beherrsche ich ihn zu Recht. Dieser rechte Schwanz mag passiv entstanden sein, aber er mußte sich letztlich doch entwickeln und ein Geschöpf wie mich hervorbringen. Laßt mir doch wenigstens diesen letzten Trost, wie es in einer Abwandlung des schönen alten Liedes heißt: ›It had to be me, wonderful me; it had to be me.‹

Kurz, laßt mich leben wie Pio Nono (Papst Pius IX. im 19. Jahrhundert): ›Meine Vorgänger hatten die Macht über große Teile Europas. Ich habe früher noch ein ganzes Stück von Italien regiert, und jetzt beschränke ich mich auf ein winziges Fürstentum – den Vatikanstaat – mitten in Rom. Aber zumindest hier habe ich die absolute Macht – und ich kann mich für unfehlbar erklären!‹

Aber selbst dieser Traum – sicher, er ist ein wenig verbohrt, aber wer bedrängt ist, neigt zu Verfolgungswahn und Illusionen von alter Größe – läßt sich nicht aufrechterhalten. Die Behauptung, ein bewußtseinsbegabtes Wesen wie wir müsse sich entwickeln, weil wir die Entstehung eines rechten Schwanzes für das Leben als Ganzes vorhersagen können, ist ein klassisches Beispiel für einen »Kategorienfehler« – in diesem Fall schließen wir von einer richtigen allgemeinen Regel fälschlicherweise auf eine bestimmte einzelne Form. Daß der rechte Schwanz entstehen mußte (wenn auch nur als passive Folge), war vorherzusehen, aber jedes einzelne Lebewesen, das auf der Erde gerade jetzt diesen rechten Schwanz besetzt, ist ein unwahrscheinliches Zufallsprodukt, eine Ausprägungsform unter hundert Millionen nicht verwirklichten Alternativen. Spulen wir das Tonband des Lebens bis zum Ursprung der heutigen vielzelligen Tiere in der kambrischen Evolution zurück, und lassen wir es von diesem gleichen Ausgangspunkt noch einmal ablaufen: Dann wird sich die Erde wiederum füllen (und es wird wieder ein rechter Schwanz entstehen), aber die Geschöpfe werden völlig andere sein. Die Chance, daß diese andere Population wiederum etwas enthält, das auch nur entfernt einem Menschen ähnelt, ist praktisch gleich Null, und auch die Wahrscheinlichkeit, daß überhaupt ein Wesen mit einem Bewußtsein entsteht, muß äußerst gering sein.

Diese Frage der völligen Zufälligkeit und Unwahrscheinlichkeit der Einzelfälle trotz vorhersagbarer allgemeiner Gesetzmäßigkeiten (wobei der Mensch sicher als unwahrscheinlicher Einzelfall und nicht als Bestandteil einer vorhersagbaren Allgemeinheit definiert ist) gehört nicht zum Themenbereich des vorliegenden Buches. Ich muß die Argumentation aber hier in Kurzform darlegen (als geraffte Form meines früheren Buches *Wonderful Life*), denn die herkömmliche Ansicht, die durch die Vorstellung vom Zufall in Frage gestellt und ins Gegenteil verkehrt wird, bildet die letzte Zuflucht für den Wunsch, die Überlegenheit des Menschen als zwangsläufige Folge aus allgemeinen Evolutionsprinzipien abzuleiten.

Nach dem traditionellen Modell der Evolution als »Kegel zunehmender Vielfalt« entwickelt sich das Leben immer weiter nach oben zu mehr Fortschritt und nach außen zu größerer Artenzahl – von den einfachen Anfängen der vielzelligen Tiere im Kambrium bis zu der heutigen Fortschrittlichkeit und Vielfalt. Nach diesem Bild haben die tatsächlich abgelaufenen Entwicklungswege einen vorhersagbaren Verlauf genommen, der bei jeder Wiederholung zumindest in groben Zügen wieder der gleiche wäre. Eine gründliche nochmalige Untersuchung der Fossilien mit weichem Körper im Burgess-Schiefer und anderen Fundstätten aus dem Kambrium legt jedoch eine grundlegend andere Sichtweise nahe: Danach trifft möglicherweise eher das umgekehrte Bild zu – in der Frühgeschichte des Lebens wurde das größte anatomische Formenspektrum erreicht; später starben dann die meisten dieser frühen Experimente aus, und die Vielfalt des Lebens »begnügte sich« mit einem kleinen Teil der ursprünglichen Möglichkeiten. Außerdem haben wir gute

Gründe für die Annahme, daß der Verlust der meisten Formen und das Überleben der wenigen eher durch eine Art Lotterie bestimmt wurde und nicht durch vorhersagbare Ursachen, die mit einer größeren Fortschrittlichkeit der Sieger zu tun hatte. Nach der Vorstellung von der »reinen« Lotterie wurden die Lose zufällig verteilt, und nur wenige der anfänglichen Abstammungslinien hatten Glück. Bei jeder Wiederholung werden die Lose erneut zufällig und anders verteilt, so daß die Gruppe der Überlebenden völlig anders zusammengesetzt ist. Da die Wirbeltiere, unsere eigene Gruppe, unter diesen anfänglichen Experimenten nur eine sehr schwache Stellung hatten – man kennt aus den Fossilien des Kambriums nur zwei Vorläufer, nämlich *Pikaia* aus dem Burgess-Schiefer und das kürzlich beschriebene *Yunnanozoon* aus Chenjiang in China (siehe Chen et al., 1995, und Gould, 1995) –, müssen wir davon ausgehen, daß Wirbeltiere in den meisten Wiederholungen nicht überleben und gedeihen würden. Wir alle – von den Haien über die Nashörner bis zu den Menschen – wären damit aus der Geschichte des Lebens ausgeschlossen.

Wäre ein derart radikaler Zufall ein einmaliges Ereignis, auf das dann ein vorhersehbarer Fortschritt folgt, könnte man das Auftauchen der Menschen als fast unvermeidlich betrachten, nachdem das Rad des Schicksals einmal eine glückliche Drehung gemacht hatte. Aber der radikale Zufall ist ein fraktales Prinzip, das in allen Größenmaßstäben höchst wirksam ist. Bei jedem der hunderttausend Schritte in dem tatsächlichen Ablauf, der zum heutigen Menschen geführt hat, hätte eine winzige, völlig plausible Abweichung ein völlig anderes Ergebnis hervorbringen können; dann hätte die weitere Geschichte sich auf ganz anderen Wegen entfaltet, und diese Wege hätten nie zum *Homo sapiens* oder überhaupt zu einem bewußtseinsbegabten Wesen geführt.

Hätte eine kleine, seltsame Abstammungslinie der Fische nicht Flossen entwickelt, die auch an Land das Körpergewicht tragen konnten (obwohl sie in Seen und Meeren aus ganz anderen Gründen entstanden waren), wären die landlebenden Wirbeltiere niemals auf der Bildfläche erschienen. Hätte nicht ein großer Himmelskörper – der größte denkbare Einschlag aus heiterem Himmel – vor 65 Millionen Jahren dafür gesorgt, daß die Dinosaurier ausstarben, wären die Säugetiere noch heute kleine Lebewesen, die sich auf die Ecken und Winkel einer von großen Reptilien beherrschten Welt beschränken müßten, und dann hätten sie niemals die Körpergröße erreichen können, die das für ein Bewußtsein notwendige große Gehirn benötigt. Hätte eine kleine, gefährdete Population von Vormenschen nicht in den Savannen Afrikas Hunderte von Schicksalsschlägen überlebt (womit sie dem Aussterben entging), hätte der *Homo sapiens* niemals auftauchen und sich über den ganzen Globus verbreiten können. Wir sind das prächtige Zufallsprodukt eines unberechenbaren Prozesses, der nicht auf größere Komplexität ausgerichtet ist, und nicht das vorhersagbare Ergebnis von Evolutionsprinzipien, die danach streben, ein Wesen hervorzubringen, das die notwendigen Prinzipien seiner eigenen Konstruktion begreifen kann.

15. Kapitel | Epilog: die Kultur der Menschen

Das Hauptthema in diesem Teil des Buches waren die Beschränkungen, die sich aus der Entstehung des Lebens an der linken Wand der geringstmöglichen Komplexität ebenso ergeben wie aus dem späteren, passiven Trend nach rechts und der damit verbundenen Zunahme der Vielfalt. Wie bei allen anderen Beispielen, so habe ich auch hier deutlich gemacht, wie man durch Betrachtung der gesamten Variationsbreite (des »vollen Hauses«) zu einem angemessenen Verständnis gelangt, während die alte platonische Methode, das volle Haus zu einer einzigen Zahl zu abstrahieren (zum Durchschnittswert als Archetypus oder zu einem Extrembeispiel, das Staunen oder Entsetzen auslöst) und dann die zeitliche Entwicklung dieser Zahl zu verfolgen, zu Irrtümern und Verwirrung führt.

Meine beiden wichtigsten Beispiele in diesem Buch – das Aussterben des Trefferdurchschnitts 0,400 im Baseball und das Fehlen eines angetriebenen Trends zur Komplexität in der Geschichte des Lebens – beleuchten unterschiedliche Aspekte der gleichen analytischen Vorgehensweise (Untersuchung des vollen Hauses anstelle einer abstrakten Wesensform). In dem Beispiel aus dem Baseball ging es um Beschränkungen durch eine rechte Wand der menschlichen Leistungsfähigkeit; in der Geschichte des Lebens war von der Entwicklung fort von einer linken Wand der geringstmöglichen Komplexität die Rede. In diesem zweiten Beispiel habe ich die passive Ausweitung des Lebens nach rechts in Richtung zunehmender Komplexität beschrieben – und ich habe mich nie mit der Frage befaßt, ob auch hier eine Beschränkung auftreten könnte, die als rechte Wand wirkt und die weitere Ausweitung irgendwann verhindert. Das Beispiel aus dem Baseball zeigt, wie nachdrücklich eine rechte Wand menschliche Spitzenleistungen beeinflussen kann – und wir sollten uns auch fragen, welche Bedeutung sie möglicherweise für die Geschichte des menschlichen Lebens hat.

Wir leben in einer Welt der Beschränkungen. Schon Goethe griff ein altes Sprichwort auf und schrieb: »Es ist dafür gesorgt, daß die Bäume nicht in den Himmel wachsen.« Solche mechanischen Beschränkungen sind bei Gegenständen, die vom Menschen oder von der Natur konstruiert wurden, leicht zu erkennen (und quantitativ zu erfassen). Das Motto meines Heimatstaates New York besteht aus einem einzigen Wort: *Excelsior* – »immer aufwärts«. Aber nicht ganz bis zum Himmel ... Einmal stand ich an einem Aussichtsfenster im 25. Stock eines Hochhauses an der Kreuzung von Fifth Avenue und 38. Straße in Manhattan – und sah auf einen Blick die gesamte Geschichte der Bemühungen im 20. Jahrhundert, immer mehr Höhe zu erreichen.

Als Patriot und Architekturliebhaber war ich entzückt. Die höchsten Gebäude der Welt, eins neben dem anderen: das Flatiron Building an der Fifth und 23., das 1903 den Rekord von 90 Metern brach; der Metropolitan Life Tower an der Madison und 25., das sich 1909 mit 210 Metern dazugesellte; das Woolworth Building am South Broadway (238 Meter, 1913); eine schnelle Wendung zur Spitze des Chrysler Building an der Lexington und 42. (315 Meter, 1930); und wieder zurück in südlicher Richtung – dort steht, nur vier Blöcke weiter und am beeindruckendsten von allen, das riesige Empire State Building (Fifth und 34.), das fast mein halbes Gesichtsfeld ausfüllt (375 Meter, 1931, durch einen Fernsehmast 1951 aufgestockt auf 442 Meter); und schließlich die Zwillingstürme des World Trade Center, ganz am südlichen Ende der Halbinsel und im Vergleich durch die Entfernung eher klein (405 Meter, 1976). Ich weiß zwar, daß irgendein Gebäude in Chicago später noch höher wurde, aber eine solche Karikatur würde kein echter New Yorker anerkennen.

Eine solche ständig ansteigende Abfolge des Excelsior könnte den falschen Eindruck vermitteln, Erweiterungen seien grenzenlos möglich. In Wirklichkeit sollten wir genau den umgekehrten Schluß ziehen: Jeder neue Konkurrent spannt den Bogen der Beschränkungen ein wenig stärker; Menschen können den Himmel vielleicht erreichen, aber Gebäude sind dazu wie Bäume nicht in der Lage. Jede Erweiterung nach oben ist ein Wunder der Ingenieurkunst, das die Grenzen der Technik weiter hinausschiebt. Und das Ausmaß der Zunahme wird im Laufe der Zeit immer geringer, genau wie bei der Verbesserung sportlicher Rekorde, die irgendwann die rechte Wand der biomechanischen Belastungsgrenzen erreichen (siehe Teil 3). Mit dem Met Life Tower von 1909 wurde der vorherige Rekord mehr als verdoppelt. Die letzten Weltmeister übertrafen die Höhe des bisherigen Rekordhalters nur noch um knapp zehn Prozent.

In diesem Kapitel möchte ich mich mit dem wichtigsten mutmaßlichen Grund befassen, der mich in der Geschichte des menschlichen Lebens an eine rechte Wand denken läßt: mit den zeitlichen Wandlungen der menschlichen Kultur. In den vorangegangenen Kapiteln habe ich die Frage gestellt, warum die natürliche oder Darwinsche Evolution – ein Vorgang, der nicht zu allgemeinem Fortschritt, sondern nur zu lokaler Anpassung führt – von ihrem Wesen her nur einen passiven Trend zu mehr Komplexität einschließen kann, die dann die Form eines kleinen rechten Schwanzes hat und nicht mit dem Hund – der konstanten bakteriellen Form, die das Hauptgewicht des Lebendigen bildet – wedeln kann. In diesem Zusammenhang stellt sich die Frage nach der rechten Wand kaum – denn sie existiert nur in großer, nicht genau bestimmter Entfernung, und auf das Leben als Ganzes hat sie bisher keinen nennenswerten Einfluß (auch wenn einzelne Abstammungslinien oft an bestimmte biomechanische und andere Grenzen stoßen – der Baum kann nicht in den Himmel wachsen).

Der Wandel der menschlichen Kultur dagegen ist ein völlig anderer Vorgang. Er läuft nach grundlegend anderen Prinzipien ab, und diese Prinzipien erlauben durchaus einen angetriebenen Trend zu einem zu Recht so genannten »Fortschritt« (zumindest in einem technischen Sinn, unabhängig davon, ob die Veränderungen für uns letztlich in praktischer oder moralischer Hinsicht etwas Gutes sind). Unter diesem Gesichtspunkt bedaure ich zutiefst, daß die Geschichte unserer technischen und sozialen Errungenschaften üblicherweise als »kulturelle *Evolution*« bezeichnet wird. Wenn man den gleichen Begriff – Evolution – für Natur- und Kulturgeschichte verwendet, vernebelt man mehr als man aufklärt. Natürlich müssen beide Phänomene sich in mancherlei Hinsicht ähneln, denn alle Vorgänge eines durch Abstammung eingeschränkten historischen Wandels müssen einige gemeinsame Merkmale besitzen. Aber in diesem Fall wiegen die Unterschiede weit schwerer als die Ähnlichkeiten. Wenn wir von »kultureller Evolution« sprechen, unterstellen wir unbewußt, dieser Vorgang müsse im wesentlichen ähnlich ablaufen wie das Phänomen, das man meistens mit dem gleichen Namen belegt – die natürliche oder darwinistische Veränderung. Der Gebrauch des Begriffes »Evolution« in beiden Fällen führt dann zu einem der häufigsten und verhängnisvollsten Fehler in unserer Analyse von Leben und Geschichte der Menschen: zu der übermäßig reduktionistischen Annahme, das natürliche Vorbild des Darwinismus müsse in vollem Umfang auch für die Geschichte unserer Technik und Gesellschaftsordnung gelten. Ich wünsche mir, daß der Begriff »kulturelle Evolution« aus dem Sprachgebrauch verschwindet. Warum wählen wir nicht einen neutraleren, beschreibenden Ausdruck wie zum Beispiel »kultureller Wandel«?

Der offenkundige Unterschied zwischen Darwinscher Evolution und kulturellem Wandel liegt eindeutig in den gewaltigen Möglichkeiten – die die Kultur bietet, während sie der Natur fehlen – zu schnellen Veränderungen, die sich in einer Richtung ansammeln. In einem unmeßbar kurzen geologischen Augenblick hat der kulturelle Wandel die Erdoberfläche so verändert, wie kein natürlicher Evolutionsvorgang es im darwinistischen Maßstab der unzähligen Generationen jemals bewerkstelligen könnte. (Naturkatastrophen mit physikalischem Charakter wie der Einschlag des Himmelskörpers, der das große Aussterben am Ende der Kreidezeit in Gang setzte, können viele Lebensformen in einem geologischen Augenblick hinwegfegen, aber kein bekannter Vorgang führt natürlichen entwicklungsgeschichtlichen Wandel auch nur annähernd so schnell und umfassend herbei wie die kulturellen Veränderungen der Menschen; selbst die eindrucksvolle, mit höchster Geschwindigkeit ablaufende kambrische Explosion dauerte etwa fünf Millionen Jahre.)

Der auffälligste Gegensatz zwischen natürlicher Evolution und kulturellem Wandel ergibt sich aus der wichtigsten Tatsache unserer Geschichte. Allen Hinweisen zufolge hat sich die grundlegende Form des menschlichen Körpers und seines Gehirns in den letzten 100 000 Jahren überhaupt nicht verändert – es ist das übliche Phänomen der Stasis bei erfolgreichen, weit verbreiteten Abstammungslinien und nicht (wie man üblicherweise oft annimmt) eine seltsame Ausnahme von einer Regel, die ununterbrochene, fortschreitende Veränderung verlangt. Die Cromagnon-Menschen, die vor 20 000 Jahren die Höhlen von Lascaux und Altamira ausmalten, waren wie wir – und ein Blick auf ihre unglaublich reichhaltigen und schönen Arbeiten überzeugt uns davon, daß Picasso mit seiner geistigen Komplexität um keinen Deut weiter war als diese Vorfahren, die genau das gleiche Gehirn besaßen. Und doch hatte vor 20 000 Jahren noch keine Gruppierung der Menschen irgend etwas hervorgebracht, das unserer üblichen Definition einer Zivilisation entsprechen würde. Keine Gesellschaft hatte die Landwirtschaft erfunden oder dauerhafte Städte errichtet. Alles, was wir in dem nicht meßbaren geologischen Augenblick der letzten 10 000 Jahre erreicht haben – vom Anbeginn der Landwirtschaft bis zum Sears Building in Chicago, das ganze Panorama der menschlichen Zivilisation mit allen guten und schlechten Seiten –, baut auf den Fähigkeiten eines unveränderten Gehirns auf. Die Geschwindigkeit des kulturellen Wandels übertrifft die der Darwinschen Evolution bei weitem.

Unter den vielen grundlegenden Unterschieden zwischen natürlicher Evolution und kulturellem Wandel sind zwei, die als Triebkräfte kultureller Schnelligkeit und Zielgerichtetheit besonders hervorstechen:

1. Topologie. Die Darwinsche Evolution ist von der Ebene der Arten an aufwärts ein Vorgang der ständigen, unumkehrbaren Vermehrung. Wenn eine Art (definiert als Gruppe von Individuen, sie sich mit solchen einer anderen Art nicht fortpflanzen können) sich einmal von einer Vorläuferlinie abgespalten hat, bleibt sie für alle Zeiten von dieser getrennt. Arten vermischen oder vereinigen sich nicht mit anderen. Sie treten zwar ökologisch auf vielfältige Weise in Wechselbeziehung, aber körperlich können sie sich nicht zu einer einzigen Fortpflanzungseinheit verbinden. Die natürliche Evolution ist ein Prozeß der ständigen Trennung und Unterscheidung.

Der kulturelle Wandel dagegen bezieht gewaltige Antriebe aus der

Vermischung und Verbindung unterschiedlicher Traditionen. Ein kluger Reisender kann in der Fremde einen Blick auf ein Rad werfen, die Erfindung mit nach Hause nehmen und die Kultur seiner Heimat grundlegend und für alle Zeiten verändern. Eine Kiste Gewehre oder ein paar Kampfwagen, die zusammen mit den Technikern und Händlern zur Instandhaltung importiert werden, können einen kleinen, friedlichen Staat in eine expandierende, eroberungssüchtige Macht verwandeln. Die unglaublich fruchtbaren (oder zerstörerischen) Auswirkungen gemeinsamer Traditionen treiben den Wandel der menschlichen Kultur auf eine Weise voran, die in der Welt der langsameren Darwinschen Evolution unbekannt ist.

2. VERERBUNGSMECHANISMEN. Die Darwinsche Evolution funktioniert durch den indirekten, ineffizienten Mechanismus der natürlichen Selektion. Zunächst müssen Variationen, die im wesentlichen zufällig auftreten, das Rohmaterial für Veränderungen zur Verfügung stellen; dann erst läßt die natürliche Selektion – eine negative Kraft, die allein nichts bewirken kann – die meisten Varianten verschwinden, und es bleiben nur diejenigen Individuen erhalten, die zufällig besser an die sich wandelnde lokale Umwelt angepaßt sind. Die Ansammlung vorteilhafter Veränderungen über viele Generationen hinweg kann dann zu entwicklungsgeschichtlichem Wandel führen. Lokale Verbesserungen entstehen auf einem Fundament zahlloser Todesfälle; wir gelangen an einen »besseren« Platz, weil alles schlecht Angepaßte beseitigt wird, und nicht, weil wir aktiv eine verbesserte Version konstruieren.

Man kann sich jederzeit leicht einen effizienteren Mechanismus ausmalen: Warum können die Lebewesen nicht herausfinden, was gut für sie ist, um dann kraft eigener Anstrengung während ihres Lebens angepaßte Merkmale zu entwickeln und diese in Form veränderter Erbeigenschaften an ihre Nachkommen weiterzugeben? Einen solchen Phantasiemechanismus bezeichnen wir als »Lamarckismus« oder »Vererbung erworbener Merkmale«. Würde Vererbung auf diese Weise funktionieren, könnte die natürliche Selektion wie geschmiert laufen. Aber leider klappt das nicht. Vererbung läuft nicht nach Lamarcks, sondern nach Mendels Regeln ab. Zwar dürfte jedes Geschöpf sich zu Lebzeiten bemühen, »besser« zu werden – die Giraffe reckt ihren Hals nach oben, und der Hufschmied bekommt einen kräftigen rechten Arm, um die klischeehaften, lächerlichen Beispiele aus den Schulbüchern meiner Jugendzeit zu zitieren –, aber diese vorteilhaften »erworbenen Eigenschaften« gehen nicht auf die Nachkommen über, denn sie verändern nicht das genetische Material, aus dem die nächste Generation aufgebaut wird. Schade, aber so ist es nun einmal. Der Darwinismus wirkt gut genug, wenn auch langsam und indirekt.

Ganz anders dagegen der kulturelle Wandel: Sein Grundmechanismus ist potentiell lamarckistisch. Kulturelles Wissen, das in einer Generation erworben wurde, kann durch das, was wir mit einem höchst edlen Wort als Erziehung bezeichnen, unmittelbar an die nächste weitergegeben werden. Wenn ich das erste Rad erfinde, ist mein geistiges Kind (anders als eine rein körperliche Verbesserung) nicht dazu verdammt, in Vergessenheit zu geraten, nur weil es nicht weitervererbt werden kann. Statt dessen bringe ich meinen Kindern, meinen Gehilfen und meiner sozialen Gruppe bei, wie man Räder herstellt. Es ist so einfach und hat doch so tiefgreifende Auswirkungen. Lesen, Schreiben, Filmemachen, Lehren, Üben, Lernen – alle typisch menschlichen Tätigkeiten, durch die Wissen von Generation zu Generation weitergegeben wird, wirken als lamarckistische Triebkräfte unserer Kulturgeschichte. Diese einzigartige, eindeutig lamarckistische Art der kulturellen Vererbung unter den Menschen verleiht unserer Technikgeschichte einen zielgerichteten, von Summierung bestimmten Charakter, wie ihn keine natürliche darwinistische Evolution besitzen kann.

Die Folge dieser beiden Unterschiede zwischen natürlicher Evolution und kulturellem Wandel – die gewaltige Verstärkung der kulturellen Entwicklung durch die Vermischung der Abstammungslinien und die lamarckistische Vererbung – kennzeichnet auch eine Abgrenzung, die für das Hauptthema dieses Buches von entscheidender Bedeutung ist. Natürliche Evolution beinhaltet kein Prinzip des vorhersagbaren Fortschritts oder der Bewegung in Richtung größerer Komplexität. Kultureller Wandel dagegen kann von Fortschritt oder wachsender Komplexität geprägt sein, weil die lamarckistische Vererbung durch unmittelbare Weitergabe zur Ansammlung vorteilhafter Neuerungen führt und weil die Vermischung der Traditionen für jede Kultur die Möglichkeit schafft, zwischen den nützlichsten Erfindungen mehrerer Gesellschaften zu wählen und sie zu vereinigen.

An dieser Stelle muß ich einen naheliegenden Vorbehalt anbringen. Die Möglichkeit für einen inneren »Fortschritt« bietet keine Gewähr dafür, daß er auch tatsächlich verwirklicht wird. Die radikale Zufälligkeit geschichtlicher Entwicklungen kann auf tausenderlei Weise dazwischenkommen. Die Fähigkeit zum Ansammeln technischer Neuerungen ist keine Garantie, daß alle Kulturen sich diesen möglicherweise zweischneidigen Vorteil zunutze machen. Tatsächlich haben mehrere großartige Kulturen sich ganz bewußt entschieden, technischen »Fortschritt« nicht bis zur Zerstörung einer alten Ordnung voranzutreiben. Im chinesischen Kaiserreich entschloß man sich zu einem wichtigen Zeitpunkt der Menschheitsgeschichte, die Technologie des Überseetransports und der Navigation aufzugeben; hätte man sie weiterverfolgt, hätte aus dem zentralen historischen Thema der von Europa nach Westen gerichteten Expansion etwas ganz anderes werden können: Vielleicht wäre die Neue Welt dann durch eine ostwärts verlaufende Expansion vom Orient aus erkundet worden. Und in Japan, wo man zuvor hundert Jahre lang westlichen Erfindungen gegenüber relativ aufgeschlossen gewesen war, unterband die Shogun-Dynastie der Tokugawa, die vor allem mit Hilfe von Feuerwaffen an die Macht gekommen war, nach 1640 jede weitere Übernahme, und auch was bereits ins Land gelangt war, wurde zum größten Teil verboten. Die Abschottung war so umfassend und kam so plötzlich, daß Japaner, die in verschiedenen Handelsstützpunkten im Ausland lebten, nicht mehr nach Hause zurückkehren durften. Der Handel mit dem Westen wurde auf sehr bescheidene Reste reduziert: Jedes Jahr durften nur zwei holländische Schiffe Japan anlaufen. Sie konnten nur in Nagasaki festmachen, und alle niederländischen Kaufleute mußten auf der künstlichen Insel Dejima wohnen, die mit dem übrigen Nagasaki durch einen schmalen, leicht zu bewachenden Damm verbunden war.

Und noch etwas anderes liegt auf der Hand: Technischer »Fortschritt« muß nicht in einem gefühlsmäßigen oder moralischen Sinn zu kultureller Verbesserung führen – er kann ebensogut in der Zerstörung, ja sogar in vollständiger Ausrottung enden, wie es verschiedene plausible Szenarien vom atomaren Holocaust bis zur Umweltzerstörung nahelegen. Mich fesselt seit langem eine mögliche Antwort – die vielleicht absonderlich erscheinen mag, meines Erachtens aber ernsthafte Aufmerksamkeit verdient – auf die Frage, warum wir noch keinen Kontakt mit den vielen fortgeschrittenen Zivilisationen hatten, die es in anderen Sonnensystemen des Universums geben muß. Vielleicht muß jede Gesellschaft, die für solche interplanetaren oder sogar intergalaktischen Reisen die technischen Voraussetzungen schaffen kann, zunächst eine Phase möglicher Zerstörung durchmachen, in der die technischen Möglichkeiten den gesellschaftlichen oder moralischen Beschränkungen davonlaufen. Und vielleicht können nur wenige Zivilisationen – oder auch gar keine – aus einer solchen entscheidenden Phase unversehrt hervorgehen.

Dennoch, und trotz dieser wichtigen Vorbehalte wegen des Unterschiedes zwischen technischem Fortschritt und dem Fortschritt oder dem Guten im umgangssprachlichen Sinn, muß ich noch einmal darauf zurückkommen, welche Bedeutung der grundlegende Unterschied zwischen kulturellem Wandel und natürlicher Evolution für das Hauptthema dieses Buches hat: Kultureller Wandel vollzieht sich nach Mechanismen, die *einen allgemeinen, angetriebenen Trend zum technischen Fortschritt* beinhalten – und das ist etwas ganz anderes als der kleine, passive Trend, den darwinistische Vorgänge im Bereich der natürlichen Evolution zulassen. Was aufgrund eines allgemeinen, angetriebenen Trends funktioniert, kann sich ganz gezielt und sehr schnell bewegen. Mit einer derartigen zielgerichteten Bewegung sollte man an rechte Wände stoßen. Hier liegt ein großer Unterschied zwischen unserer Kulturgeschichte und der natürlichen Evolution des Lebens: Unsere Einrichtungen werden vermutlich recht häufig von rechten Wänden mitgestaltet und gestört (ein Beispiel, die Geschichte des Trefferdurchschnitts im Baseball, habe ich bereits erörtert), während die Evolution des Lebens mit der vorherrschenden bakteriellen Form und dem dünnen rechten Schwanz wahrscheinlich nur selten auf eine solche Beschränkung des vollen Hauses stößt. Betrachten wir einmal unter diesem Gesichtspunkt drei wichtige Bereiche unseres Kulturlebens, auf die sich rechte Wände in ganz unterschiedlicher Form auswirken dürften (ich fordere die Leser auf, sich auch viele andere anzusehen, die hier nur wegen meiner eigenen Beschränkungen nicht vorkommen).

1. NATURWISSENSCHAFT. Gott segne die Unwissenheit! Wenn wir viel schlauer oder schon viel länger dabei wären, könnten wir uns vielleicht wirklich einer rechten Wand des vollständigen (oder zumindest angemessenen) Wissens nähern, so daß für die Wissenschaftler nicht mehr viel Interessantes zu tun bleibt. Aber in den nächsten paar Generationen besteht keinerlei Gefahr, daß wir auf eine solche Begrenzung stoßen. Mit anderen Worten: Unser derzeitiger Wissensstand ist so weit von der rechten Wand dessen entfernt, was wir wissen könnten, daß die Naturwissenschaft nicht befürchten muß, überflüssig zu werden.

Das heißt natürlich nicht, daß sämtliche Teilgebiete für alle Zukunft offenbleiben oder daß wir niemals in bestimmten, begrenzten Bereichen der natürlichen Realität zu vollständigem Wissen gelangen können – aber jeder derartige Abschluß hinterläßt so viele offene Nachbargebiete, daß kein lebendiger Geist Angst haben muß, in den Ruhestand geschickt zu werden. Wenn man beispielsweise leidenschaftlich gern neue Vogelarten beschreibt, könnte dieses Bestreben durch eine rechte Wand gebremst werden, denn vermutlich sind die etwa 8000 Vogelarten der Erde bereits fast vollständig bekannt und beschrieben. Aber warum soll man sich nicht statt dessen mit Käfern beschäftigen, bei denen man trotz mehrerer hunderttausend bekannter und benannter Arten nicht damit rechnen kann, jemals die Vollständigkeit zu erreichen, weil wahrscheinlich noch mehrere Millionen Spezies der Beschreibung harren?

Ich möchte hier nicht völlig schrullenhaft oder überoptimistisch erscheinen. Manche Siege im Spiel des Wissens sind so süß, so umfassend in ihren Auswirkungen und so kennzeichnend für bestimmte Fachgebiete, daß wir kaum damit rechnen können, in der gleichen Disziplin noch einmal etwas ebenso Wichtiges zu erreichen. Als Doktorand erlebte ich mit, wie sich in meinem Fach, der Geologie, die Theorie der Plattentektonik durchsetzte. Es war eine aufregende Zeit, aber wohl für kaum jemanden kam die Spannung dem gleich, was den Geologen Ende des 18. und Anfang des 19. Jahrhunderts vergönnt war, als man entdeckte, daß Zeit nicht nach Jahrtausenden, sondern (wie wir heute wissen) nach Jahrmilliarden gemessen wird. Nachdem die Geologie diesen großen Umschwung erlebt hatte, konnte es kein ähnlich umfangreiches neues Gedankengebäude mehr geben. Und so groß die Aufregung und Freude über neue Entdeckungen der Biologen Jahr für Jahr auch ist: Niemand wird noch einmal den geistigen Höhenflug erleben, den Aufbau der Natur mit dem Schlüssel der Evolutionstheorie zu enträtseln – dieses Privileg war Charles Darwin vorbehalten und ist uns heute verschlossen. Aber es gibt so viel zu tun, so viel zu verstehen, und bei so vielen Rätseln liegt die Lösung in so weiter Ferne, daß wir uns ihre Form unter den Beschränkungen unseres heutigen Weltbildes überhaupt nicht vorstellen können. Warum also sollen wir uns Gedanken um rechte Wände machen?

2. DARSTELLENDE KUNST. In diesem Bereich stehen die besten Aktiven wahrscheinlich mehr als irgendwo sonst dicht an der rechten Wand der menschlichen Leistungsfähigkeit, insbesondere wenn ihre Tätigkeit körperliche Stärken und Fertigkeiten verlangt, die schon seit langem die Aussicht auf große Belohnungen bieten (so daß sie die aussichtsreichsten Begabungen anziehen). Nach meiner Vermutung stehen die Ausführenden in mehreren wichtigen Bereichen schon seit langem so dicht an der rechten Wand, wie es überhaupt menschenmöglich ist. Betrachten wir zum Beispiel musikalische Leistungen mit Instrumenten, deren Konstruktion sich kaum verändert hat. Ich bezweifle, daß Isaac Stern besser spielt als Paganini, Horowitz besser als Liszt oder E. Power Biggs besser als Bach. In mancher Hinsicht, insbesondere bei vergessenen Fähigkeiten und einer sich wandelnden Empfindsamkeit, sind wir heute vielleicht sogar schlechter dran. Kann noch irgend jemand wie Farinelli singen? Kann jemand (oder in diesem Fall: konnte jemand) auf dem Naturhorn spielen (dem Vorläufer des immer noch schwierigen, aber beherrschbaren Ventilhorns), ohne peinliche Fehler zu machen?

Vom Sport war im Teil 3 des Buches die Rede: Hier purzeln manche Rekorde schnell, insbesondere in Disziplinen wie der Damen-Leichathletik, die erst in jüngerer Zeit gefördert und anerkannt werden. Daß andere Rekorde aber fast stabil bleiben oder sich nur sehr langsam verbessern, weist aber darauf hin, daß hier die rechte Wand nahezu erreicht ist.

Aber obwohl wir in so vielen Bereichen der darstellenden Kunst so dicht an der Wand stehen, finde ich die damit gezogenen Grenzen keineswegs beunruhigend, und zwar aus zwei Gründen, die mit der Wahrnehmung solcher Tätigkeiten durch Mitwirkende und Publikum zu tun haben.

Erstens verlangen wir in der darstellenden Kunst nicht, daß Grenzen überschritten werden. Die Wiederholung von Bestleistungen stellt uns völlig zufrieden. Wir erwarten nicht, daß Pavarotti jedesmal besser singt, und wir rechnen auch nicht damit, daß Tony Gwynn seinen Trefferdurchschnitt in jeder Saison steigert. Wenn wir entzückt lauschen, wie Isaac Stern das Violinkonzert von Beethoven zelebriert, bereitet uns die Tatsache, daß Paganini das gleiche Stück vor hundert Jahren wahrscheinlich ebensogut spielte, keine Sorgen. Mit anderen Worten: Wir legen keine relativen, sondern absolute Maßstäbe an. Da so wenige Menschen jemals so weit kommen können, wissen wir jederzeit jede Leistung zu schätzen, die den göttlichen Bereich der rechten Wand menschlicher Grenzen berührt. Nur in diesem Bereich muß der Aktive sich bewegen; er braucht weder seine eigene frühere Vollkommenheit weiter zu verbessern, noch die seltenen Spitzenleistungen anderer zu übertreffen.

Zweitens haben Menschen eine bemerkenswerte Fähigkeit, sich mit ihren Erwartungen und Gefühlen auf die jeweilige Gelegenheit einzustellen. Wenn Bestleistungen noch meilenweit von der Wand entfernt sind, beeindrucken uns nur große Sprünge der Verbesserung. Stehen die Besten dagegen nur noch Millimeter von der Wand entfernt, läßt jeder meßbare Mikrometer der Steigerung die Anhänger vor Begeisterung in Ohnmacht fallen.

Dieser Drang zum Besseren, dieses innere Bedürfnis, noch einen Mikrometer zuzulegen, beeinflußt die Ausführenden wahrscheinlich mehr als das Publikum, denn viele Verbesserungen in diesem Bereich sind nur für die alleraufmerksamsten Zuschauer überhaupt zu bemerken, während die Aktiven selbst für die Chance auf eine winzige Steigerung oft geradezu sterben. Wenn das keine göttliche Verrücktheit ist, hat eine derart erhabene Vorstellung überhaupt keine Bedeutung. Solange die Besten unter uns das Bestreben haben, die Höhen der Spitzenleistungen zu erreichen, die Grenzen – und sei es auch nur ein ganz klein wenig –

hinauszuschieben und Kompromisse außer Betracht zu lassen, besteht für die Menschheit noch Hoffnung.

Mein Lieblingsbeispiel stammt aus einer Disziplin, in der die besten Aktiven vielleicht mehr als in jeder anderen endlos nach Grenzüberschreitung streben, und das in Bereichen, die ohnehin bereits an den physikalischen und biomechanischen Grenzen der Newtonschen Existenz liegen. Gemeint sind die Zirkusartisten. Man kann nur mit einer begrenzten Zahl von Bällen jonglieren; ein Körper kann in der Luft nur eine bestimmte Anzahl von Drehungen vollführen, bevor die Fallgeschwindigkeit jeden weiteren Versuch, den Trapezpartner im Sturz aufzufangen, zunichte macht.

Das fliegende Trapez wurde 1859 von Jules Léotard erfunden. Den angeblich unmöglichen dreifachen Salto zum Fänger schaffte bis 1897 niemand, aber mehrere Artisten kamen bei dem Versuch ums Leben (Besessene und Tollkühne arbeiteten oft ohne Netz – aber auch wenn man unglücklich ins Netz fällt, kann man sich das Genick brechen). Erst in den dreißiger Jahren nahm ein Zirkusartist, nämlich der große Alfredo Codona, den perfekten Dreifachsalto in sein Standardrepertoire auf (er gelang in neun von zehn Fällen, und Codona flog dabei mit über 100 Stundenkilometern durch die Luft zum Fänger). Über seine Versuche schrieb der Artist:

> Die Geschichte des dreifachen Saltos ist eine Geschichte des Todes; solange es den Zirkus gibt, gibt es auch Männer und Frauen, deren einziger Ehrgeiz es war, in der Luft drei volle Umdrehungen zu vollführen. Der Kampf um ihre Beherrschung dauerte über ein Jahrhundert; er begann in der alten Zeit der berühmten Springer, die mit einem Sprungbrett arbeiteten, und der Dreifachsalto hat mehr Menschen das Leben gekostet als alle anderen gefährlichen Zirkusdarbietungen zusammen.

Die weitere Geschichte zeigt, mit wieviel Freude und Enttäuschung der Versuch verbunden war, die Grenzen weiter in Richtung der endgültigen rechten Wand zu schieben. Im Jahr 1982 zeigte Miguel Vasquez zum erstenmal öffentlich einen Vierfachsalto – er flog dabei mit 120 Stundenkilometern zum Fänger, seinem Bruder Juan. Das gleiche ist seitdem nur wenigen Trapezkünstlern gelungen, und niemand konnte den Vierfachsalto regelmäßig vorführen (ich selbst habe fünf Versuche miterlebt, darunter auch solche von den Brüdern Vasquez, und alle mißlangen). Aber die Leidenschaft, Grenzen zu überschreiten, versiegt nicht. Am 30. Dezember 1990 berichtete die *New York Times* über die bisher vergeblichen Versuche einer russischen Gruppe, den fünffachen Salto zu meistern.

Die Zahl der Menschen, die als lebende Pyramide auf einem Hochseil balancieren können, sollte eigentlich durch die Gesetze der Physik begrenzt sein, aber die großen Artisten versuchen weiterhin das Unmögliche (und enden entweder mit Ruhm an der rechten Wand oder im Tod). Karl Wallenda, der größte Hochseilartist aller Zeiten, drillte seine ganze Familie in dieser Kunst und versuchte sich ständig an neuen, als unmöglich geltenden Leistungen. Ein Bewunderer schrieb (Hammarstrom, 1980, Seite 48): »Manche Leute hielten den großen Wallenda für verrückt; für mich war er unglaublich.« Wallenda vervollkommnete die Pyramide aus sieben Personen auf dem Hochseil, aber eines Abends in Detroit stürzte der führende Mann, und die Anordnung brach zusammen. Zwei Artisten kamen ums Leben, und ein dritter wurde gelähmt. Wallenda selbst starb am 22. März 1978 mit 73 Jahren in Puerto Rico: Eine Windbö riß ihn von einem Hochseil, das im zehnten Stock zwischen zwei Strandhotels aufgespannt war.

3. KREATIVE KÜNSTE. Während die Naturwissenschaft zu weit von der rechten Wand entfernt ist, als daß man sich Sorgen machen müßte, und während die großen darstellenden Künstler diese Wand fast berühren, ohne sich durch die eingeschränkten Möglichkeiten zu weiterer Verbesserung herabgesetzt zu fühlen, steht eine dritte Kategorie kreativer Beschäftigungen möglicherweise vor einem schmerzlichen Dilemma. Seine Ursache ist unsere Ethik des Neuen, die einem Menschen nur dann wirkliche Größe zuerkennt, wenn er einen neuen Stil entwickelt (ein Kriterium, das in der abendländischen Geschichte nicht immer galt, derzeit aber sehr im Schwange ist).

Kann man sich vorstellen, daß Rennen über eine Meile als Wettkampfsport verschwinden, sobald mehr als 100 Leute die Distanz in weniger als vier Minuten zurücklegen? Vor dem Hintergrund einer Ethik, die Jahr für Jahr die Originalität im Stil der künstlerischen Komposition preist, dürfte die Geschichte der klassischen Musik (und mehrerer anderer Kunstrichtungen) in diese Kategorie gehören. Ein Komponist kann sich während eines großen Teils seiner Laufbahn eines bestimmten Stils bedienen, aber Nachfolger machen es im einzelnen nicht sehr lange genauso. Dieses ständige Streben nach Neuem könnte uns für alle Zeiten Freude bereiten, wenn eine unbegrenzte Zahl möglicher Stilrichtungen darauf warten würde, entdeckt und genutzt zu werden. Aber vielleicht ist die Welt nicht so reichhaltig. Vielleicht haben wir einen großen Teil dessen, was auch einem sehr gebildeten Publikum zugänglich ist, bereits ausgeschöpft. Oder mit anderen Worten: Vielleicht stehen wir bereits an der rechten Wand der Stilrichtungen, die ein sehr aufgeschlossenes, intelligentes, aber aus Laien bestehendes Publikum mit Verständnis und Anteilnahme aufnehmen kann.

Die übliche Antwort der Künstler auf den Vorwurf der Unzugänglichkeit ist zu einem solchen Gemeinplatz geworden, daß jeder, der ihn erhebt, schnell als hoffnungsloser Spießer abgetan wird: »Einen solchen Einwand kann nur ein erbärmlicher, ewiggestriger Banause erheben. Das gleiche hat man auch über Beethoven und van Gogh gesagt. Die Zukunft wird uns bestätigen. Was heute scheußlich klingt, wird morgen als große Neuerung gefeiert.« Schon Beethoven sagte zu einem konservativen Musiker, der sich lautstark fragte, ob man die Rasumowsky-Quartette als Musik bezeichnen könne: »Die sind nicht für Sie, die sind für eine spätere Zeit.«

Na gut. Manchmal. Aber ist diese Behauptung immer stichhaltig, und sollten wir sie als etwas über jede Kritik Erhabenes betrachten? Nach meiner Überzeugung ist das Argument der rechten Wand eine ernsthafte Alternative: Vielleicht kann sich das Spektrum der zugänglichen Stilrichtungen erschöpfen, wenn man die Funktionsweise des menschlichen Nervensystems und die daraus erwachsenden Grenzen der Verständnisfähigkeit in Rechnung stellt. Vielleicht können wir eine rechte Wand der möglichen Popularität erreichen; dann verhindert unsere Ethik der ständigen Neuerungen, daß ein neues Talent, und sei es auch noch so begabt, zum Mozart des nächsten Jahrtausends wird.

Jedenfalls weiß ich keine andere Antwort auf eine Frage, die ich als »Problem des deutschen Virus« bezeichnen möchte. Von 1685 (dem Geburtsjahr von Bach und Händel) bis 1828 (dem Todesjahr Schuberts) bescherte uns der kleine deutschsprachige Raum die gesamte Lebenszeit von Bach, Händel, Haydn, Mozart, Beethoven und Schubert, um nur einige zu nennen. Wo sind heute ihre Entsprechungen? Wen würden wir in der viel größeren ganzen Welt, in der Millionen Menschen die Möglichkeit zu musikalischer Ausbildung offensteht, unter den Komponisten des ausgehenden 20. Jahrhunderts auf eine Stufe mit diesen Männern stellen?

Ich glaube nicht, daß damals im deutschsprachigen Raum ein musikalisches Virus umging, das heute ausgestorben ist. Und wir können auch nicht abstreiten, daß heute mehr Menschen mit ebensolcher oder noch größerer potentieller Begabung irgendwo auf unserem Planeten leben und arbeiten müssen. Was tun sie? Schreiben sie in einem so abgelegenen Stil, daß nur eine kleine Elite von Berufsmusikern sie noch versteht? Spielen sie Jazz, Rock (Gott behüte) oder irgendein anderes Genre? Ich vermute, daß es diese Menschen gibt, aber sie sind Opfer der rechten Wand und unserer erbarmungslosen Ethik der Neuerungen.

Lösungen habe ich nicht anzubieten. Ich glaube nicht, daß wir diese Leute aufspüren und ihnen einen alten Stil beibringen sollten, so daß sie Beethovens zehnte Symphonie oder Mozarts Vertonung des König Lear schreiben können. Warum eine solche Tätigkeit wenig reizvoll ist, begreife ich. Dennoch sollten wir uns meines Erachtens dem Problem stellen und unsere eingefahrenen Begriffe – nur das Neue zählt, und alles muß immer verständlich sein – neu überdenken.

Und schließlich: Was können wir aus dem allgemeinen Modell des vollen Hauses – Variation als eigentliche Realität, Mittel- und Extremwerte verbannt in den Bereich platonischer Abstraktionen (die manchmal nützlich sind, aber nicht so sehr wie das Ganze) – für eine wichtige Lehre ziehen? Ich halte mich selbst für einen ausgemachten Intellektuellen, für einen Gegner aller Vernebelung – von der Entführung durch Außerirdische bis zur Rückkehr aus dem Jenseits. Mir ist der Gedanke ein Greuel, daß eine Geisteshaltung, die ich hoffentlich in diesem Buch deutlich herausgearbeitet habe, am Ende als Vorwand für eine der großen Vernebelungsaktionen unserer Zeit dienen könnte – für die Doktrin der »politischen Korrektheit«, die alle hergebrachten Praktiken gutheißt und keine Unterscheidungen, Urteile oder Analysen mehr zuläßt.

Dennoch glaube ich, daß das Modell des vollen Hauses uns lehrt, die Vielfalt um ihrer selbst willen zu schätzen – und zwar aus stichhaltigen Gründen der Evolutionstheorie und Naturgeschichte, nicht aber aus einer bedauerlichen Gedankenlosigkeit, die alle Überzeugungen billigt, nur weil sie absurderweise meint, Meinungsverschiedenheit müsse Respektlosigkeit bedeuten. Das Hervorragende ist kein einzelner Punkt, sondern eine Palette von Unterschieden. An jeder Stelle in diesem Spektrum kann ein hervorragender oder unzureichender Vertreter stehen – und an jeder dieser vielfältigen Stellen müssen wir nach Hervorragendem streben. In einer Gesellschaft, die – oft unbewußt – dazu neigt, einer früheren Fülle hervorragender Leistungen eine einheitliche Mittelmäßigkeit aufzuzwingen – zum Beispiel indem McDonald's den örtlichen Imbiß verdrängt und der Mega-Stop-Shop an die Stelle des Tante-Emma-Ladens tritt –, kann die Kenntnis und Verteidigung des ganzen Spektrums der natürlichen Realität dazu beitragen, daß wir uns gegen den Strom stemmen und den reichhaltigen Rohstoff jeder Evolution bewahren: die Vielfalt selbst.

Mit Faszination und Respekt lesen wir die Zeilen, die Darwin sorgfältig wählte, um sein revolutionäres Werk *Die Entstehung der Arten* zu beschließen. Er feierte die Evolution nicht mit Lobeshymnen auf die menschliche Intelligenz oder auf einen aufwärts führenden Weg zu vorherbestimmter, überlegener Komplexität. Statt dessen ehrte er die überbordende, wimmelnde Vielfalt des Lebendigen im Gegensatz zu der stumpfsinnig wiederholten Bewegung der Erde um die Sonne mit all ihrer Newtonschen Majestät. (Und auch daß das Leben an der linken Wand begann, stellte er in Rechnung):

> … daß, während dieser Planet gemäß den bestimmten Gesetzen der Schwerkraft im Kreise sich bewegt, aus einem so schlichten Anfang eine endlose Zahl der schönsten und wundervollsten Formen entwickelt wurden und noch entwickelt werden.

Und an den Anfang dieses Satzes stellte er die beste Kurzfassung von allen: »Es liegt etwas Großartiges in dieser Ansicht vom Leben.«

Literaturverzeichnis

Adams, D. 1981. The probability of the league leader batting .400. *Baseball Research Journal,* 82–83.

Arnold, A. J., D. C. Kelly und W. C. Parker. 1995. Causality and Cope's Rule: evidence from the planktonic Foraminifera. *Journal of Paleontology,* 69:203–10.

Augusta, J., und Z. Burian. 1956. *Prehistoric Animals.* London: Spring Books.

Baross, J. A., M. D. Lilley und L. I. Gordon. 1982. Is the CH^4, H^2, and CO venting from submarine hydrothermal systems produced by thermophilic bacteria? *Nature,* 298:366–68.

Baross, J. A., und J. W. Deming. 1983. Growth of »black smoker« bacteria at temperatures of at least 250° C. *Nature,* 303:423–26.

Boyajian, G., und T. Lutz. 1992. Evolution of biological complexity and its relation to taxonomic longevity in the Ammonoidea. *Geology,* 20:983–86.

Broad, W. J. 1993. Strange new microbes hint at a vast subterranean world. *The New York Times,* 28. Dezember, C1.

Broad, W. J. 1994. Drillers find lost world of ancient microbes. *The New York Times,* 4. Oktober, C1.

Brown, J. H., und B. A. Maurer. 1986. Body size, ecological dominance, and Cope's rule. *Nature,* 324:248–50.

Carew, R., und I. Berkow. 1979. *Carew.* New York: Simon and Schuster.

Chatterjee, S., und M. Yilmaz. 1991. Parity in baseball: stability of evolving systems. Manuskriptentwurf.

Chen, J.-Y., J. H. Dzik, G. D. Edgecombe, L. Ramsköld und G.-Q. Zhou. 1995. A possible early Cambrian chordate. *Nature* 377:720–22.

Cope, E. D. 1896. *The primary factors of organic evolution.* Chicago: The Open Court Publishing Company.

Curran, W. 1990. *Big Sticks: The batting revolution of the twenties.* New York: William Morrow and Company.

Dana, J. D. 1876. *Manual of Geology,* Second Edition. New York: Ivison, Blakeman, Taylor and Company.

Darwin, C. R. *Die Entstehung der Arten.* (Darwins Hauptwerk liegt in mehreren deutschen Ausgaben vor. Die hier wiedergegebenen Zitate stammen aus der Übersetzung von David Haek, Philipp Reclam jun., Leipzig o. J.)

Durslag, M. 1975. Why the .400 hitter is extinct. *Baseball Digest,* August, 34–37.

Eckhardt, R. B., D. A. Eckhardt und J. T. Eckhardt. 1988. Are racehorses becoming faster? *Nature,* 335:773.

Eldredge, N., und S. J. Gould. 1972. Punctuated equilibria: An alternative to phyletic gradualism. In T. J. M. Schopf, Hg., *Models in Paleobiology,* 82–115. San Francisco: Freeman, Cooper & Company.

Fellows, J., P. Palmer und S. Mann. 1989. On the tendency toward increasing specialisation following the inception of a complex system. Manuskriptentwurf.

Figuier, L. 1867. *The World Before the Deluge.* London: Chapman & Hall.

Fuhrman, D. A., K. McCallum und A. A. Davis. 1992. Novel major archaebacterial group from marine plankton. *Nature,* 356:148–49.

Fuhrman, J. A., T. D. Sleeter, C. A. Carlson und L. M. Proctor. 1989. Dominance of bacterial biomass in the Sargasso Sea and its ecological implications. *Marine Ecology Progress Series,* 57:207–17.

Gilovich, T., R. Vallone und A. Tversky. 1985. The hot hand in basketball: On the misperception of random sequences. *Cognitive Psychology,* 17:295–314.

Gingerich, P. D. 1981. Variation, sexual dimorphism, and social structure in the early Eocene horse *Hyracotherium. Paleobiology* 7:443–55.

Gold, T. 1992. The deep, hot biosphere. *Proceedings of the National Academy of Sciences USA*, 89:6045–49.

Gould, S. J. 1983. Losing the edge: the extinction of the .400 hitter. *Vanity Fair,* März, 120, 264–78.

Gould, S. J. 1986. Entropic homogeneity isn't why no one hits .400 any more. *Discover,* August, 60–66.

Gould, S. J. 1987. Life's little joke; the evolutionary histories of horses and humans share a dubious distinction. *Natural History,* April, 16–25.

Gould, S. J. 1988. Trends as changes in variance: a new slant on progress and directionality in evolution. *Journal of Paleontology,* 62(3):319–29.

Gould, S. J. 1989. *Wonderful Life: The Burgess Shale and the Nature of History.* New York: W. W. Norton.

Gould, S. J. 1991. The birth of the two-sex world. Rezension über »Making sex: body and gender from the Greeks to Freud« by Thomas Laqueur. *The New York Review of Books,* 38:11–13, 13 June.

Gould, S. J. 1993. Prophet for the Earth. Rezension über »The Diversity of Life« by E. O. Wilson. *Nature,* 361:311–12.

Gould, S. J. 1994. *Bravo, Brontosaurus.* Hamburg: Hoffmann und Campe.

Gould, S. J. 1995. Of it, not above it. *Nature,* 377:681–82.

Gould, S. J. 1996a. Triumph of the root-heads. *Natural History,* Januar, 10–17.

Gould, S. J. 1996b. *Dinosaur in a Haystack.* New York: Harmony Books.

Gould, S. J., und N. Eldredge. 1993. Punctuated equilibrium comes of age. *Nature*, 336:223–227.

Gould, S. J., und R. C. Lewontin. 1979. The spandrels of San Marco and the

Panglossian paradigm: A critique of the adaptationist programme. *Proceedings of the Royal Society of London B.* 205:581–98.

Gould, S. J., und Elisabeth S. Vrba. 1982. Exaptation – a missing term in the science of form. *Paleobiology* 8(1):4–15.

Hammarstrom, D. L. 1980. *Behind the Big Top.* New York: A. S. Barnes and Company.

Hoffer, R. 1993. Strokes of luck. *Sports Illustrated,* 28 June, 22–25.

Holmes, T. 1956. We'll never have another .400 hitter. *Sport,* Februar, 37–39, 87.

Huxley, T. H. 1880a. On the application of the laws of evolution to the arrangement of the Vertebra, and more particularly of the Mammalia. *Proceedings of the Zoological Society of London,* 43, 649–61.

Huxley, T. H. 1880b. *The Crayfish, An Introduction to the Study of Zoology.* London: C. Kegan Paul and Company.

Jablonski, D. 1987. How pervasive is Cope's rule? A test using Late Cretaceous mollusks. *Geological Society of America, Abstracts with Programs,* 19(7):713 bis 14.

James, B. 1986. *The Bill James Historical Baseball Abstract.* New York: Villard Books.

Kaiser, J. 1995. Can deep bacteria live on nothing but rocks and water? *Science,* 270:377.

Knight, C. R. 1942. Parade of life through the ages. *National Geographic,* Band 81, Nr. 2 (Februar), 141–84.

Laqueur, T. 1990. *Making Sex.* Cambridge, Mass.: Harvard University Press.

L'Haridon, S., A.-L. Reysenbach, P. Glenat, D. Prieur und C. Jeanthon. 1995. Hot subterranean biosphere in a continental oil reservoir. *Nature,* 377:223–24.

MacFadden, B. J. 1984. Systematics and phylogeny of *Hipparion, Neohipparion, Nannippus,* and *Cormohipparion* (Mammalia, Equidae) from the Miocene and Pliocene of the New World. *Bulletin of the American Museum of Natural History* 179:1–196.

MacFadden, B. J. 1986. Fossil horses from »Eohippus« *(Hyracotherium)* to *Equus:* Scaling, Cope's law, and the evolution of body size. *Paleobiology,* 12(4):355–69.

MacFadden, B. J., und J. S. Waldrop. 1980. *Nannippus phlegon* (Mammalia, Equidae) from the Pliocene (Blancan) of Florida. *Bulletin of the Florida State Museum Biological Sciences,* 25(1):1–37.

Margulis, L., und D. Sagan. 1986. *Microcosmos.* New York: Simon and Schuster.

Matthew, W. D. 1903. *The evolution of the horse.* American Museum of Natural History pamphlet.

Matthew, W. D. 1926. The evolution of the horse: A record and its interpretation. *Quarterly Review of Biology,* 1(2):139–85.

Mayr, E. 1963. *Animal Species and Evolution.* Cambridge, Mass.: Belknap Press.

McShea, D. W. 1992. *A* metric for the study of evolutionary trends in the complexity of serial structures. *Biological Journal of the Linnean Society London,* 45:39–55.

McShea, D. W. 1993. Evolutionary change in the morphological complexity of the mammalian vertebral column. *Evolution,* 47:730–40.

McShea, D. W. 1994. Mechanisms of large-scale evolutionary trends. *Evolution,* 48:1747–63.

McShea, D. W. *1996*. Metazoan complexity and evolution: is there a trend? *Evolution,* im Druck.

McShea, D. W., B. Hallgrimsson und P. D. Gingerich. 1995. Testing for evolutionary trends in non-hierarchical developmental complexity. *Abstracts, Annual Meeting of the Geological Society of America,* New Orleans, A53-A54.

Nealson, K. H. 1991. Luminescent bacteria as symbiotic with entomopathogenic nematodes. In: L. Margulis und R. Fester, Hg., *Symbiosis as a Source of Evolutionary Innovation,* 205–18. Cambridge, Mass.: MIT Press.

Oliwenstein, L. 1993. Onward and upward? *Discover,* Juni, 22–23.

Parkes, J., und J. Maxwell. 1993. Some like it hot (and oily). *Nature,* 365:694–95.

Parkes, R. J., B. A. Cragg, S. J. Bale, J. M. Getliff, K. Goodman, P. A. Rochelle, J. C. Fry, A. J. Weightman und S. M. Harvey. 1994. Deep bacterial biosphere in Pacific Ocean sediments. *Nature,* 371:410–13.

Peck, M. Scott. 1997. *Der wunderbare Weg.* München: Goldmann.

Prothero, D. R., E. Manning und C. B. Hanson. 1986. The phylogeny of the Rhinocerotoidea (Mammalia, Perissodactyla). *Zoological Journal of the Linnean Society,* 87:341–66.

Prothero, D. R., und Neil Shubin. 1989. The evolution of Oligocene horses. In: D. R. Prothero und R. M. Schoch, Hg., *The Evolution of Perissodactyls,* 142–75. Oxford: Oxford University Press.

Prothero, D. R., C. Guerin und E. Manning. 1989. The history of the Rhinocerotoidea. In: D. R. Prothero und R. M. Schoch, Hg., *The Evolution of Perissodactyls,* 321–40. New York: Oxford University Press.

Prothero, D. R., und R. M. Schoch. 1989. Origin and evolution of the Perissodactyla: summary and synthesis. In: D. R. Prothero und R. M. Schoch, Hg., *The Evolution of Perissodactyls,* 504–37. New York: Oxford University Press.

Richards, R. J. 1992. *The Meaning of Evolution.* Chicago: University of Chicago Press.

Rudwick, M. J. S. 1992. *Scenes from Deep Time.* Chicago: University of Chicago Press.

Sagan, D., und L. Margulis. 1988. *Garden of Microbial Delights.* New York: Harcourt Brace Jovanovich.

Simpson, G. G. 1951. *Horses.* Oxford: Oxford University Press.

Sober, E. 1984. *The Nature of Selection.* Cambridge, Mass.: MIT Press.

Stanley, S. M. 1973. An explanation for Cope's rule. *Evolution,* 27:1–26.

Stauffer, R. C. (Hg.). 1975. *Charles Darwin's Natural Selection*. Cambridge, UK: Cambridge University Press.

Stetter, K. O., R. Huber, E. Blöchl, M. Kurr, R. D. Eden, M. Fielder, H. Cash und I. Vance. 1993. Hyperthermophilic archaea are thriving in deep North Sea and Alaskan oil reservoirs. *Nature,* 365:743–45.

Stevens, T. O., und J. P. McKinley. 1995. Lithautotrophic microbial ecosystems in deep basalt aquifers. *Science,* 270:450–53, 454.

Szewzyk, R., M. Szewzyk und T.-A. Stenström. 1994. Thermophilic, anaerobic bacteria isolated from a deep borehole in granite in Sweden. *Proceedings of the National Academy of Sciences* USA, 91:1810–13.

Tax, Sol (Hg.). 1960. *Evolution After Darwin,* 3 Bände. Chicago: University of Chicago Press.

Thomas, R. D. K. 1993. Order and disorder in the evolution of biological complexity. Manuskriptentwurf.

Vetter, R. D. 1991. Symbiosis and the evolution of novel trophic strategies: thiotrophic organisms at hydrothermal vents. In: L. Margulis und R. Fester, Hg., *Symbiosis as a Source of Evolutionary Innovation.* Cambridge, Mass.: MIT Press, 219–45.

Vrba, E. S. 1980. Evolution, species and fossils: how does life evolve? *South African Journal of Science,* 76:61–84.

Vrba, E. S., und N. Eldredge. 1984. Individuals, hierarchies and processes: towards a more complete evolutionary theory. *Paleobiology,* 10:146–71.

Walsby, A. E. 1983. Bacteria that grow at 250° C. *Nature,* 303:381.

Whipp, B. J., und S. A. Ward. 1992. Will women soon outrun men? *Nature,* 335:25.

Williams, G. C. 1966. *Adaptation and Natural Selection.* Princeton, N. J.: Princeton University Press.

Williams, T., und J. Underwood. 1986. *The Science of Hitting.* New York: Simon and Schuster.

Wilson, E. O. 1992. *The Diversity of Life.* Cambridge, Mass.: Harvard University Press.

Yoon, C. K. 1993. Biologists deny life gets more complex. *The New York Times,* 30. März, C1.